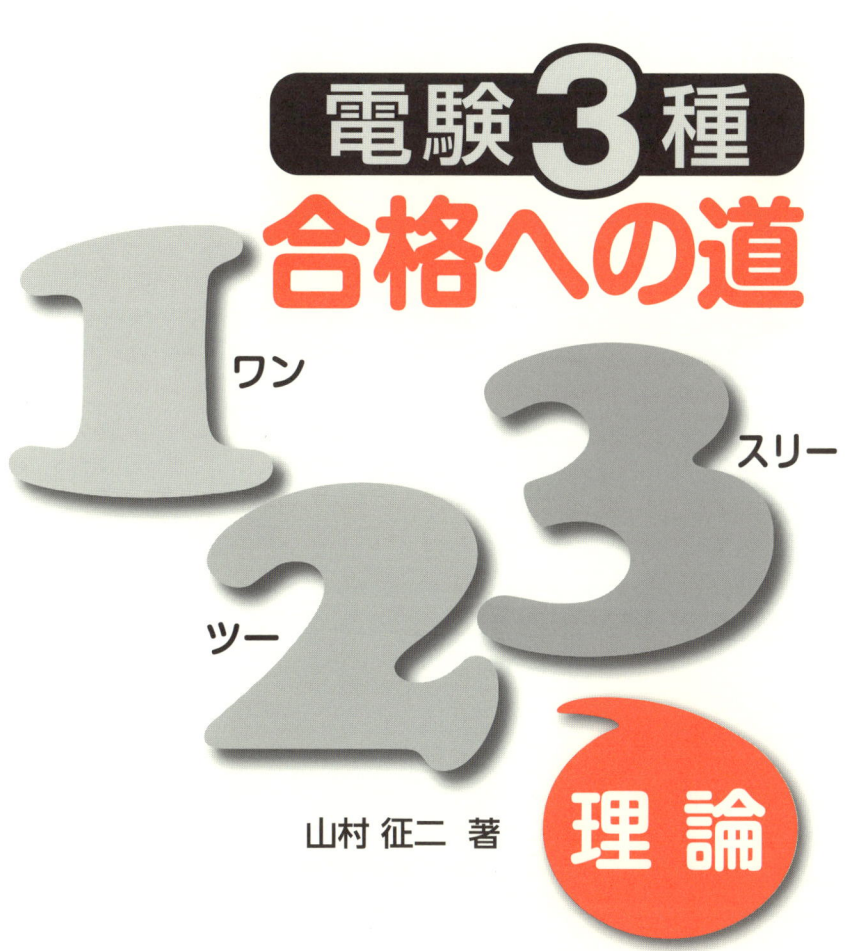

電験3種
合格への道

1 ワン
2 ツー
3 スリー

理論

山村 征二 著

電気書院

はじめに

　電気主任技術者の制度が誕生し，第1回目の試験検定が行われたのは明治44年（1911年）です．この試験制度は100年以上続けられています．昔から，電験3種は電気技術者の登竜門といわれてきました．電験3種のレベルは工業高校の電気科卒程度といわれています．しかし，電気科卒でも合格は容易でないのが実情です．

　『理論』は電気工学の基礎として学ぶのは当然ですが，何よりも，理論的な見方・考え方を習得することが大切です．本書は，電験3種の『理論』合格のための道案内を目的に書かれました．内容的には，電気書院発行の「理論の15年間」および過去の問題集を参照し，その出題内容と出題頻度を検討し，必修事項を取り上げています．

　受験者の中には電子回路を苦手とする人が多いようですから，この部分には丁寧な解説を加えました．

　学習の上で大切なことを一つ述べておきます．

　問題を解いて間違った答えを出した時は，自分の考え方，理解の仕方が間違っているのです．解答と突き合わせ，本文を読み返し，どこで，どう間違えたか検証することが大切です．考え方・理解の仕方の間違いを修正してください．学習の発展は，この作業の繰り返しといってもよいでしょう．

　学習はこの作業を継続することです．見方・考え方が確かなものになってくると，学習のベースは加速度的に進むものです．他の科目についても同様です．よくいわれるように，『継続は力なり』です．

　本書によって読者のみなさんがよい成果をあげられるように祈っています．

　最後に，乱雑な私の原稿を体裁よく取りまとめていただいた電気計算編集部の鎌野恵さんに感謝いたします．

　平成25年8月　　　　　　　　　　　　　　　　　　　　　　　山村征二

本書の特長

本書は，はじめて電験を受験される方など初学者向けのテキストです．「理論」に含まれる内容を，10のテーマ，10章に大別し，各章をいくつかのLessonに分けました．さらに，各Lessonのなかを次のように構成しています．

○ **STEP0 事前に知っておくべき事項**

そのLessonを勉強するにあたって，知っておいた方がよい予備知識を簡単にまとめています．Lessonの勉強の最初にご一読ください．

○ **覚えるべき重要ポイント**

そのLessonでの特に重要な事項，覚えるべき重要なポイントをまとめています．STEP1，STEP2の学習をひと通り終えたら，そのLessonのキーワードや公式を覚えているかチェックするのに活用できます．

○ **STEP1，STEP2**

試験に出題される要点を解説しています．各STEPのあとに練習問題を配し，そのSTEPでの内容を理解したか確認できるようになっています．

STEP1，STEP2に分けましたが，難易度の違いではなく，STEP1を学習した後にSTEP2を勉強した方が理解しやすいため階段を上がるように段階を踏んで学習が進められるようになっています．

重要な語句や公式については赤字になっているので付属の赤シートで要点を理解できたかチェックしながら進めましょう．

○ **練習問題**

穴埋め問題や計算問題など各STEPで学んだ内容が理解できているか確認しましょう．

○ **STEP3**

各章の総まとめとして，Lessonをまたがった問題やB問題相当のレベルの問題を用意しました．

試験概要

○試験科目

表に示す4科目について行われます．

科目	試験時間	出題内容	解答数
理論	90分	電気理論，電子理論，電気計測，電子計測	A問題14問 B問題3問*
電力	90分	発電所および変電所の設計および運転，送電線路および配電線路（屋内配線を含む）の設計および運用，電気材料	A問題14問 B問題3問
機械	90分	電気機器，パワーエレクトロニクス，電動機応用，照明，電熱，電気化学，電気加工，自動制御，メカトロニクス，電力システムに関する情報伝送および処理	A問題14問 B問題3問*
法規	65分	電気法規（保安に関するものに限る），電気施設管理	A問題10問 B問題3問

*理論・機械のB問題は選択問題1問を含む

○出題形式

A問題とB問題で構成されており，マークシートに記入する多肢選択式の試験です．A問題は，一つの問に対して一つを解答，B問題は，一つの問の中に小問が二つ設けられ，小問について一つを解答する形式です．

○試験実施時期

毎年9月上旬

○受験申込みの受付時期

平成25年は，郵便受付が5月中旬〜6月上旬，インターネット受付が5月中旬〜6月中旬です．

試験概要

○科目合格制度
　試験は科目ごとに合否が決定され，4科目すべてに合格すれば第3種電気主任技術者試験に合格したことになります．一部の科目のみ合格した場合は，科目合格となり，翌年度および翌々年度の試験では，申請により合格している科目の試験が免除されます．つまり，3年以内に4科目合格すれば，第3種電気主任技術者合格となります．

○受験資格
　受験資格に制限はありません．どなたでも受験できます．

○受験手数料（平成25年）
　郵便受付の場合5,200円，インターネット受付の場合4,850円です．

○試験結果の発表
　例年，10月中旬にインターネット等にて合格発表され，下旬に通知書が全受験者に発送されています．

　詳細は，受験案内もしくは，一般財団法人　電気技術者試験センターにてご確認ください．

もくじ

第1章　静電気 …… 1
- Lesson 1　静電力に関するクーロンの法則 …… 2
- Lesson 2　電界の強さ，電気力線，電位 …… 5
- Lesson 3　静電容量，コンデンサ …… 11

第2章　磁気 …… 21
- Lesson 1　電流のつくる磁界 …… 22
- Lesson 2　磁気回路 …… 30
- Lesson 3　電磁力・誘導起電力 …… 33
- Lesson 4　コイルの誘導起電力・インダクタンス …… 38
- Lesson 5　相互インダクタンス …… 44

第3章　直流回路 …… 51
- Lesson 1　法則と定理 …… 52
- Lesson 2　抵抗の対称回路・△－Y換算 …… 60
- Lesson 3　ブリッジ回路 …… 63
- Lesson 4　定電流源 …… 66

第4章　単相交流回路 …… 71
- Lesson 1　基礎知識 …… 72
- Lesson 2　共振回路 …… 97
- Lesson 3　交流ブリッジ …… 100
- Lesson 4　ひずみ波交流 …… 104

第5章　三相交流回路 …… 111
- Lesson 1　基礎知識 …… 112
- Lesson 2　三相回路の電力 …… 123

第6章　過渡現象 …… 129
- Lesson 1　電流 …… 130
- Lesson 2　過渡現象 …… 132

第7章　電気計測 …………………………………… 143
- Lesson 1　電気計器の種類 …………………………… 144
- Lesson 2　測定範囲の拡大 …………………………… 154
- Lesson 3　直流電力の測定 …………………………… 160
- Lesson 4　単相交流の電力測定 ……………………… 163
- Lesson 5　三相交流の電力測定 ……………………… 167
- Lesson 6　交流電力量の測定 ………………………… 170
- Lesson 7　直流電位差計 ……………………………… 175
- Lesson 8　オシロスコープ …………………………… 178

第8章　電子回路 …………………………………… 187
- Lesson 1　半導体 ……………………………………… 188
- Lesson 2　pn接合 ……………………………………… 198
- Lesson 3　トランジスタ ……………………………… 207
- Lesson 4　バイアス回路 ……………………………… 216
- Lesson 5　トランジスタ増幅回路 …………………… 222
- Lesson 6　等価回路による信号増幅の計算 ………… 231
- Lesson 7　FET増幅回路 ……………………………… 240
- Lesson 8　演算増幅器（オペアンプ）………………… 252

第9章　電子の運動 ………………………………… 261
- Lesson 1　導体中の電子の移動 ……………………… 262
- Lesson 2　電界中の電子の運動 ……………………… 266
- Lesson 3　磁界中の電子の運動 ……………………… 270

第10章　現象，効果 ……………………………… 275
- Lesson 1　現象と効果 ………………………………… 276

総合問題の解答・解説 ……………………………… 284
索引 …………………………………………………… 321

第1章
静電気

1 静電力に関するクーロンの法則

STEP 0 事前に知っておくべき事項

- 力は，大きさと向きで表すベクトル量です．
- 二つ以上の力の合力を求めることを力の合成といいます．力の平行四辺形の法則によって合成します．
- 同じ種類の電荷どうしには反発力が作用し，異なる種類の電荷どうしには吸引力が作用します．

覚えるべき重要ポイント

- 真空中におけるクーロンの法則

$$F = k\frac{Q_1 Q_2}{r^2}$$ ……クーロン力，静電力

ただし，$k = \dfrac{1}{4\pi\varepsilon_0}$ ……比例定数

ε_0（イプシロン・ゼロと読む）は真空の誘電率です．真空の電気的な性質を表すものです．

$\varepsilon_0 \fallingdotseq 8.854 \times 10^{-12}$〔F/m〕ですが，この値は覚えなくてよいです．空気の誘電率も真空の誘電率に等しいとしてよいです．

STEP 1
二つの電荷間に働くクーロン力

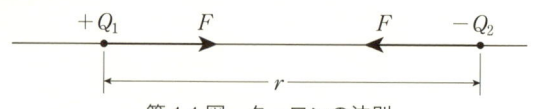

第1.1図 クーロンの法則

第1.1図のように，真空中にある二つの電荷，Q_1〔C〕と$-Q_2$〔C〕の距離がr〔m〕であるとき，それぞれの電荷に働く力F〔N〕をクーロン力（静電力）といい，次のように表されます．単位記号CとNはそれぞれクーロン，ニュートンと読みます．

$$F = \frac{Q_1 Q_2}{4\pi \times 8.854 \times 10^{-12} \times r^2} \text{ [N]}$$

比例定数の部分を計算して，

$$F \fallingdotseq 9 \times 10^9 \frac{Q_1 Q_2}{r^2} \text{ [N]}$$

と表します．

　この場合は，電荷の種類が異なるので吸引力として働きます．クーロン力は二つの電荷を結ぶ直線上に働きます．それぞれの電荷の大きさが異なっても，それぞれの電荷には等しい力が働きます．

STEP 2
複数の電荷間に働くクーロン力

　電荷を持っている物体を帯電体といいます．その大きさが帯電体間の距離に対して無視できるほど小さいと，点電荷として扱えます．

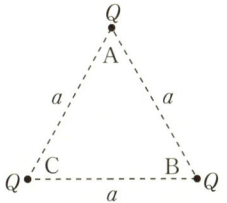

第 1.2 図　正三角形配置の電荷

　真空中において，第 1.2 図のように一辺の長さが a [m] の正三角形を考えます．正三角形の各頂点には等しい点電荷 Q [C] が置かれています．各点電荷に働く力を求めることにします．

　各点電荷に働く力の大きさは等しいので，頂点 A の点電荷について求めることにします．

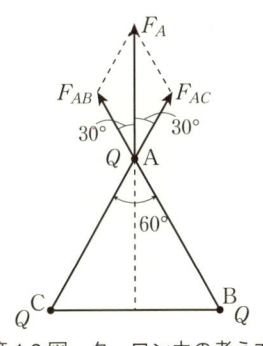

第 1.3 図　クーロン力の考え方

　第 1.3 図のように頂点 A の点電荷には，頂点 B の点電荷による力 F_{AB} と，頂点 C の点電荷による力 F_{AC} が同時に働きます．頂点 A の点電荷に働く力 F_A は F_{AB} と F_{AC} の合力になります．力の大きさに関しては，

$$F_{AB} = F_{AC} = \frac{1}{4\pi\varepsilon_0} \cdot \frac{Q^2}{a^2}$$

1 静電気

となります．それぞれの力は反発力なので，力の向きは図示のとおりとなります．合力 F_A は，力の平行四辺形の法則から，

$$F_A = 2F_{AB}\cos 30°$$

と求められます．向きは，辺 BC に垂直上向きとなります．

正三角形以外の電荷の配置でも，考え方は同様です．

練習問題 1

上記の説明において，$a = 50$ [cm]，$Q = 6 \times 10^{-7}$ [C] とするとき，F_A の大きさを求めよ．ただし，$\varepsilon_0 = \dfrac{1}{4\pi \times 9 \times 10^9}$ [F/m] とする．

【解答】 2.24×10^{-2} [N]

【ヒント】 $F_A = 2 \times 1.296 \times 10^{-2} \times \dfrac{\sqrt{3}}{2}$

質量 1 [kg] の物を手の平にのせたときに感じる力が 9.8 [N]．

練習問題 2

図のように，一直線上の 2 点 A, B にそれぞれ $+4$ [μC] と -8 [μC] の点電荷が配置されている．A, B の中間点 C に $+1$ [μC] の点電荷を置いたとき，これに働く力の大きさを F_C とする．次に，この $+1$ [μC] の点電荷を点 D に置いたとき，これに働く力の大きさを F_D とする．力の大きさの比 F_C/F_D の値を求めよ．ただし，AB 間の距離と BD 間の距離は等しく 1 [m] とする．

【解答】 6.9

【ヒント】 1 [μC] $= 1 \times 10^{-6}$ [C]，μC はマイクロ・クーロンと読みます．
$+1$ [μC] の点電荷に働く力の向きを考えます．

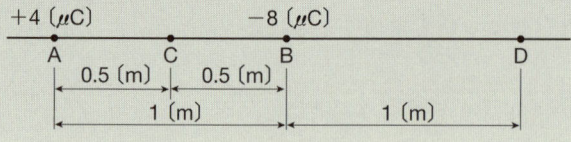

2 電界の強さ，電気力線，電位
Lesson

 事前に知っておくべき事項

- 帯電体の近くに電荷を持ってくると，その電荷に静電力が作用します．静電力の作用する場所を電界といいます．電界の状態は，その場所に観測用の電荷を置いてみて，作用する静電力（大きさと向き）を観測すればわかります．
- 電界の状態は電界の強さで表します．また，電気力線の分布状態で表すこともできます．
- 電気的な位置のエネルギーは電位で表します．

覚えるべき重要ポイント

- 電界の強さ

  ある点の電界の強さは，その点に単位正電荷（＋1〔C〕）を置いたと仮定したとき，単位正電荷に働く力で定義します．電界の強さは，大きさと向きで表されるベクトル量です．

- 電気力線

  ＋Q〔C〕の電荷から Q〔C〕の電束が出ます．－Q〔C〕の電荷には Q〔C〕の電束が入ります．電束は誘電率に関係しません．また，＋Q〔C〕の電荷から $\dfrac{Q}{\varepsilon}$ 本の電気力線が出ます．－Q〔C〕の電荷には $\dfrac{Q}{\varepsilon}$ 本の電気力線が入ります．電気力線は誘電率に関係します．

- 電位

  ある点の電位は，無限遠点（電界のないところ）からその点まで電界に逆らって，単位正電荷を持ってくるのに要する仕事の量で定義します．仕事は大きさだけで表される量なので，電位はスカラ量です．

STEP 1

(1) 電界の強さ

第1.4図のように $+Q$ 〔C〕の電荷があれば，その周辺は電界となります．電界中のある点Pに観測用電荷 q 〔C〕を置きます．

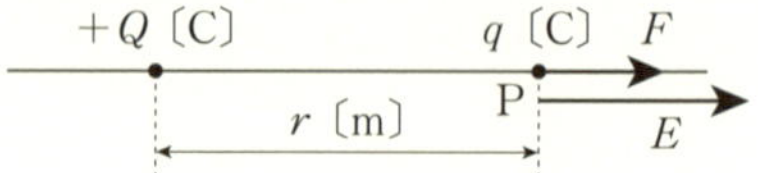

```
        +Q〔C〕         q〔C〕  F
         ●─────────────●────▶
              r〔m〕    P
                          ────▶
                           E
```

第1.4図　電界の強さ

q に働く作用力は，クーロンの法則から，

$$F = \frac{1}{4\pi\varepsilon_0} \cdot \frac{Qq}{r^2} \text{〔N〕} \qquad ①$$

となります．電界の強さの定義にしたがって $q = 1$ 〔C〕とすれば，

$$F = \frac{1}{4\pi\varepsilon_0} \cdot \frac{Q}{r^2} \text{〔N/C〕} \cdots\cdots \text{単位電荷当たりの力} \qquad ②$$

となります．この力の大きさが点Pの電界の強さの大きさを表します．第1.4図に示した力の向きが電界の強さの向きを表します．電界の強さは，記号 E で表し，その単位を〔V/m〕とします．なお，V/m = N/C です．したがって，点Pの電界の強さ E は次のように表します．

$$E = \frac{1}{4\pi\varepsilon_0} \cdot \frac{Q}{r^2} \text{〔V/m〕} \qquad ③$$

③式，②式，①式と逆にたどれば，電界の強さが E 〔V/m〕である点Pに q 〔C〕の電荷を置いたとき，q 〔C〕の電荷に働く力 F は次式で表されます．

$$F = qE \text{〔N〕} \qquad ④$$

(2) 電気力線

電界の状態は，電束や電気力線のような指力線で表すとイメージしやすいです．等しい量の二つの正電荷の場合と正負電荷の場合の電気力線の分布状態を次の第1.5図に示します．

Lesson 2　電界の強さ，電気力線，電位

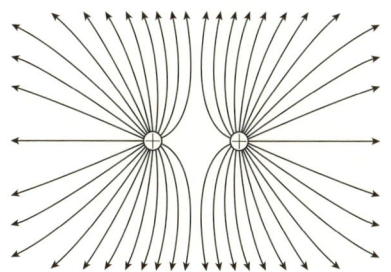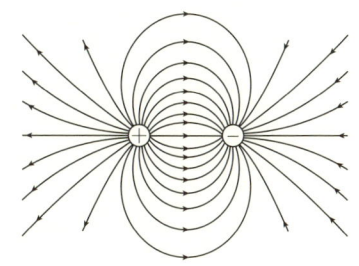

第1.5図　電気力線

　電気力線は静電力の伝わり方を表す指力線です．第1.5図のような流線を描いていますが，電気力線全体を総合した静電力はクーロンの法則に示すように一直線上の力として計算できます．

　電気力線を視認する物理実験もあります．電気力線を厳密に描くことは難しいのですが，次の規則に従えば概要を描くことができ，電界の様子をイメージ化できます．

電気力線の規則：
① 電気力線は正電荷から出て負電荷に入る．正電荷単独の場合は，無限遠に向かう．負電荷単独の場合は無限遠から来る．
② 電気力線はゴム糸のように縮まろうとする．
③ 同じ向きの電気力線間には反発力が働いて拡がろうとし，異なる向きの電気力線間には吸引力が働いて狭まろうとする．
④ 電気力線どうしは交差しない．
⑤ 電気力線上の点の接線の向きが，その点の電界の強さの向きを表す．
⑥ 電気力線に垂直な面における電気力線密度が，その点の電界の強さの大きさを表す．……ガウスの定理
⑦ 電気力線と等電位面は直角に交わる．

　真空中では，単独の $+Q$〔C〕の電荷からは $\dfrac{Q}{\varepsilon_0}$ 本の電気力線が均等放射状に出ます．電荷からの距離 r〔m〕の点Pにおける電気力線の密度（面積密度）を考えます．

　第1.6図のような電荷 $+Q$ を中心とする半径 r〔m〕の球面を考えると，球表面積 $=4\pi r^2$〔m^2〕となり球面での電気力線密度は，

$$\frac{1}{4\pi r^2} \cdot \frac{Q}{\varepsilon_0} = \frac{1}{4\pi\varepsilon_0} \cdot \frac{Q}{r^2} = E \, [\mathrm{V/m}]$$

となって，電界の強さの大きさに等しくなります．つまり，電界の強さは電気力線密度から求めることもできるということです．この方法はよく用いられています．

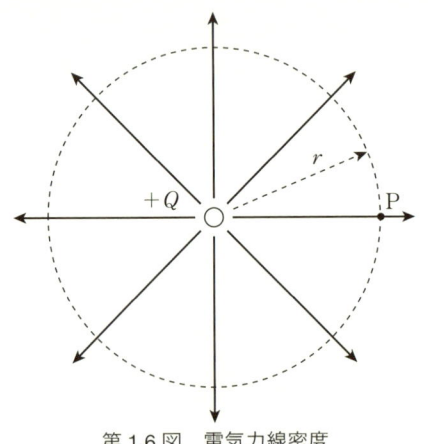

第1.6図　電気力線密度

電束についても面積密度を考え，電束密度 $D \, [\mathrm{C/m^2}]$ で表します．第1.6図では，

$$D = \frac{Q}{4\pi r^2} = \varepsilon_0 E \, [\mathrm{C/m^2}]$$

となります．この関係は任意の誘電体についても成り立ちます（ε は周囲の媒質の誘電率）．

$D = \varepsilon E \, [\mathrm{C/m^2}]$ ⑤

したがって，

$$E = \frac{D}{\varepsilon} \, [\mathrm{V/m}]$$

となり，電束密度 D を用いた電界の強さの表し方もできます．

(3) **電位**

真空中において，単独の $+Q \, [\mathrm{C}]$ の電荷からの距離 $r \, [\mathrm{m}]$ の点Pにおける電位 V は次式で表されます．

$$V = \frac{1}{4\pi\varepsilon_0} \cdot \frac{Q}{r} \,\text{[V]} \qquad \text{⑥}$$

電界の強さは距離 r の 2 乗に反比例しました．電位は距離 r に反比例します．このため，電位のグラフを描くと双曲線になります．

電界中に点 P_1，P_2 があり，それぞれの電位が V_1 および V_2 であるとき，2 点間の電位差 V_{12} は，

$$V_{12} = V_1 - V_2$$

となります．$V_1 > V_2$ のとき，点 P_1 の電位が点 P_2 の電位より高いと表現します．

練習問題 1

非常に長い半径 30 [cm] の円柱導体に，単位長さ当たり 2×10^{-7} [C/m] の電荷を与えている．中心軸から直角に 2 [m] 離れた点の電界の強さの大きさを求めよ．

ただし，$\varepsilon_0 = \dfrac{1}{4\pi \times 9 \times 10^9}$ [F/m] とする．

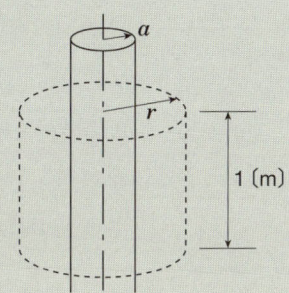

【解答】 1.8×10^3 [V/m]

【ヒント】 円筒側面から均等放射状に出る電気力線の密度を求めます．
$a = 30$ [cm] は関与しません．

STEP 2

複数の電荷がつくる電界中の電界の強さは，その点に単位正電荷を置いたとして，個々の電荷による作用力から合力を求めます．すなわち，ベクトル和を求めることになります．

1 静電気

　電位は，電界に逆らって単位正電荷を持ってくるのに要する仕事で定義されています．負電荷のつくる電界では，単位正電荷を持ってくるのに仕事を要しません．逆に，電界によって仕事をされます．正電荷による電位は＋電位となり，負電荷による電位は－電位となります．仕事はスカラ量なので，電位は代数和で求められます．

練習問題2

　真空中において，図に示すような電荷の配置がある．点Ｐの電界の強さと電位を求めよ．ただし，真空の誘電率を ε_0 〔F/m〕とする．

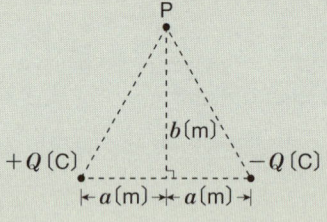

【解答】　電界の強さ：$\dfrac{Qa}{2\pi\varepsilon_0(a^2+b^2)^{\frac{3}{2}}}$〔V/m〕，電位：0〔V〕

【ヒント】　$(a^2+b^2)^{\frac{3}{2}}=(a^2+b^2)\sqrt{a^2+b^2}$

　正負等量の2電荷からの距離が等しい点の電位は零になります．このことから，図のような電位が零である等電位面があることがわかります．

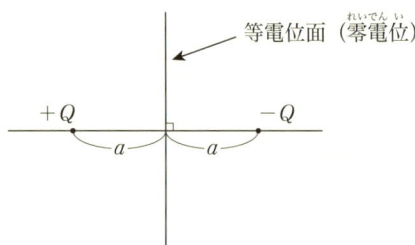

3 静電容量，コンデンサ

 事前に知っておくべき事項

- 二つの導体間に電圧 V を加えると電荷 Q が蓄えられます．逆に，電荷を与えると電圧（電位差）が生じます．1〔V〕の電圧で蓄えられる電荷の量を表す係数が 静電容量（キャパシタンス）です．

  単位記号 F は，ファラドと読みます．

  $$Q = CV \text{〔C〕，または} \quad C = \frac{Q}{V} \text{〔F〕} \qquad ⑦$$

- 直並列コンデンサの静電容量は，個々のコンデンサの電圧と電荷を総合して求めます．
- コンデンサにはエネルギーを蓄えることができます．

覚えるべき重要ポイント

- 静電容量の求め方

  導体に電荷を与えたと仮定し，導体または導体間の電位または電位差を計算し，⑦式によって静電容量を求めます．

STEP 1

(1) 孤立球の静電容量

半径 a〔m〕の導体球に電荷 $+Q$〔C〕を与えたとします．導体球の電位は，

$$V = \frac{1}{4\pi\varepsilon_0} \cdot \frac{Q}{r} \text{〔V〕} \cdots\cdots ⑥式再掲$$

において，$r \to a$ とおいて，

$$V = \frac{1}{4\pi\varepsilon_0} \cdot \frac{Q}{a} \text{〔V〕}$$

となります．

静電容量は次のように求められます．

$$C = \frac{Q}{V} = 4\pi\varepsilon_0 a \ \text{〔F〕}$$ ⑧

(2) 平行板コンデンサの静電容量

第1.7図のように，平行板電極に $+Q$ と $-Q$ を与えたとします．電極間の誘電率を ε 〔F/m〕とします．電荷は板面に均等分布します．電気力線の数は $\dfrac{Q}{\varepsilon}$ 本で，その面積密度は電界の強さ E に等しくなります．

$$E = \frac{Q}{\varepsilon S} \ \text{〔V/m〕}$$

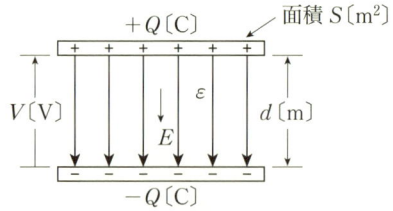

第1.7図　平行板コンデンサ

電気力線は均等分布します．このような電界を<u>平等電界</u>と呼びます．電界は極板間のどこでも一定です．この電界中に1〔C〕の電荷を置くと，$F = E$ 〔N〕の力が働きます．$-Q$ の電極から $+Q$ の電極に1〔C〕の電荷を運ぶのに要する仕事は，$Fd = Ed$ 〔J〕となります．

なお，仕事は，（力 × 移動距離）です．

電界 E は極板間のどこでも一定ですから，平行板電極間の電位差 V は，

$$V = Ed \ \text{〔V〕}$$
$$= \frac{Qd}{\varepsilon S} \ \text{〔V〕}$$

となります．したがって，静電容量 C は

$$C = \frac{Q}{V} = \frac{\varepsilon S}{d} \ \text{〔F〕}$$ ⑨

となります．なお，誘電率 ε が真空の誘電率 ε_0 の何倍であるかを<u>比誘電率</u> ε_s で表し，

$$\varepsilon = \varepsilon_s \varepsilon_0$$

と表します．

(3) **並列コンデンサの等価静電容量**

第1.8図のように三つのコンデンサを並列接続しています．

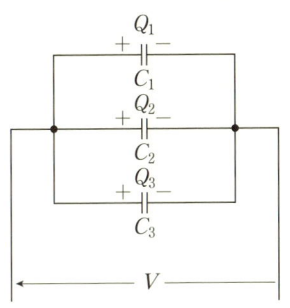

第1.8図　並列コンデンサ

電圧 V を加えると，各コンデンサには $Q_1 = C_1 V$, $Q_2 = C_2 V$, $Q_3 = C_3 V$ の電荷が蓄えられます．全電荷量 Q は，

$$Q = Q_1 + Q_2 + Q_3 = (C_1 + C_2 + C_3)V$$

となります．等価静電容量 C は次式で表されます．

$$C = \frac{Q}{V} = C_1 + C_2 + C_3 \; [\mathrm{F}]$$

並列数が多くても，同様の考え方です．

(4) **直列コンデンサの等価静電容量**

第1.9図のように三つのコンデンサを直列接続しています．

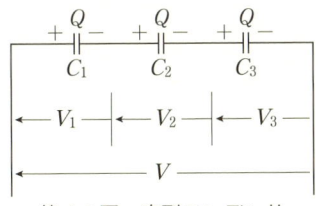

第1.9図　直列コンデンサ

直列接続では，電圧 V を加えると各コンデンサには静電容量に関係なく同一の電荷 Q が蓄えられます．各コンデンサの分担電圧 V_1, V_2, V_3 および総電圧 V は，

$$V_1 = \frac{Q}{C_1}, \quad V_2 = \frac{Q}{C_2}, \quad V_3 = \frac{Q}{C_3}$$

$$V = V_1 + V_2 + V_3 = \left(\frac{1}{C_1} + \frac{1}{C_2} + \frac{1}{C_3}\right)Q$$

となります．等価静電容量 C は次式で表されます．

$$C = \frac{Q}{V} = \frac{1}{\frac{1}{C_1} + \frac{1}{C_2} + \frac{1}{C_3}} \text{ (F)}$$

直列コンデンサの分担電圧の比は，

$$V_1 : V_2 : V_3 = \frac{1}{C_1} : \frac{1}{C_2} : \frac{1}{C_3}$$

となって，静電容量の逆比になります．

練習問題 1

図に示す回路において，スイッチ S_2 を開いたままでスイッチ S_1 を入れると，a，b 間の電圧は 18〔V〕であった．引き続いてスイッチ S_2 を入れると a，b 間の電圧はいくらになるか．ただし，コンデンサの初期電荷はないものとし，$C_1 = 5$〔μF〕，$C_2 = 10$〔μF〕とする．

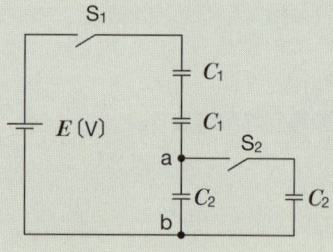

【解答】 10〔V〕

STEP 2
コンデンサに蓄えられるエネルギー

コンデンサの充電はごく短時間で終わってしまうものです．そこで充電過程を細分化して考えます（第1.10図参照）．ΔQ の電荷を運ぶと電位差は ΔV だけ上昇します．なお，記号 Δ は微少量を表すものです．

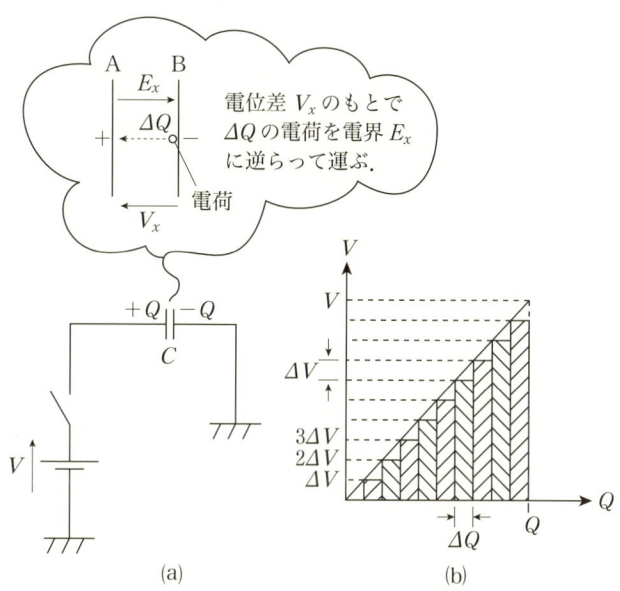

第1.10図　コンデンサに電荷を蓄える

　ΔVのもとでΔQの電荷を運ぶのに要する仕事ΔWは，$\Delta W = \Delta V \cdot \Delta Q$となります．上昇した電位差$2\Delta V$のもとで次の$\Delta Q$を運ぶのに要する仕事は$2\Delta V \cdot \Delta Q$となります．第1.10図(b)は10回に分けて運ぶ場合を示しています．最終的に電荷Qを蓄え，電位差がVになったとすると，要した仕事Wは図のハッチングの面積の総和，すなわち，直角三角形の面積で表されます．この仕事がコンデンサに保存されているエネルギーです．

$$W = \frac{1}{2}QV \ [\text{J}]$$

となり，単位記号 J はジュールと読みます．
　$Q = CV$〔C〕の関係を用いると，

$$W = \frac{1}{2}QV = \frac{1}{2}CV^2 = \frac{1}{2} \cdot \frac{Q^2}{C}$$

と変形できます．なお，このエネルギーは極板間にある誘電体に蓄えられています．

練習問題2

等しい静電容量60〔μF〕を持つ3個のコンデンサを図のように接続し，1 000〔V〕を加えている．コンデンサ全体に蓄えられているエネルギーと，並列コンデンサ1個に蓄えられているエネルギーは，それぞれいくらか．

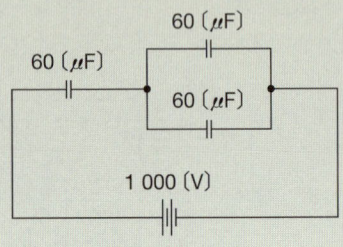

【解答】　コンデンサ全体：20〔J〕

並列コンデンサ1個：$\dfrac{10}{3} ≒ 3.33$〔J〕

【ヒント】　並列部分の静電容量は $60+60=120$〔μF〕

コンデンサ全体の合成静電容量 C は $\dfrac{60×120}{60+120}$〔μF〕

並列部分にかかる電圧は $\dfrac{60}{60+120}×1\,000$〔V〕

STEP-3 総合問題

【問題1】 図のように，一直線上の2点A, Bにそれぞれ4〔μC〕と8〔μC〕の点電荷が配置されている．A, B間の距離は1〔m〕である．この直線上で電界の強さが0〔V/m〕となる点は次のうちどれか．

```
       4〔μC〕         8〔μC〕
         A              B
         |——— 1〔m〕———|
```

(1) 点Aより左に $(\sqrt{3}-1)$〔m〕の点
(2) 点Aより左に $2(\sqrt{2}-1)$〔m〕の点
(3) 点Aより右に 0.2〔m〕の点
(4) 点Aより右に $(\sqrt{2}-1)$〔m〕の点
(5) 点Bより右に $2\sqrt{3}$〔m〕の点

【問題2】 空気中に半径36〔cm〕の導体球がある．空気の絶縁耐力（耐え得る電界の強さ）は30〔kV/cm〕である．導体球の静電容量 C〔F〕と，空気の絶縁破壊を起こさずに導体球に与え得る最大の電荷量 Q〔C〕の組み合わせとして，正しいのは次のうちどれか．ただし，$\varepsilon_0 = \dfrac{1}{4\pi \times 9 \times 10^9}$〔F/m〕とする．

(1) $C = 4 \times 10^{-11}$, $Q = 4.32 \times 10^{-5}$
(2) $C = 2.5 \times 10^{-9}$, $Q = 1.2 \times 10^{-4}$
(3) $C = 1.25 \times 10^{-8}$, $Q = 4 \times 10^{-4}$
(4) $C = 3 \times 10^{-9}$, $Q = 4 \times 10^{-4}$
(5) $C = 4 \times 10^{-11}$, $Q = 1.32 \times 10^{-2}$

【問題3】 図のように同一面積の3枚の平行電極板を等間隔 d〔m〕で重ね，上の電極板間は空気で，下の電極板間には厚さ d〔m〕，比誘電率 $\varepsilon_s = 3$ の誘電体を挿入している．直流電源 E〔V〕を図1のように加えた場合の電源から見た静電容量を C_a〔F〕とし，誘電体に蓄えられているエネルギーを W_a〔J〕とする．直流電源 E〔V〕を図2のように加えた場合の電源から見た静電容量を C_b〔F〕とし，誘電体に蓄えられているエネルギーを W_b〔J〕とする．

C_a/C_b および W_a/W_b の比の値を組み合わせたものとして，正しいのは次のうちどれか．ただし，電極板の端効果は無視できるものとする．

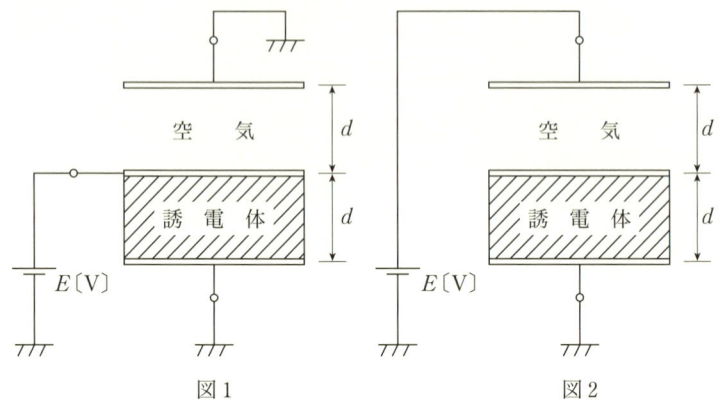

図1　　　　　　　図2

(1) $\dfrac{C_a}{C_b} = \dfrac{2}{9}$, $\dfrac{W_a}{W_b} = \dfrac{11}{3}$　　(2) $\dfrac{C_a}{C_b} = \dfrac{9}{2}$, $\dfrac{W_a}{W_b} = \dfrac{37}{5}$

(3) $\dfrac{C_a}{C_b} = \dfrac{16}{3}$, $\dfrac{W_a}{W_b} = 16$　　(4) $\dfrac{C_a}{C_b} = \dfrac{43}{7}$, $\dfrac{W_a}{W_b} = \dfrac{51}{7}$

(5) $\dfrac{C_a}{C_b} = \dfrac{47}{5}$, $\dfrac{W_a}{W_b} = 37$

【問題4】　図のような回路がある．コンデンサには初期電荷がないものとし，スイッチはすべて開いている．スイッチ S_1 と S_3 を閉じて，それぞれのコンデンサを充電し，その後スイッチ S_1 と S_3 を開く．次にスイッチ S_2 を閉じて二つのコンデンサを並列にする．

ただし，$V_1 = 40$ [V]，$V_2 = 24$ [V]，$C_1 = 10$ [μF]，$C_2 = 20$ [μF] とする．

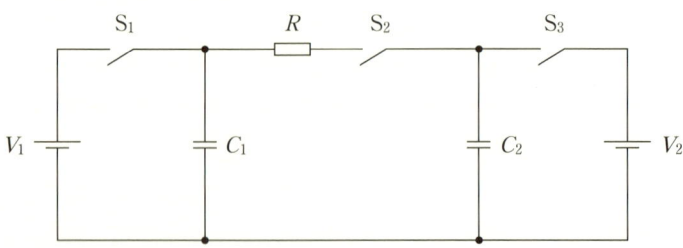

(a) 並列コンデンサの電圧〔V〕の値として，最も近いのは次のうちどれか．
   (1) 24　　(2) 27　　(3) 29　　(4) 32　　(5) 35

(b) この操作において，抵抗 R で消費されるエネルギー〔J〕の値として，最も近いのは次のうちどれか．
   (1) 0　　(2) 8.5×10^{-4}　　(3) 2.6×10^{-3}
   (4) 3×10^{-3}　　(5) 4.3

【問題5】 図1のような電極間隔 d の平行平板電極の空気コンデンサがあり，図示のように電荷を与えている．極板Bの電位は V_0 である．図2のように，極板面積と同一の面積で厚さ $\frac{d}{2}$ の金属板を極板間に挿入した場合の静電容量を C_1，極板Bの電位を V_1 とする．図3のように，極板面積と同一の面積で厚さ $\frac{d}{2}$ の比誘電率 ε_s の誘電体板を極板間に挿入した場合の静電容量を C_2，極板Bの電位を V_2 とする．

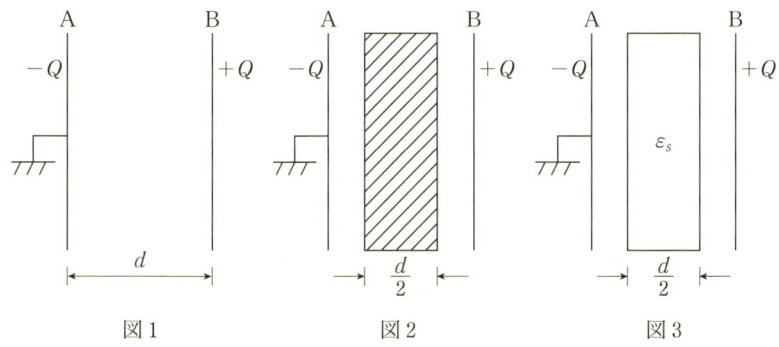

図1　　　図2　　　図3

(a) C_2 は C_1 の $\frac{\sqrt{3}}{2}$ 倍であった．比誘電率 ε_s の値として正しいのは，次のうちどれか．

   (1) $\frac{2}{\sqrt{3}}$　　(2) $3-\sqrt{2}$　　(3) $3\sqrt{3}-2$　　(4) $3\sqrt{2}-1$　　(5) $2\sqrt{3}+3$

(b) V_2 は V_0 の何倍となるか．正しい値を次のうちから選べ．

   (1) $\frac{2}{\sqrt{3}}$　　(2) 1　　(3) $2-\sqrt{2}$　　(4) $\frac{1}{\sqrt{3}}$　　(5) $\frac{1}{2}$

第 2 章
磁 気

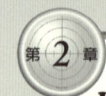 **Lesson 1　電流のつくる磁界**

STEP 0　事前に知っておくべき事項

- 電流の流れている導体の周囲は磁気作用の働く場所となり，そのような場所を磁界と呼びます．磁界の状態は，その場所に観測用の電流を流してみて，その電流に作用する電磁力（大きさと向き）を観測すればわかります．
- 磁界の状態は指力線で表すとイメージしやすいです．電流の周囲に小磁針を置いてみると，流線状の指力線が描けます．
  指力線として磁束または磁力線を用います．
- 磁界の強さは，磁束密度または磁力線の密度で表します．

覚えるべき重要ポイント

- アンペアの周回路の法則

  直線電流のつくる磁界の強さ　　$H = \dfrac{I}{2\pi r}$　〔A/m〕　　　①

- ビオ・サバールの法則

  円形電流の中心の磁界の強さ　　$H = \dfrac{I}{2r}$　〔A/m〕　　　②

STEP 1

静電気におけるクーロンの法則と同様に，磁極間のクーロンの法則があります．磁極の強さは単位〔Wb〕で表され，ウェーバと読みます．磁極の強さが m_1〔Wb〕と m_2〔Wb〕の二つの磁極が r〔m〕の距離にあるとき，各々の磁極に働く力 F〔N〕は，

$$F = \dfrac{m_1 m_2}{4\pi \mu r^2} \text{〔N〕}$$

となります．μ（ミューと読みます）は周囲の媒質の磁気的な性質を表すもので，透磁率といいます．真空または空気の場合は，

$$\mu_0 = 4\pi \times 10^{-7} \ [\text{H/m}]$$

とします．μ_0（ミュー・ゼロと読みます）は真空の透磁率と呼ばれ，単位〔H/m〕はヘンリー毎メートルと読みます．空気の透磁率も同じとして扱います．

力の向きは，静電気の場合と同様，同符号の磁極間には反発力，異符号の場合は吸引力となります．

しかし，この法則はあまり重要ではありません．磁気に関する重要なテーマは，電流のつくる磁界です．

(1) アンペアの右ねじの法則

第2.1図のように，電流の流れる向きに右ねじを進めると，ねじを回す向きに磁束（あるいは磁力線）が生じています．これをアンペアの右ねじの法則といいます．1本の直線電流なら，磁束は同心円状に分布して，電流の周囲いたるところにでき，閉じた曲線（閉曲線）になります．

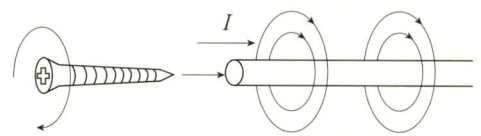

第2.1図　アンペアの右ねじの法則

電荷は正電荷，負電荷を独立して取り出すことができます．電気力線には始点と終点があり，正電荷から出て負電荷に入ります．しかし，磁極はN極とS極が必ず対となり，単独の磁極は存在しません（見つかっていません）．

また，磁束は閉じた曲線となるため，始点と終点はありません．

(2) 磁界の強さ

第2.2図のように直線電流 I_1 〔A〕が流れているとします．

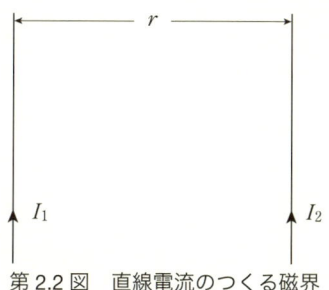

第2.2図　直線電流のつくる磁界

② 磁　気

　距離 r〔m〕のところに I_1 と平行に同じ向きの観測用電流 I_2〔A〕を流したとします．I_2 に働く単位長さ(1〔m〕)当たりの電磁力 F は次のようになります．

$$F = k\frac{I_1 I_2}{r} \text{〔N/m〕} \cdots\cdots 電磁力 \qquad ③$$

ただし，$k = \dfrac{\mu_0}{2\pi}$ ……比例定数

　電磁力は，電流の向きが同じなら吸引力となり，電流の向きが反対なら反発力となります．I_1 と I_2 の大きさが異なっても，両者には同一の力が働きます．

　観測用電流 $I_2 = 1$〔A〕(単位電流)として③式を用いると，

$$F = k\frac{I_1}{r} = \frac{\mu_0}{2\pi} \cdot \frac{I_1}{r} = B \text{〔N/A・m〕}$$

となり，次式のように表すことができます．

$$B = \frac{\mu_0}{2\pi} \cdot \frac{I_1}{r} \text{〔T〕} \qquad ④$$

　この式は，直線電流 I_1 が距離 r のところにつくる磁束密度 B を表します．磁束密度は磁界の強さを表す一つの方法です．単位は〔T〕でテスラと読み，〔T〕＝〔N/A・m〕です．

　磁束密度 B のところに置いた直線電流 I_2 に働く単位長さ当たりの電磁力 F は，③式と④式から次のようになります．

$$F = I_2 B \text{〔N/m〕} \qquad ⑤$$

(3) アンペアの周回路の法則

　第2.3図のように直線電流 I〔A〕から垂直に距離 r〔m〕離れた点の磁界の強さを H〔A/m〕とします．磁束(あるいは磁力線)は同心円状に分布しているので，電流を中心とする半径 r〔m〕の円を考えると，円周上の磁界の強さの大きさは一定です．

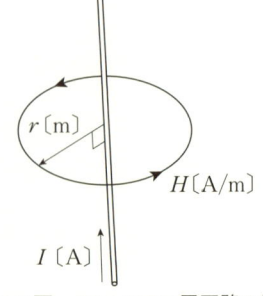

第2.3図　アンペアの周回路の法則

周回路の長さ × 磁界の強さ ＝ 周回路の中に含まれる電流

$2\pi r \times H = I$

となる関係式を**アンペアの周回路の法則**といいます．この式を変形して，

$$H = \frac{I}{2\pi r} \ [\text{A/m}] \tag{5}$$

となります．これは，半径 r [m] の円周上の磁力線の密度と考えてもよいのです．磁界の強さには透磁率は関与しません．

④式と比べると，

$B = \mu_0 H$

という関係になっています．電流の周囲を取り巻く物質は真空，空気以外の場合もあるので，その透磁率を μ で表し，

$$B = \mu H = \mu_0 \mu_s H \ [\text{T}] \tag{6}$$

と表します．μ_s を**比透磁率**と呼び，μ が μ_0 の何倍であるかを表します．磁束密度は透磁率に比例します．

比誘電率 ε_s の値は特殊な材質を除くと 10 以下で，特殊な材質を除いても数百〜数千が一般的です．磁気作用を応用する機器が圧倒的に多い理由です．

(4) ビオ・サバールの法則

第 2.4 図のように，電流 I [A] の流れている導線に微小部分 Δl をとります．この微小部分を流れる電流が図示の点 P につくる磁界の強さの大きさ ΔH は次の式で表され，これを**ビオ・サバールの法則**といいます．

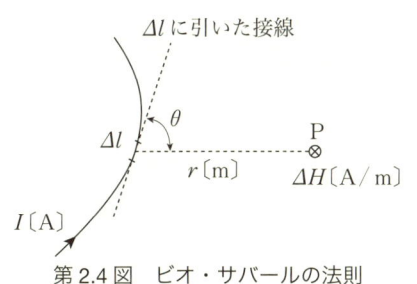

第 2.4 図　ビオ・サバールの法則

$$\Delta H = \frac{I \Delta l \sin \theta}{4\pi r^2} \ [\text{A/m}] \tag{7}$$

磁界の強さの向きはアンペアの右ねじの法則に従います．$I\Delta l$ は**電流素片**と呼び，電流の切れ端といったイメージです．電流素片を対象にすると，

クーロンの法則と同じように，r^2 に反比例しています．

ビオ・サバールの法則を用いて電流 I〔A〕の流れている円形コイルの中心の磁界の強さを求めます．

第2.5図のように，円周を細分化します．円の中心から円周に引いた線は常に直角に交わります．$\sin 90° = 1$ ですから，

$$\Delta H_1 = \frac{I\Delta l_1}{4\pi r^2},\ \Delta H_2 = \frac{I\Delta l_2}{4\pi r^2},\ \Delta H_3 = \frac{I\Delta l_3}{4\pi r^2},\ \cdots\cdots \Delta H_n = \frac{I\Delta l_n}{4\pi r^2}$$

と同形式で表されます．中心磁界の向きは一致しています．中心の磁界の強さ H の大きさは，これらの総和となります．

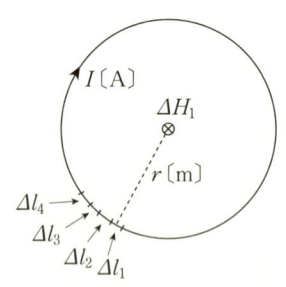

第2.5図　円形コイルの中心磁界

$$H = \sum_1^n \Delta H_n = \frac{I}{4\pi r^2} \sum_1^n \Delta l_n = \frac{I}{4\pi r^2} \times 2\pi r$$

$\sum_1^n \Delta l_n$ は Δl_1 から Δl_n までの Δl の総和を表す記号です．円周上の微小長さの総和は円周の長さそのものです．したがって，

$$H = \frac{I}{2r}\ 〔\text{A/m}〕$$

となって，②式が得られます．コイルが緊密に N 回巻かれている場合は，

$$H = \frac{NI}{2r}\ 〔\text{A/m}〕$$

となります．

練習問題 1

密接して平行に配置された非常に長い2本の導線に $I_1 = 12$ [A] と $I_2 = 8$ [A] が図示の向きに流れている．導線から垂直に 60 [cm] 離れた点 P の磁束密度と磁界の強さを求めよ．ただし，導線間の距離は無視できるものとし，$\mu_0 = 4\pi \times 10^{-7}$ [H/m] とする．

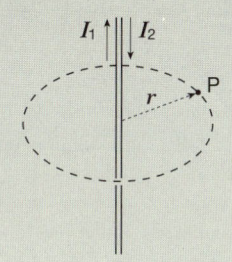

【解答】 磁束密度 1.33×10^{-6} [T]，磁界の強さ 1.06 [A/m]

【ヒント】 $H = \dfrac{1}{2\pi r}(I_1 - I_2)$, $B = \mu_0 H$

向きは，点 P の接線方向で反時計回りの向き．

STEP 2

(1) 複数の電流による磁界

第 2.6 図のように，I_1, I_2, I_3 の直線電流が点 P につくる磁界を求めます．

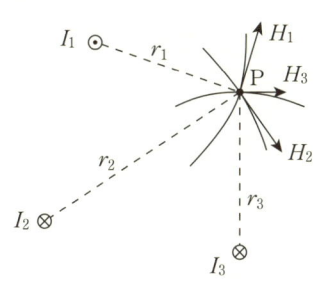

*：電流（磁束）の向き
⊙：紙面の裏から表に向けて垂直な電流（磁束）
⊗：紙面の表から裏に向けて垂直な電流（磁束）

第 2.6 図 複数の電流による磁界

個々の電流が点 P につくる磁界 H_1, H_2, H_3 をアンペアの周回路の法則で求め，点 P における，それらの接線方向のベクトルを合成します．磁界の強さの大きさも向きも異なることに注意してください．

② 磁気

複数の同心円形コイルの電流による中心磁界を求める場合は，個々の電流が中心につくる磁界を求めて，それらを重ね合わせます．

(2) 環状ソレノイドの内部磁界

コイルを密に巻いたものをソレノイドと呼びます．第2.7図のような円環状のソレノイドを無端ソレノイドと呼ぶこともあります．磁束は円環の内部にあって，外部への漏れ磁束はないものとして扱います．

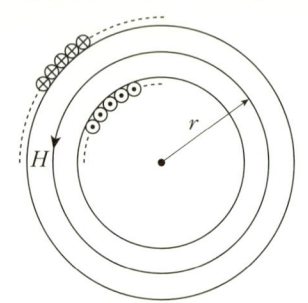

第2.7図　環状ソレノイドの内部磁界

円環中心の半径を r，ソレノイドの巻数を N，ソレノイドに流れている電流を I とします．円環内部の平均的な磁界の強さを H とします．

円環中心の長さを周回路としてアンペアの周回路の法則を用いると，周回路の中に含まれる電流は $N \times I$ ですから，

$$2\pi r \times H = NI$$

となり，磁界の強さ H は

$$H = \frac{NI}{2\pi r} \ \text{[A/m]} \qquad ⑧$$

となります．円環内部が真空または空気なら，磁束密度 B は，

$$B = \frac{\mu_0 NI}{2\pi r} \ \text{[T]}$$

となります．

円環内部が鉄心なら，鉄心の比透磁率 μ_s を用いて，

$$B = \frac{\mu_0 \mu_s NI}{2\pi r} \ \text{[T]} \qquad ⑨$$

と表せます．鉄心材質の μ_s の値は数千程度と大きいので，空気の場合よりもはるかに大きくなります．しかし，鉄心には磁気飽和の現象があり，磁束

密度は 1.5〔T〕前後に設計します．このため，環状鉄心にコイルを巻くには，巻数が少なくてもよいので，第 2.8 図のように部分的に巻いてもよいのです．

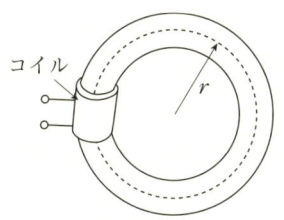

第 2.8 図　環状鉄心のコイル

後に述べるように，空気の磁気抵抗は大きく，鉄心の磁気抵抗は小さいので，磁束のほとんどは鉄心内を通り，漏れ磁束はわずかです．

練習問題2

図のように，半径 r〔m〕の円形電流 I〔A〕が流れている導線と，円形平面に垂直な鉛直電流 I〔A〕が流れている導線が接している．なお，二つの導線は絶縁されている．円の中心 O における磁束密度の大きさを表す式を示せ．

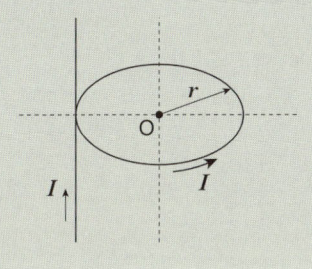

【解答】　$\dfrac{\mu_0 I}{2r}\sqrt{1+\left(\dfrac{1}{\pi}\right)^2}$〔T〕

【ヒント】　それぞれの電流による磁界を求め，向きを考えてベクトル合成します．

Lesson 2 磁気回路

覚えるべき重要ポイント

- 電気回路と磁気回路の対応は次のようになります．

電気回路	磁気回路
起電力 E 〔V〕	起磁力 F 〔A〕
電気抵抗 R 〔Ω〕	磁気抵抗 R 〔H^{-1}〕
電流 I 〔A〕	磁束 Φ 〔Wb〕
抵抗率 ρ 〔Ω・m〕	磁気抵抗率 $1/\mu$ 〔m/H〕
導電率 σ 〔S/m〕	透磁率 μ 〔H/m〕

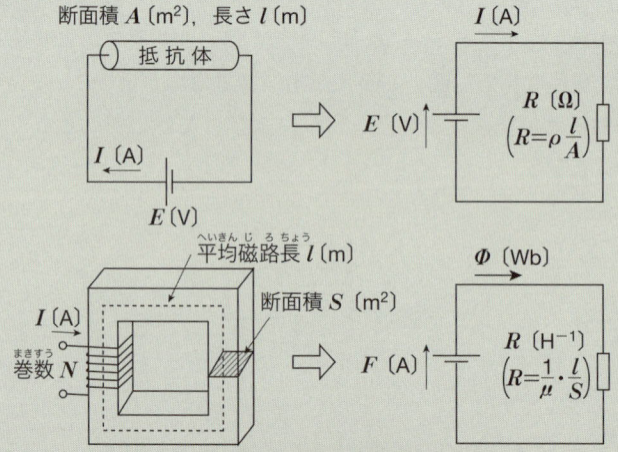

第2.9図 電気回路と磁気回路の対応

- 磁気回路にもオームの法則が成り立ちます．
- 起磁力

$$F = NI \text{〔A〕} \quad ⑩$$

- 磁気抵抗

$$R = \frac{1}{\mu} \cdot \frac{l}{S} \text{〔H}^{-1}\text{〕} \quad ⑪$$

単位は 1/H と同じ意味で，毎ヘンリーと読みます．
平均磁路長 l は平均的な磁路の長さ〔m〕をとります．

STEP 1
磁気回路のオームの法則

$$\Phi = \frac{F}{R} \, [\text{Wb}]$$ ⑫

Φ はファイと読みます．

磁束 Φ [Wb] を面積 S [m²] で割ったものが磁束密度 B [T] です．単位の関係は，[T] = [Wb/m²] となっていることがわかります．

練習問題 1

長さ 50 [cm]，断面積 4 [cm²] の環状鉄心がある．これにコイルを 800 回巻いて，10 [A] の電流を流した．鉄心の比透磁率を 1 000 とする．鉄心を通る磁束を求めよ．ただし，$\mu_0 = 4\pi \times 10^{-7}$ [H/m] とする．

【解答】 8.04×10^{-3} [Wb]

【ヒント】 $\Phi = \dfrac{F}{R} = \dfrac{NI\mu_0\mu_s S}{l}$

STEP 2
エアギャップ（空げき）を含む磁気回路

磁気抵抗についても，電気抵抗と同様に直列，並列の計算ができます．第 2.10 図の磁気回路では，合成磁気抵抗は鉄心の磁気抵抗とギャップの磁気抵抗の直列接続として計算できます．

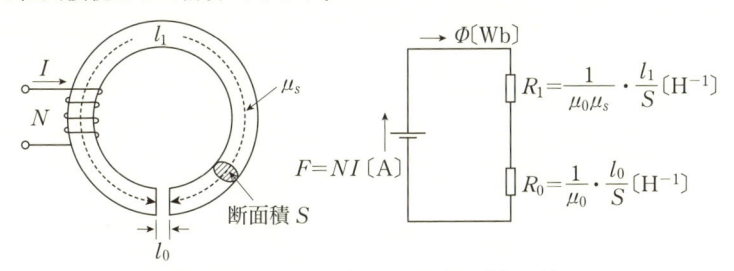

第 2.10 図 エアギャップを含む磁気回路

合成磁気抵抗 R は次のようになります．

$$R = R_0 + R_1 = \frac{1}{\mu_0} \cdot \frac{l_0}{S} + \frac{1}{\mu_0\mu_s} \cdot \frac{l_1}{S}$$

$$= \frac{1}{\mu_0 S}\left(l_0 + \frac{l_1}{\mu_s}\right) \text{ [H}^{-1}\text{]}$$

練習問題2

先の練習問題1において，環状鉄心に1〔mm〕のギャップを設けたとする．鉄心を通る磁束を求めよ．ただし，ギャップを設けたことによる鉄心磁路の長さの減少分は無視する．

【解答】 2.68×10^{-3}〔Wb〕

【ヒント】 $\Phi = \dfrac{NI\mu_0\mu_s S}{l_1 + \mu_s l_0}$

第2章 Lesson 3 電磁力・誘導起電力

STEP 0 事前に知っておくべき事項

- Lesson1 の⑤式に示したように，磁界中の導線に電流を流すと，電流には電磁力が働きます．……単位長さ当たり $F = IB$〔N/m〕
- 磁界中で磁束を切って運動する導体には，起電力が発生します．これを誘導起電力と呼びます．

覚えるべき重要ポイント

- 電磁力の公式

$$F = IBl\sin\theta \text{〔N〕}$$ ⑬

l：導線の長さ〔m〕，θ：I と B の成す角

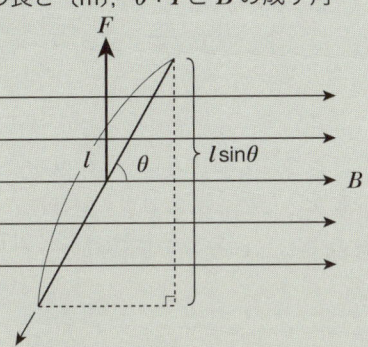

第2.11図　電磁力

- 電磁力の向きはフレミングの左手の法則に従います．

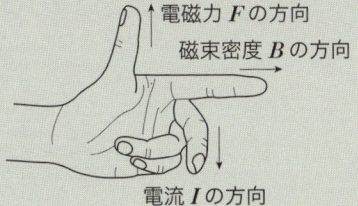

電磁力 F の方向
磁束密度 B の方向
電流 I の方向

第2.12図　フレミングの左手の法則

② 磁　気

- 誘導起電力の公式（その1）

  $e = vBl\sin\theta$ 〔V〕　　　　　　　　　　⑭

  v：導線の運動速度〔m/s〕，θ：vとBの成す角

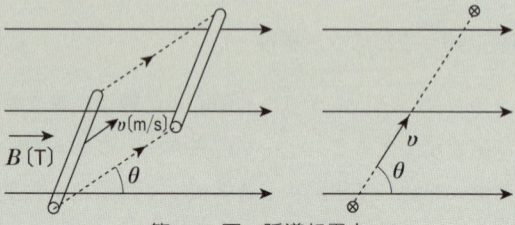

第2.13図　誘導起電力

- 誘導起電力の向きはフレミングの右手の法則に従います．

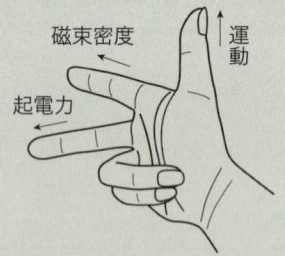

第2.14図　フレミングの右手の法則

- 電磁力の公式に含まれている角θは，IとBが直角に交わる（直交する）成分を計算するためのものです．同様に，誘導起電力の公式に含まれている角θは，vとBの直交成分を計算するためのものです．

STEP 1

　長方形コイルの回転力（トルク）について考えます．第2.15図のようなコイルが磁束密度B〔T〕の磁界中に置かれているとします．このコイルはコイル中心軸O，O′の周りに回転できるようになっているとします．

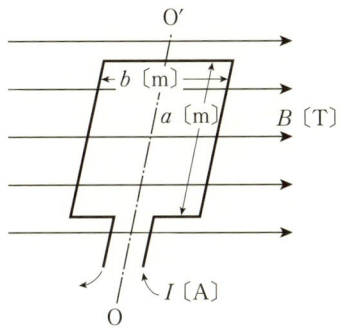

第2.15図　磁界中の長方形コイル

辺bにはBと直交する成分がないので，電磁力を発生しません．辺aのみが電磁力を発生します．一辺に働く電磁力Fは次のとおりです．

$$F = IBl\sin\theta = IBa\sin 90° = IBa \,\text{[N]}$$

回転力 ＝ 作用力 × 力の腕の長さで表されます（第2.16図参照）．力の腕の長さとは，回転半径を意味します．一辺に働く回転力は，

$$F \times \frac{b}{2} \,\text{[N·m]}$$

となります．2辺の回転力が加わるので，コイル全体のトルクTは，

$$T = 2 \times F \times \frac{b}{2} = IBab \,\text{[N·m]}$$

となります．コイル面積 $= S = ab$として表すと，

$$T = IBS \,\text{[N·m]}$$

となります．

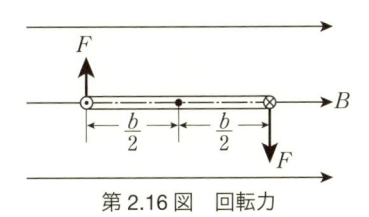

第2.16図　回転力

コイル面が回転して第2.17図のようにαだけ傾いたとします．

② 磁　気

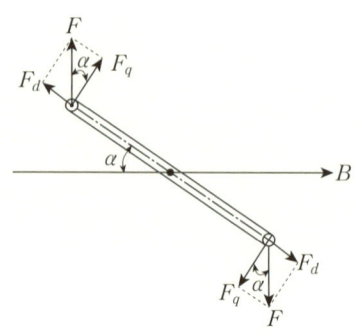

第 2.17 図　コイル面が回転した場合

電磁力 F を F_d と F_q に分解すると，F_d はコイル面を広げる向きに働き，回転力としては働きません．回転力になるのは F_q です．

$$F_q = F\cos\alpha = IBa\cos\alpha$$

$$T = 2 \times F_q \times \frac{b}{2} = IBS\cos\alpha \,[\text{N}\cdot\text{m}]$$

となります．$\alpha = 0\,[°]$ で最大トルクとなり，$\alpha = 90\,[°]$ でゼロになります．

練習問題 1

第 2.15 図において，$a = 15\,[\text{cm}]$，$b = 6\,[\text{cm}]$，$I = 0.8\,[\text{A}]$，$B = 0.4\,[\text{T}]$，コイルの巻数 $N = 20$ とする．コイルに働く最大トルクを求めよ．

【解答】　$0.0576\,[\text{N}\cdot\text{m}]$

【ヒント】　$T = NIBS\cos\alpha$

STEP 2

誘導起電力について考えます（第 2.18 図参照）．

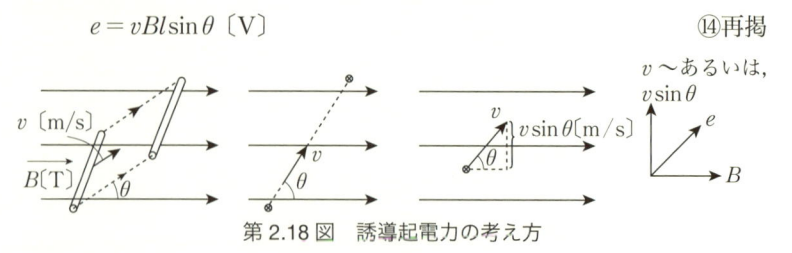

$$e = vBl\sin\theta \,[\text{V}] \qquad\qquad\text{⑭再掲}$$

第 2.18 図　誘導起電力の考え方

移動距離を $\Delta x\,[\text{m}]$ とし，移動した時間を $\Delta t\,[\text{s}]$ とすると，速度 v は，

$$v = \frac{\Delta x}{\Delta t} \ [\text{m/s}]$$

です．⑭式を書き改めると，

$$e = \frac{\Delta x}{\Delta t} Bl \sin\theta = \frac{1}{\Delta t}(B \times l \times \Delta x \sin\theta)$$

となります．（ ）内は，磁束密度 × 導体長さ × 磁束を垂直に切った距離を表しています．すなわち，（磁束密度 × 導体が切った磁束の面積）を表しています．磁束密度と面積の積は磁束です．Δt の間に導体が切った磁束を $\Delta \Phi$ として，

誘導起電力の公式（その2）

$$e = \frac{\Delta \Phi}{\Delta t} \ [\text{V}] \tag{⑮}$$

と表せます．誘導起電力は導体が単位時間当たりに切る磁束に等しいことを表しています．

導体の運動による誘導起電力の求め方には，⑭式と⑮式の二つがあります．

練習問題2

図のように，磁束密度 0.5〔T〕の磁界中に長さ 2〔m〕の導体棒を磁界と直角に置いて，図示のように角度 30〔°〕の向きに速さ 20〔m/s〕で動かした．導体棒の起電力を求めよ．

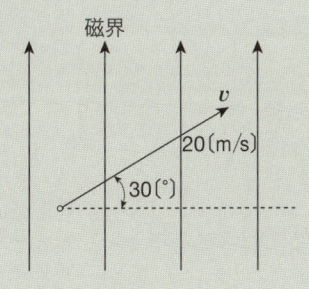

【解答】 17.3〔V〕

【ヒント】 $e = vBl\cos 30° = vBl\sin 60°$

第2章 Lesson 4 コイルの誘導起電力・インダクタンス

STEP 0 事前に知っておくべき事項

- 誘導起電力は磁束と導体の相対的な運動で生じます．
- 磁束は閉じた環になります．コイルの環と磁束の環が鎖のように交わることを鎖交するといいます．巻数 N と磁束 Φ との積 $N\Phi$ を磁束鎖交数あるいは鎖交数といいます．単位は〔Wb〕です．
- 静止しているコイルに鎖交する磁束が時間的に変化すれば誘導起電力を生じます．
- コイルには電磁エネルギーを蓄えることができます．

覚えるべき重要ポイント

- コイルの誘導起電力……磁束鎖交数から求める．

$$e = -N\frac{\Delta \Phi}{\Delta t} \text{〔V〕} \qquad ⑯$$

負符号はレンツの法則を代数的に表したものです．

- 自己インダクタンス

$$L = \frac{N\Phi}{I} \text{〔H〕} \qquad ⑰$$

- コイルの自己誘導起電力

$$e = -L\frac{\Delta I}{\Delta t} \text{〔V〕} \qquad ⑱$$

- コイルに蓄えられる電磁エネルギー

$$W = \frac{1}{2}LI^2 \text{〔J〕} \qquad ⑲$$

STEP 1
コイルの誘導起電力

第2.19図のように静止している1巻のコイルに磁束が鎖交しているとし

ます．この磁束はほかから与えられたものです．時間的な磁束の変化という場合，時間的に増加しているか，時間的に減少しているかのどちらかです．

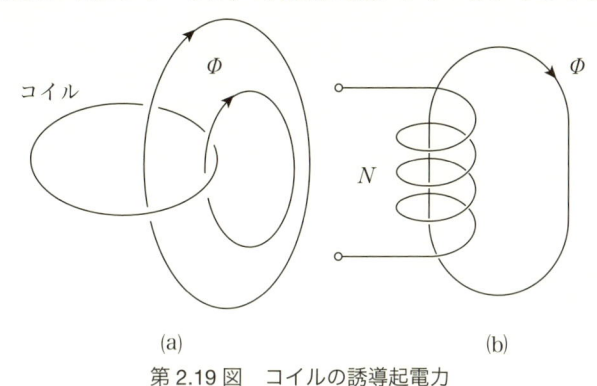

(a) (b)
第2.19図　コイルの誘導起電力

コイルの誘導起電力は，磁束の時間的な変化の速さに比例します．その比例定数は1です．

$$e = -\frac{\Delta \Phi}{\Delta t} \; \text{[V]}$$

と表されます．導体の運動による誘導起電力の向きは，フレミングの右手の法則に従います．いま考えているコイルの場合には，レンツの法則に従います．「起電力の向きは，その誘導電流のつくる磁束がもとの磁束の増減を妨げる向きに生じる」というものです．起電力を向きも含めて代数的に表すために負符号を付けています．

起電力の大きさだけを問題にするには，負符号を考えなくてもよいです．巻数Nのコイルであれば，

誘導起電力の公式（その3）

$$e = -N\frac{\Delta \Phi}{\Delta t} \; \text{[V]} \qquad ⑯$$

と表されます．この式を，ファラデーの法則と呼ぶことが多いです．

② 磁 気

> **練習問題 1**
> 巻数 40 のコイルを通過する磁束が 0.5 秒間に 1.2〔Wb〕から 3×10^{-2}〔Wb〕まで一様に変化した．コイルに誘導される起電力を求めよ．

【解答】 93.6〔V〕

【ヒント】 $e = -N\dfrac{\Delta \Phi}{\Delta t}$

STEP 2

(1) コイルの自己インダクタンス

前項の磁束はほかから与えられたものでした．ここでは，自らのつくる磁束の変化による誘導起電力を考えます．第 2.20 図の回路で，抵抗を急変させると電流 I が急変し，電流が急変すると磁束 Φ は比例して急変します．

$$\Phi = \frac{NI}{R} \text{〔Wb〕}$$

この抵抗を急変すると，電流が急変する．
電流が急変すると磁束も急変する．

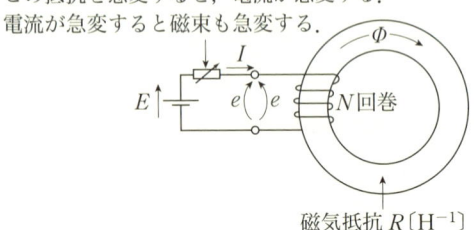

第 2.20 図 自己インダクタンス

磁束の時間的な変化によって誘導起電力を生じます．

$$e = -N\frac{\Delta \Phi}{\Delta t} = -N\frac{\Delta \dfrac{NI}{R}}{\Delta t} = -\frac{N^2}{R}\frac{\Delta I}{\Delta t} \text{〔V〕}$$

この誘導起電力は，自らの磁束変化によって生じるものですから，**自己誘導起電力**と呼ぶこともあります．コイル端子に電源から加えられている電圧 e に対抗しているので**逆起電力**とも考えられます．その大きさは電流の変化の速さ $\Delta I/\Delta t$ に比例し，比例定数は N^2/R です．この比例定数を自己誘導

係数または自己インダクタンスと呼びます．記号 L で表し，単位記号〔H〕はヘンリーと読みます．

$$L = \frac{N^2}{R} \text{〔H〕}$$

磁気抵抗 R がわかっている場合は，この式から自己インダクタンスを計算できます．なお，単にインダクタンスという場合，自己インダクタンスのことを指します．インダクタンスは巻数の2乗に比例します．

すると，自己誘導起電力は次のようになります．

誘導起電力の公式（その4）

$$e = -L\frac{\Delta I}{\Delta t} \text{〔V〕} \qquad ⑱$$

次の二つの式の対応を考えると，

$$e = -L\frac{\Delta I}{\Delta t} \quad \cdots\cdots \quad e = -N\frac{\Delta \Phi}{\Delta t}$$

から，

$$L\Delta I = N\Delta \Phi \rightarrow \Delta LI = \Delta N\Phi$$

となって，

$$L = \frac{N\Phi}{I} \text{〔H〕} \qquad ⑰$$

と表せます．$I = 1$〔A〕とすると，$L = N\Phi$ となります．「自己インダクタンスとは，単位電流が流れたときのコイルの磁束鎖交数である」といえます．

(2) コイルに蓄えられるエネルギー

第2.21図のように $t = 0$ で $i = 0$ とし，$t = T$ で $i = I$ まで直線的に電流を増加させたとします．電流の変化の速さを一定としているので，

$$e = L\frac{\Delta i}{\Delta t} = L\frac{I}{T} = E \text{〔V〕} \quad \cdots\cdots \text{負符号を省略}$$

と表せます．電流が変化している期間だけ，一定電圧 E が生じることに注意してください．

② 磁 気

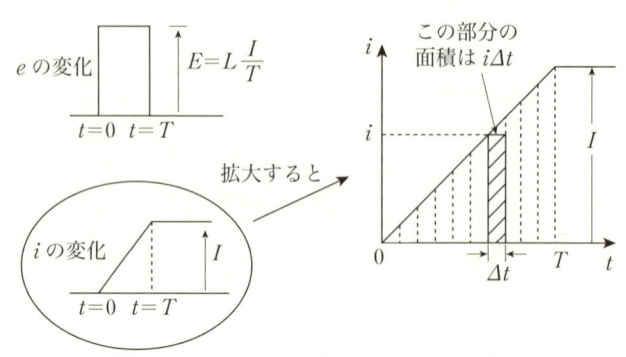

第2.21図　コイルに蓄えられるエネルギー

電圧 × 電流 = 電力で，電力 × 時間 = エネルギーです．$t=0$ から $t=T$ までのエネルギー W を求めます．

$$W = \sum_{t=0}^{t=T} ei\Delta t = E\sum_{t=0}^{t=T} i\Delta t$$

とおけます．総和の部分は図に示した三角形の面積に相当しますから，

$$W = E \times \frac{1}{2} \times T \times I = L\frac{I}{T} \times \frac{1}{2}TI = \frac{1}{2}LI^2 \text{〔J〕}$$

となります．$t=T$ 以降は，電流が変化せず，起電力を発生していないのでエネルギーはゼロです．しかし，W〔J〕のエネルギーはコイルに蓄えられたままになっています．流れている電流を減少させようとすると，このエネルギーは放出されます．

練習問題 2

80〔mH〕のインダクタンスに図のような電流を流した．発生する電圧の大きさと，インダクタンスに蓄えられるエネルギーを求めよ．

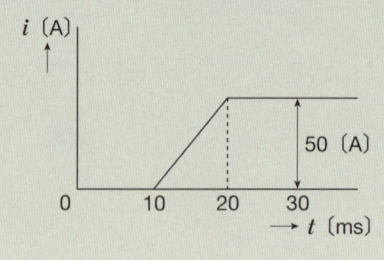

【解答】　400〔V〕，100〔J〕

【ヒント】 $e = -L\dfrac{\Delta I}{\Delta t}$

$W = \dfrac{1}{2}LI^2$

練習問題3

　図のように，環状鉄心に巻かれたコイルがある．コイルに直流電流 $I = 4$ [A] を流したところ，鉄心の磁束密度は 0.2 [T] であった．コイルのインダクタンスを求めよ．ただし，コイルの漏れ磁束はないものとする．

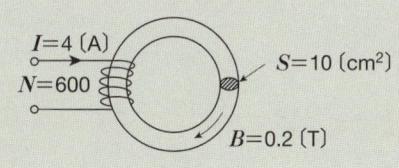

$I = 4$ [A]
$N = 600$
$S = 10$ [cm^2]
$B = 0.2$ [T]

【解答】　0.03 [H]

【ヒント】　$L = \dfrac{N\Phi}{I} = \dfrac{NBS}{I}$

第2章 Lesson 5 相互インダクタンス

覚えるべき重要ポイント

- 二つ以上のコイルで，一つのコイルの発生磁束が他のコイルに全部または一部鎖交すると，他のコイルに起電力を誘導します．コイル相互間の電磁誘導を相互誘導または相互誘導作用といいます．
- 相互誘導により発生する起電力を相互誘導起電力と呼びます．その大きさを決定する比例定数が相互インダクタンスです．記号 M，単位記号〔H〕で表します．
- 相互インダクタンス……第2.22図参照

$$M = \frac{N_B \phi_A}{I_A} = \frac{N_A \phi_B}{I_B} \text{〔H〕} \quad ⑳$$

- 結合係数

$$k = \frac{M}{\sqrt{L_A L_B}} \quad ㉑$$

- 二つのコイルを直列接続した場合の合成インダクタンス

$$L = L_A + L_B \pm 2M \text{〔H〕} \quad ㉒$$

ただし，和動接続で + 符号，差動接続で − 符号をとる．

STEP 1

(1) 相互インダクタンス

第2.22図の回路で，抵抗を加減して電流を変化させます．

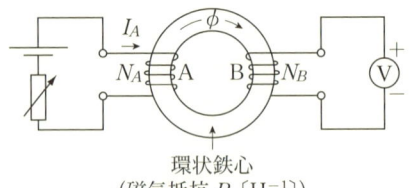

環状鉄心
(磁気抵抗 R〔H^{-1}〕)
第2.22図 相互誘導

磁束 ϕ は，

$$\phi = \frac{N_A I_A}{R} \text{〔Wb〕}$$

となりますから，コイル B の誘導起電力 e_B は，負符号を省略すると，

$$e_B = N_B \frac{\Delta \phi}{\Delta t} = N_B \frac{\Delta\left(\frac{N_A I_A}{R}\right)}{\Delta t} = \frac{N_A N_B}{R} \cdot \frac{\Delta I_A}{\Delta t} \text{〔V〕}$$

となります．なお，時間的に変化しない定数は Δ 記号の前に出すことができます．誘導起電力は，電流の変化の速さに比例し，

$$\frac{N_A N_B}{R} = M \text{〔H〕}$$

とおいて，この比例定数 M を相互誘導係数または相互インダクタンスと呼びます．磁気抵抗 R が判明していれば，この式から相互インダクタンスを計算できます．相互インダクタンスは巻数の積に比例します．

$$e_B = N_B \frac{\Delta \phi}{\Delta t} = M \frac{\Delta I_A}{\Delta t}$$

とおけば，

$$N_B \Delta \phi = M \Delta I_A \quad \to \quad \Delta N_B \phi = \Delta M I_A$$

として，

$$M = \frac{N_B \phi_A}{I_A} \text{〔H〕}$$

となります．ϕ_A は I_A によってつくられた磁束であることを明らかにするために記号を改めました．コイル A，B を入れ替えてもまったく同様に成り立ちます．

$I_A = 1$ 〔A〕とすると，

$$M = N_B \phi_A$$

となります．「相互インダクタンスとは，一方のコイルに 1〔A〕を流したときの他方のコイルの磁束鎖交数である」ということができます．

(2) 結合係数

第 2.22 図に示した二つのコイル A，B はそれぞれ自己インダクタンス L_A および L_B を持っています．

$$L_A L_B = \frac{N_A{}^2}{R} \cdot \frac{N_B{}^2}{R} = \left(\frac{N_A N_B}{R}\right)^2 = M^2$$

という関係が成り立ちます．したがって，

$$M = \sqrt{L_A L_B}$$

となります．実際には発生磁束のすべてが他方のコイルに鎖交するわけではなく，漏れ磁束が発生しています（第2.23図参照）．

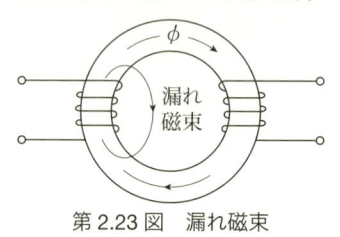

第2.23図　漏れ磁束

実際の相互インダクタンスを M とすると，

$$k = \frac{M}{\sqrt{L_A L_B}}$$

を結合係数と呼びます．

練習問題1

第2.22図において，$N_A = 100$，$N_B = 20$ とする．$I_A = 8$〔A〕の電流を流したとき，$\phi = 6 \times 10^{-3}$〔Wb〕であった．相互インダクタンスはいくらか．また，$I_A = 8$〔A〕の電流を0.2秒間に2〔A〕まで直線的に減少させた場合のコイルBの起電力を求めよ．

【解答】　15〔mH〕，0.45〔V〕

【ヒント】　$M = \dfrac{N_B \phi_A}{I_A}$，$e_B = M \dfrac{\Delta I_A}{\Delta t}$

STEP 2

コイルA，Bの直列接続の方法には，第2.24図の2種類があります．

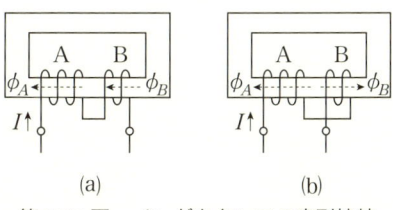

第 2.24 図　インダクタンスの直列接続

　任意の向きの電流を仮定したとき，第 2.24 図(a)は両コイルの磁束が相加わる接続なので，和動接続と呼びます．第 2.24 図(b)は両コイルの磁束が相減ずる接続なので，差動接続と呼びます．
　自己インダクタンス，相互インダクタンスの式は次のとおりです．

$$L_A = \frac{N_A \phi_A}{I_A}, \quad L_B = \frac{N_B \phi_B}{I_B}, \quad M = \frac{N_B \phi_A}{I_A} = \frac{N_A \phi_B}{I_B}$$

　直列接続ですから，$I_A = I_B = I$ となります．和動接続の場合，コイル A の合成した磁束鎖交数は次のように表すことができます．

$$N_A \phi_A + N_A \phi_B = L_A I + M I = (L_A + M) I$$

同様に，コイル B の合成した磁束鎖交数は次のように表すことができます．

$$N_B \phi_B + N_B \phi_A = L_B I + M I = (L_B + M) I$$

端子から見た合成インダクタンスを L とすると，電流 I による磁束鎖交数は LI と表され，これは，上の 2 式の和となるので，

$$LI = (L_A + M) I + (L_B + M) I$$
$$\therefore \quad L = L_A + L_B + 2M \, [\mathrm{H}]$$

差動接続の場合は，磁束の向きが互いに逆なので，

　A コイルの磁束鎖交数：$N_A \phi_A - N_A \phi_B = L_A I - M I = (L_A - M) I$
　B コイルの磁束鎖交数：$N_B \phi_B - N_B \phi_A = L_B I - M I = (L_B - M) I$

となって，

$$L = L_A + L_B - 2M \, [\mathrm{H}]$$

となります．

練習問題2

鉄心に巻かれたコイル1およびコイル2を図のように接続し，2〔A〕の直流電流を流した．端子a, b間に蓄えられるエネルギーを求めよ．ただし，両コイルのインダクタンスはそれぞれ $L_1 = 0.1$ 〔H〕, $L_2 = 0.4$ 〔H〕とし，両コイルの結合係数を 0.75 とする．

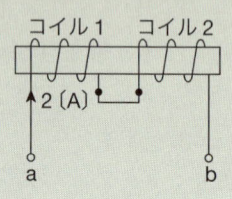

```
        コイル1  コイル2
       ┌─MMM──MMM─┐
       │           │
       ↑2〔A〕
       ○           ○
       a           b
```

【解答】　1.6〔J〕

【ヒント】　$M = k\sqrt{L_1 L_2}$

$$W = \frac{1}{2}LI^2 = \frac{1}{2}(L_1 + L_2 + 2M)I^2$$

STEP 3 総合問題

【問題1】 図1のように，間隔 $d = 0.5$〔m〕で平行に置かれた非常に長い導線AおよびBに $I_A = 40$〔A〕および $I_B = 10$〔A〕が図示の向きに流れている．

(a) Bより d だけ離れた点Pの磁界の強さの大きさ〔A/m〕の値として正しいのは次のうちどれか．ただし，$\mu_0 = 4\pi \times 10^{-7}$〔H/m〕とする．

(1) $\sqrt{\pi}$　(2) $\dfrac{10}{\pi}$　(3) $\dfrac{30}{\pi}$　(4) $\dfrac{10\pi}{\sqrt{2}}$　(5) 10π

(b) 図2のように，点Pを通ってAおよびBに平行な導線Cを置き，これに電流 I_C〔A〕を流したところ，$I_C = 0$〔A〕のときに導線AおよびBに働く反発力の1/2の電磁力が働いた．I_C〔A〕の値として正しいのは，次のうちどれか．

(1) 10　(2) $10\sqrt{2}$　(3) $10\sqrt{3}$　(4) 20　(5) 40

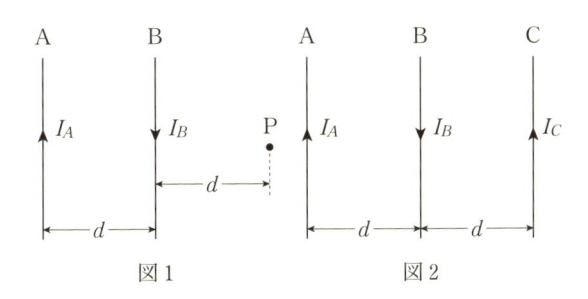

【問題2】 紙面に平行な水平面内において，0.6〔m〕の間隔で導体レール2本が図示のように平行に置かれている．導体レールの端には図示のように10〔Ω〕の抵抗が接続されている．紙面の裏から表に向けて磁束密度0.2〔T〕の磁界が加えられている．導体レールの上には導線PQが置かれ，一定速度5〔m/s〕で導体レールと磁界の両者に垂直な向きに移動させる．なお，導体レールおよび導線PQの抵抗ならびに導線とレールの接触抵抗は無視できるものとする．

(a) 導線PQの誘導起電力〔V〕を求めよ．

(b) 導線を一定速度5〔m/s〕で移動させるには，導線に外力を加える必要がある．外力の単位時間当たりの仕事〔J/s〕を求めよ．

② 磁 気

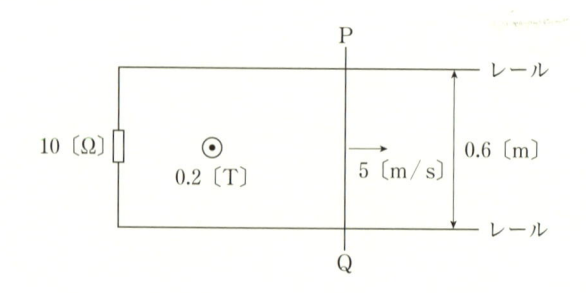

【問題3】 図のように,磁石のつくる磁界の中に長方形コイルが置かれている.磁束密度は B〔T〕で,コイル辺の長さは図に示している.コイル面を,水平の位置から角速度 ω〔rad/s〕で反時計回りに回転させる.
(a) $t = 0$〔s〕のときの誘導起電力を求めよ.
(b) $t = t$〔s〕のときの誘導起電力を求めよ.

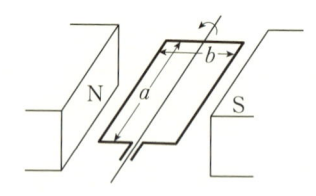

【問題4】 図1のような環状鉄心に二つのコイルが巻かれている.巻数は,$N_1 = 100$,$N_2 = 300$ である.コイル2の自己インダクタンスは2.7〔H〕である.一つのコイルの発生する磁束は,すべてほかのコイルに鎖交するものとする.
(a) コイル1に0.1秒間に10〔A〕の割合で一様に変化する電流を流した.コイル1の起電力 e_1 およびコイル2の起電力 e_2 はいくらか.
(b) 図2のように接続して5〔A〕の電流を流した.コイル全体に蓄えられるエネルギーはいくらか.

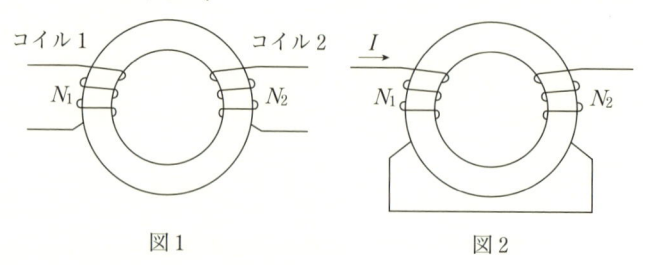

第 3 章
直流回路

第3章 Lesson 1 法則と定理

STEP 0 事前に知っておくべき事項

- オームの法則　$V = RI$ 〔V〕
  2点間の電位差と電流は比例します．その比例定数を R で表し，抵抗といいます．

- 合成抵抗 R
  直列接続の場合　$R = R_1 + R_2$

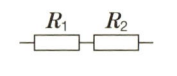

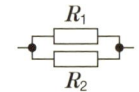

  並列接続の場合　$R = \dfrac{R_1 R_2}{R_1 + R_2}$

(a) 直列接続　(b) 並列接続

第3.1図

覚えるべき重要ポイント

- キルヒホッフの法則
- テブナンの定理
- 重ね合わせの理
- ミルマンの定理
- 最大電力の定理

STEP 1

キルヒホッフの法則

電流法則：回路の接続点において次の関係が成り立つ．

　　　　　流入する電流の総和 ＝ 流出する電流の総和

電圧法則：回路網の中の任意の閉回路において次の関係が成り立つ．

　　　　　起電力の代数和 ＝ 反抗起電力の代数和

なお，抵抗 R の端子電圧を，電位の高低から起電力と同様の働きをするものとみなしたときの電圧を反抗起電力と呼んでいます(第3.2図参照)．代数和といっているのは，正の向き，負の向きを考慮

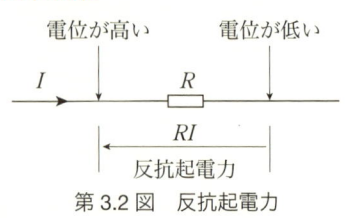

電位が高い　　電位が低い

第3.2図　反抗起電力

して和をとることです．

具体的な例で説明します．次の第3.3図のような回路を取り上げます．

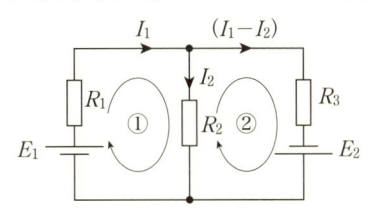

$E_1 = 6$〔V〕，$E_2 = 24$〔V〕，$R_1 = 8$〔Ω〕，$R_2 = 4$〔Ω〕，$R_3 = 6$〔Ω〕

第3.3図　キルヒホッフの法則の適用

適用のポイントは次のとおりです．

- 閉路（網目）の数と等しい連立方程式を立てる．したがって，閉路の数と等しい未知数を仮定する．
- 選ぶ閉路には，ほかの閉路に含まれていなかった素子を含むようにする．

第3.2図の回路には閉路が二つあります．図のように閉路①と②をとると，すべての素子（起電力，定電流源，抵抗など）が含まれています．電流の決め方には，枝電流法（枝路電流法）と閉路電流法（ループ電流法）があります．

ここでは，枝電流法を用いて，図示のようにI_1とI_2の二つの未知数を仮定します．抵抗R_3に流れる電流の大きさと向きは，電流法則から決定されます．

閉路をたどる向きは任意ですが，ここでは時計回りにとります．

電流の向きを仮定すると，抵抗の反抗起電力の向きは第3.4図のように決まります．

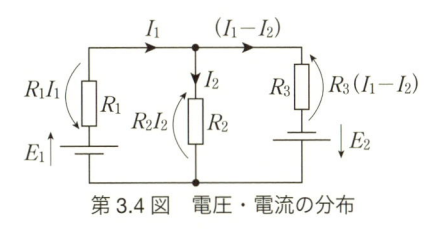

第3.4図　電圧・電流の分布

閉路①に電圧法則を適用し，時計回りに一巡します．

$E_1 - R_1 I_1 - R_2 I_2 = 0$　……一巡すれば電圧はゼロ

$$\therefore \quad R_1 I_1 + R_2 I_2 = E_1 \qquad \qquad ①$$

閉路②に電圧法則を適用し，時計回りに一巡します．

$$R_2 I_2 - R_3(I_1 - I_2) + E_2 = 0$$

$$\therefore \quad -R_3 I_1 + (R_2 + R_3) I_2 = -E_2 \qquad \qquad ②$$

①式と②式を連立方程式として解けばよいわけです．ここで，数値を代入してみます．

$$8I_1 + 4I_2 = 6$$

$$-6I_1 + 10I_2 = -24$$

これを解くと，次のようになります．

$$I_1 = 1.5 \,[A], \quad I_2 = -1.5 \,[A]$$

R_3 に流れる電流 $= I_1 - I_2 = 1.5 - (-1.5) = 3 \,[A]$

I_2 が負の値で得られたことは，電流の向きが最初に仮定した向きと逆であることを示しています．電流の向きを修正し，電流と電圧の分布を示したものが次の第3.5図です．

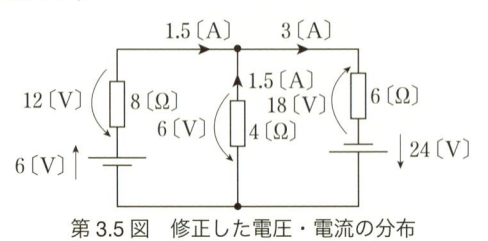

第3.5図　修正した電圧・電流の分布

キルヒホッフの法則が成立していますから，検算などは不要です．
この回路の消費電力（しょうひでんりょく）を求めてみます．電力は次の式で計算できます．

$$P = VI = RI^2 = \frac{V^2}{R} \,[W]$$

抵抗の消費電力は次のようになります．

$$P = 8 \times 1.5^2 + 4 \times 1.5^2 + 6 \times 3^2 = 81 \,[W]$$

電源（起電力）の供給する電力を求めてみます．なお，電源と電流の向きが一致すれば電力を供給していることになり，向きが一致していなければ，電源が充電されている状態です．

$$P = 6 \times 1.5 + 24 \times 3 = 81 \,[W]$$

となって，抵抗の消費電力に一致します．

練習問題 1

図のような直流回路がある．抵抗 6〔Ω〕の端子電圧を求めよ．

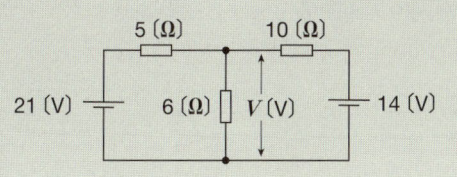

（回路図：5〔Ω〕, 10〔Ω〕, 21〔V〕, 6〔Ω〕V〔V〕, 14〔V〕）

【解答】　12〔V〕

STEP 2

(1) テブナンの定理

第 3.6 図(a)のように，電源を含んだ回路網から 2 端子 a，b を引き出しています．

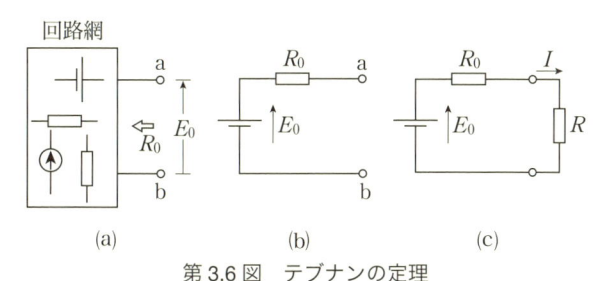

第 3.6 図　テブナンの定理

開放端子 a，b の電圧が E_0 で，開放端子から回路網を見た合成抵抗が R_0 であるとします．開放端子から見た回路網は第 3.6 図(b)のような**等価電圧源**として表せます．これを**テブナンの定理**と呼びます．

したがって，第 3.6 図(c)のように抵抗 R を接続すると次式が成り立ちます．

$$I = \frac{E_0}{R_0 + R}$$

適用のポイントは次のとおりです．

- 開放端子から回路網の合成抵抗を見るときは，電圧源は取り除いて**短絡（短絡除去）**し，電流源は取り除いて**開放（開放除去）**する．

(2) 重ね合わせの理

複数の電源を含む回路に適用します．

③ 直流回路

第 3.7 図(a)のように二つの電源を含む場合，図(b)および図(c)のように，**単独の電源**による電圧・電流の分布を求め，それらを重ね合わせたものがもとの回路の電圧・電流の分布を表します．これを**重ね合わせの理**といいます．

図式的に，(a) = (b) + (c)が成り立つというものです．

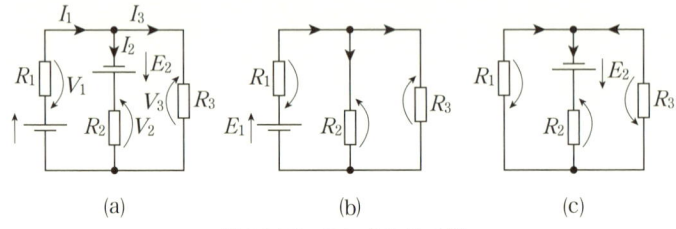

第 3.7 図　重ね合わせの理

適用のポイントは次のとおりです．
- 単独の電源による電圧・電流の分布を求めるときは，ほかの電圧源は短絡除去し，ほかの電流源は開放除去する．
- 重ね合わせるときは，向きを考えて代数和をとる．

(3) ミルマンの定理

多並列回路に適用します．

第 3.8 図のような回路で考えます．図示のように電流を仮定すれば，端子 a, b 間の電位差 V は次式で得られます．これを**ミルマンの定理**と呼びます．

$$V = \frac{\dfrac{E_1}{R_1} + \dfrac{E_2}{R_2} + \dfrac{E_3}{R_3}}{\dfrac{1}{R_1} + \dfrac{1}{R_2} + \dfrac{1}{R_3}}$$

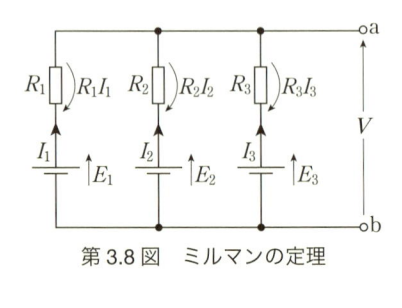

第 3.8 図　ミルマンの定理

電位差 V がわかれば，キルヒホッフの電圧法則から，各枝路の電流は次のように得られます．

$$I_1 = \frac{E_1 - V}{R_1}, \quad I_2 = \frac{E_2 - V}{R_2}, \quad I_3 = \frac{E_3 - V}{R_3}$$

適用のポイントは次のとおりです．
- 起電力を含まない枝路があれば，その枝路の起電力 $=0$ とおく．
- 起電力の向きが逆なら，負の起電力として扱う．

(4) 最大電力の定理

負荷電力が最大となる条件は，負荷抵抗と電源の内部抵抗が等しいときであるというものです．

第3.9図の回路で，

$$I = \frac{E}{r+R}$$

第3.9図　最大電力の定理

ですから，負荷電力 P は，

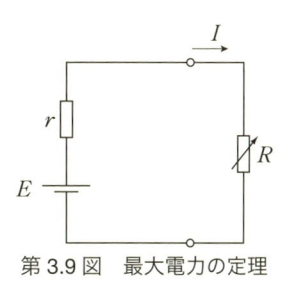

$$P = I^2 R = \left(\frac{E}{r+R}\right)^2 R = \frac{E^2 R}{r^2 + 2rR + R^2} = \frac{E^2}{\frac{r^2}{R} + 2r + R}$$

となります．R 以外は定数です．P を最大にするには，分母が最小になればよく，分母のうち $2r$ は定数ですから，$\frac{r^2}{R} + R$ が最小になればよい，となります．

最小定理：2数の積が定数ならば，2数の和は，2数が等しいときに最小となる．

$$\frac{r^2}{R} \times R = r^2 \quad \cdots\cdots 定数$$

となりますから，

$$\frac{r^2}{R} = R$$

のときに和が最小となります．

$$r^2 = R^2$$
$$\therefore \quad R = r$$

練習問題 2

図の回路で，$R = 8 \,[\Omega]$ としたとき，抵抗 R に流れる電流はいくらか．また，R における消費電力を最大とする R の大きさを求めよ．

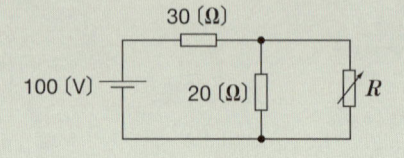

【解答】 2 [A]，12 [Ω]

【ヒント】 $I = \dfrac{E_0}{R_0 + R}$

練習問題 3

図のような回路がある．各枝路の電流と各抵抗の端子電圧を向きも含めて図示せよ．

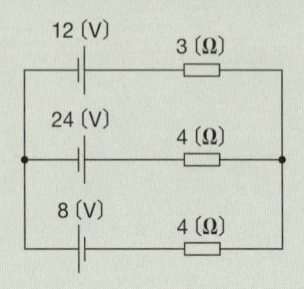

【解答】 図を参照

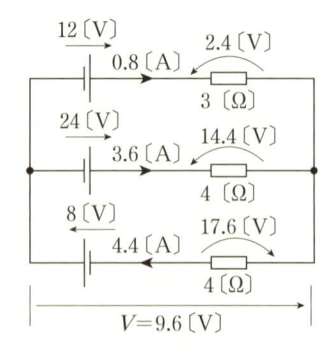

【ヒント】　ミルマンの定理か，重ね合わせの理を用いる．

$$V=\frac{\dfrac{12}{3}+\dfrac{24}{4}-\dfrac{8}{4}}{\dfrac{1}{3}+\dfrac{1}{4}+\dfrac{1}{4}}=9.6 \,[\mathrm{V}]$$

第3章 Lesson 2　抵抗の対称回路・△－Y換算

覚えるべき重要ポイント

- 対称回路では，電圧・電流も対称に分布する．
- △－Y 換算の公式

$$R_a = \frac{R_3 R_1}{\triangle}$$

$$R_b = \frac{R_1 R_2}{\triangle}$$

$$R_c = \frac{R_2 R_3}{\triangle}$$

$$\triangle = R_1 + R_2 + R_3$$

R_a をはさむ二辺の積 $= R_3 R_1$
R_c をはさむ二辺の積 $= R_2 R_3$
R_b をはさむ二辺の積 $= R_1 R_2$

第3.10図　△－Y換算

STEP 1

(1) 対称回路

対称回路は電圧・電流の対称性に着目することで簡単化できます．最も簡単な第3.11図のような対称回路を考えます．全電流を I とすると，

(a)　(b)

第3.11図　対称回路

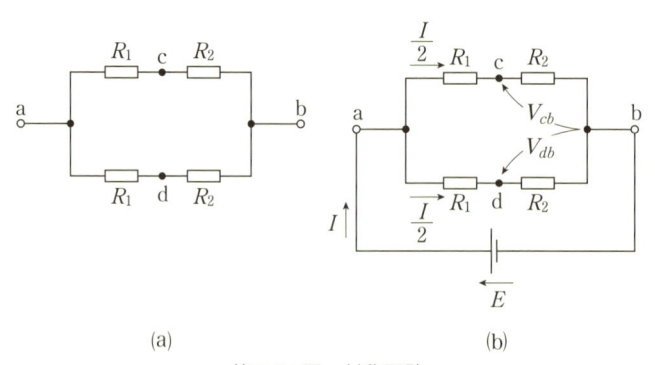

枝路には$I/2$の電流が流れます．オームの法則から，

$$(R_1+R_2)\times\frac{I}{2}=E$$

となります．この回路の合成抵抗RはE/Iで求められます．

$$R=\frac{E}{I}=\frac{R_1+R_2}{2}$$

bを電位の基準にとると，cの電位V_{cb}と，dの電位V_{db}は等しく，電流は，電位の高い方から電位の低い方に向けて流れる．cとdの電位は等しいので，この間を短絡しても電流は流れません（第3.12図(a))．また，任意の抵抗R_3を挿入しても電流は流れません（第3.12図(b))．

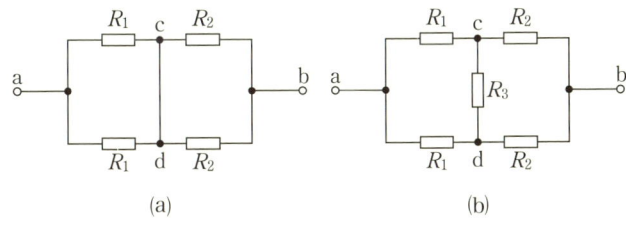

第3.12図　対称回路の処理

第3.12図(b)は後に出てくるブリッジ回路の平衡が取れている状態と同じです．

(2) △－Y換算

第3.10図において，△結線とY（またはスターと読みます）結線のab，bc，caの端子間の合成抵抗がそれぞれ等しいとおいて，変換公式が導かれます．変換公式は覚えておく必要があります．

△の各抵抗が等しく，$R_1=R_2=R_3=R$とすれば，

$$R_a=R_b=R_c=\frac{R}{3}$$

となります．

回路の中に△結線とみなせる部分があれば，その部分をYに換算すると回路が簡単化できることが多いです．

練習問題 1

相等しい抵抗 $R \, [\Omega]$ の抵抗線 12 本で図のような正立方体をつくった．端子 a, b 間の合成抵抗を求めよ．

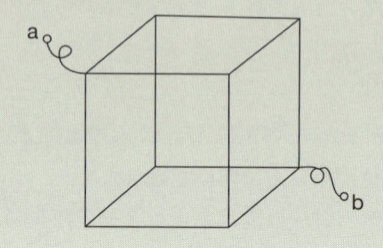

【解答】 $\dfrac{5}{6} R \, [\Omega]$

【ヒント】 図のような対称電流分布となります．

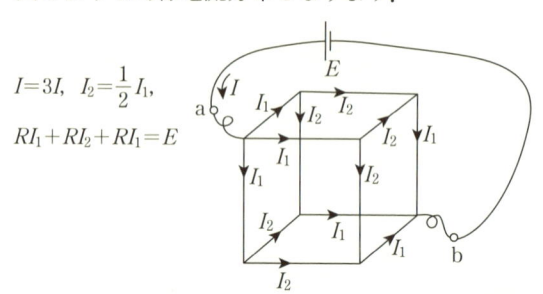

$I = 3I_1, \quad I_2 = \dfrac{1}{2} I_1,$
$RI_1 + RI_2 + RI_1 = E$

練習問題 2

図のような抵抗回路がある．端子 a, b から見た合成抵抗はいくらか．

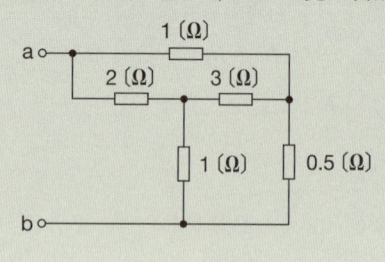

【解答】 $1 \, [\Omega]$

【ヒント】 回路の中で △ 結線とみなせる部分に △ − Y 換算を応用します．

3 ブリッジ回路
Lesson

STEP 0 事前に知っておくべき事項

- 電位の等しい 2 点間には電流が流れない．
- 電位の等しい 2 点間は，短絡しても，開放しても差し支えない．

覚えるべき重要ポイント

- ブリッジの平衡条件：対辺の積が相等しいこと．

STEP 1

第 3.13 図のように，回路の中に橋を架けたような枝路（検流計 G の入った部分）を持つので，ブリッジ回路と呼びます．

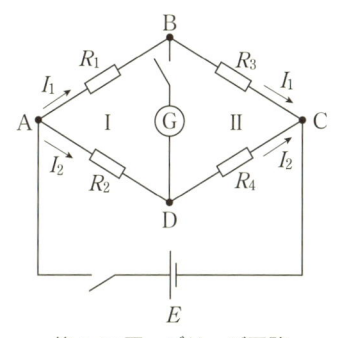

第 3.13 図 ブリッジ回路

一部，あるいは全部の抵抗を調整して検流計 G に流れる電流がゼロになったとします．G を検流計の内部抵抗とします．閉路 I にキルヒホッフの電圧法則を適用します．

$$R_1 I_1 + G \times 0 - R_2 I_2 = 0$$
$$R_1 I_1 = R_2 I_2 \qquad ③$$

同様に，閉路 II についても，

$$R_3 I_1 - R_4 I_2 - G \times 0 = 0$$
$$R_3 I_1 = R_4 I_2 \qquad ④$$

となります．（③式／④式）を求めると，

$$\frac{R_1}{R_3} = \frac{R_2}{R_4}$$

$$\therefore \quad R_1 R_4 = R_2 R_3 \quad \cdots\cdots 対辺の積が等しい$$

となります．

第3.13図に示したブリッジ回路は，発明者の名前からホイートストンブリッジと呼ばれます．

仮に，R_1 と R_2 を値のわかっている固定抵抗とします．R_3 を値の読み取れる可変抵抗とし，R_4 を測定しようとする未知抵抗とします．ここで，R_3 を加減して検流計 G の振れがなくなったとします．この状態をブリッジの平衡が取れたといいます．未知抵抗は次の式で得られます．

$$R_4 = \frac{R_2}{R_1} R_3$$

（未知抵抗の値）＝（二辺の抵抗の比の値）×（可変抵抗の値）

となっています．

練習問題 1

図の回路において，端子 a，b から見た等価抵抗はいくらか．

【解答】 $\dfrac{R}{2}$

Lesson 3 ブリッジ回路

【ヒント】

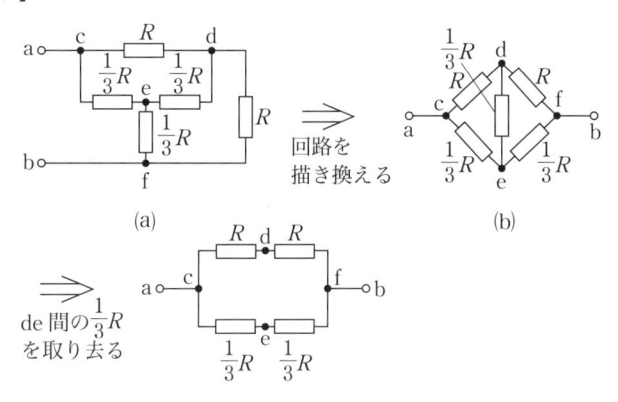

(a) → 回路を描き換える → (b) → de 間の $\frac{1}{3}R$ を取り去る →

練習問題 2

図示のホイートストンブリッジ回路で，測定しようとする未知抵抗 R は 5 [kΩ] ～ 30 [kΩ] の範囲にある．可変抵抗 S に必要な，可変し得る抵抗範囲を求めよ．

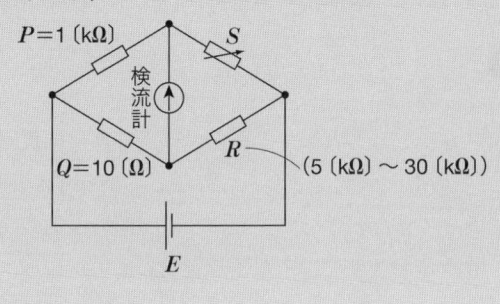

【解答】 $S = 500 \sim 3\,000$ [kΩ]

第3章 Lesson 4 定電流源

覚えるべき重要ポイント

- 定電圧源は，接続した外部回路によらず定電圧を供給する素子で，内部抵抗は 0 です．
- 定電流源は，接続した外部回路によらず定電流を供給する素子で，内部抵抗は無限大（内部コンダクタンスは 0）です．
 実際の電圧源は定電圧源に直列内部抵抗を付け加えて表します．
 実際の電流源は定電流源に内部コンダクタンスを付け加えて表します．
 コンダクタンスは抵抗の逆数で，単位記号〔S〕で表し，S はジーメンスと読みます．
- 電圧源と電流源の等価変換
- 電圧源と電流源の混在する回路は，重ね合わせの理で解けます．

STEP 1

定電流源

これまで「起電力」として表してきたものは，外部に抵抗回路を接続して電流を流しても，その電圧が変化しないものとして扱ってきました．つまり，定電圧源として扱ってきたわけです．しかし，実際の電池や発電機には内部抵抗があって，電流の大きさで端子電圧が変動します．

例えば，太陽電池は電流源として働きますが，定電流を維持する範囲が限られています．

第 3.14 図(a)の電圧源を第 3.14 図(b)の電流源（内部コンダクタンスを G と

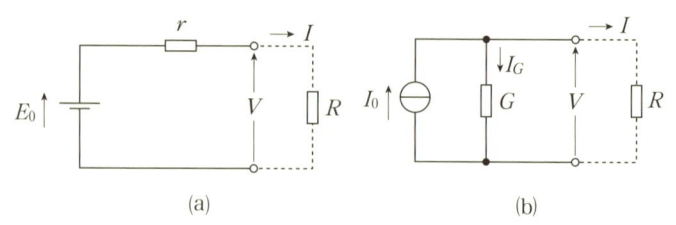

第 3.14 図　電圧源と電流源の等価変換

する）に等価変換します．

両者において，電流 I を供給するときの端子電圧 V が等しいなら等価です．
第 3.14 図(a)から，

$$V = E_0 - rI$$

第 3.14 図(b)から，

$$V = \frac{1}{G}I_G = \frac{1}{G}(I_0 - I) = \frac{1}{G}I_0 - \frac{1}{G}I$$

とおいて，

$$E_0 = \frac{1}{G}I_0, \ r = \frac{1}{G}$$

ならば，両者は等価です．

理想的な定電圧源は $r=0$，理想的な定電流源は $G=0$（$r=\infty$）となります．重ね合わせの理を適用するときに，電圧源は短絡除去し，電流源は開放除去すると説明したのは，このことです．

定電圧源と定電流源が混在する場合には，定電流源を定電圧源に等価変換した上で，キルヒホッフの法則を用いる方法もありますが，最も簡単なのは，重ね合わせの理を用いる方法です．

練習問題 1

起電力が 12〔V〕，内部抵抗が 0.4〔Ω〕の電池を 5 個並列にしている電源がある．これを電流源として表せ．

【解答】 電流 150〔A〕，内部コンダクタンス 12.5〔S〕

練習問題 2

図のような直流回路において，3〔Ω〕の抵抗を流れる電流を求めよ．

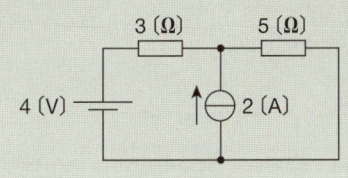

【解答】 0.75〔A〕

STEP 3 総合問題

【問題1】 図のような直流回路がある．なお，電圧計の内部抵抗は無限大とする．

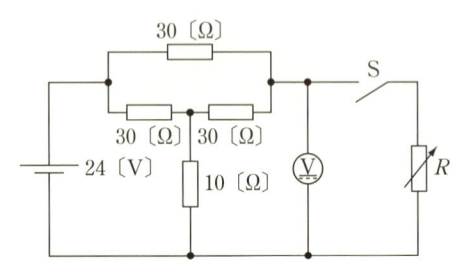

(a) スイッチSを開いているときの電圧計の指示値〔V〕を求めよ．
(b) スイッチSを閉じて可変抵抗Rに電流を流し，Rを調整して最大電力を消費させた．最大電力〔W〕と，そのときの電圧計の指示値〔V〕を求めよ．

【問題2】 図のような直流回路がある．

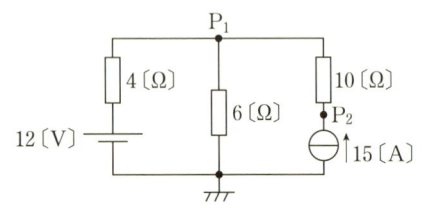

(a) 4〔Ω〕の抵抗に流れる電流〔A〕はいくらか．
(b) 点P_1と点P_2の電位〔V〕はそれぞれいくらか．
(c) 定電流源の供給している電力〔W〕はいくらか．

【問題3】 図のような直流回路がある．

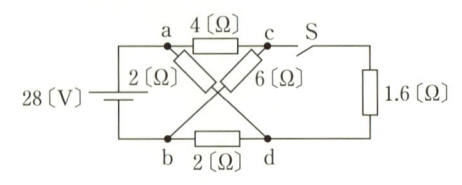

(a) スイッチ S を開いているときの，cd 間の電圧はいくらか．
(b) スイッチ S を閉じているときの，1.6〔Ω〕の抵抗に流れる電流はいくらか．

【問題4】 図のような直流回路がある．

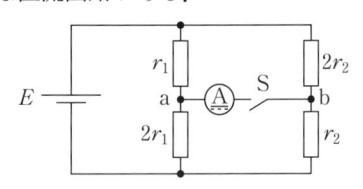

(a) スイッチ S を開いているときの，ab 間の電圧を求めよ．
(b) スイッチ S を閉じているときの，電流計に流れる電流を求めよ．ただし，電流計の内部抵抗は無視する．

【問題5】 図のような直流回路がある．

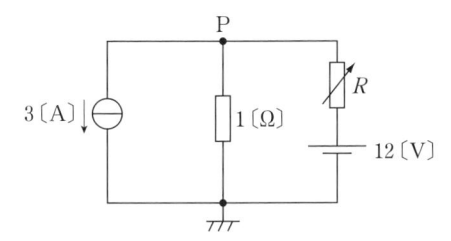

(a) $R = 5$〔Ω〕としたときの点 P の対地電位を求めよ．
(b) 点 P の対地電位を零とする R の値を求めよ．

# 第 4 章
単相交流回路

第4章 Lesson 1 基礎知識

覚えるべき重要ポイント

- 交流の瞬時値表現（電圧の例）

$$v = \sqrt{2}\, V\sin(\omega t \pm \theta)$$

V は実効値，$\sqrt{2}\, V$ は最大値 V_m を表します．

（数値表現では $V\sqrt{2}$ の形式で表すことが多いです）

ω は角周波数，$\omega = 2\pi f$ 〔rad/s〕，f は周波数〔Hz〕です．

$(\omega t \pm \theta)$ は，その交流の時間 t における位相または位相角を表します．

θ は，$t=0$ における位相角で，初位相角と呼びます．

$+\theta$ で進み位相角，$-\theta$ で遅れ位相角を表します．

角の基本単位は〔rad〕と表し，ラジアンと読みます．1円周角は 2π〔rad〕，実用単位として度〔°〕を用いることもあります．1円周角は 360〔°〕です．

換算：2π〔rad〕 → 360〔°〕，π〔rad〕 → 180〔°〕

- 交流は回転ベクトルで表せ，ベクトルの大きさは最大値で表します．
- 交流は静止ベクトルで表せ，ベクトルの大きさは実効値で表します．
- 抵抗の電圧と電流は同相です．
- インダクタンスの電流は電圧より $\dfrac{\pi}{2}$ 遅れます．
- コンデンサの電流は電圧より $\dfrac{\pi}{2}$ 進みます．
- 複素数表現（ベクトル記号法）

$$\dot{A} = a \pm jb$$

$\dot{A}$ は，ドット・A と読みます．a は実数部，b は虚数部を表します．j は複素記号で，$j = \sqrt{-1}$ です．

ベクトル図では，横軸が実数軸，縦軸が虚数軸です．

- 回路素子の複素数表現

$$R \rightarrow R\ \text{〔}\Omega\text{〕}$$

$$L \to j\omega L \ [\Omega] \quad \cdots\cdots \ \omega L \text{ は誘導リアクタンス}$$

$$C \to \frac{1}{j\omega C} = -j\frac{1}{\omega C} \ [\Omega] \quad \cdots\cdots \ \frac{1}{\omega C} \text{ は容量リアクタンス}$$

- ベクトル記号法を用いると，直流回路で学んだ回路法則や定理が適用できます．

STEP 1

(1) 瞬時値表現

電圧 v と電流 i が次式および第4.1図のような波形で表されているとします．

$$v = V_m \sin(\omega t + \theta) \ [V]$$

$$i = I_m \sin(\omega t - \varphi) \ [A]$$

ただし，$\omega = 2\pi f$ [rad/s]，f は周波数 [Hz] です．

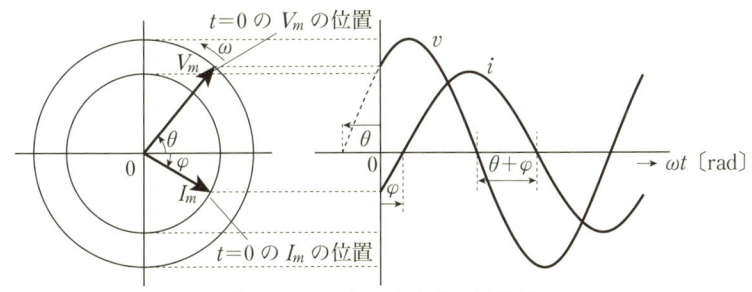

第4.1図　回転ベクトルと瞬時値

第4.1図のように動径が V_m，I_m の回転ベクトルが反時計方向に角速度 ω [rad/s] で回るとして，動径の位置を右のグラフに投影するとサインカーブで表される瞬時値の式が得られます．このため，正弦波と呼びます．

電圧 v と電流 i の位相差 α は $\alpha = (\theta + \varphi)$ となります．電圧 v が電流 i より α だけ進んでいるといえますし，電流 i が電圧 v より α だけ遅れているともいえます．進み，遅れの関係は相対的なものですから，どちらの表現も正しいのです．

第4.1図に示したように，V_m，I_m は，それぞれ電圧の波の高さ，電流の波の高さを示しています．V_m，I_m を電圧の波高値，電流の波高値と呼びます．なお，正弦波の場合，最大値 ＝ 波高値です．

次の第4.2図のように，二つの交流起電力が直列に接続されている場合の

合成電圧 v は次のように求めます．

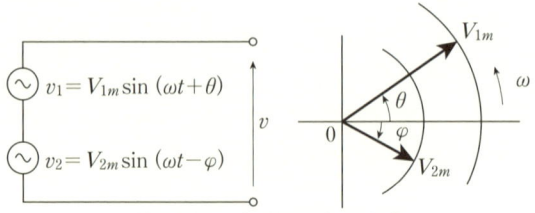

第4.2図　交流起電力の合成

$$v = V_{1m}\sin(\omega t+\theta) + V_{2m}\sin(\omega t-\varphi)$$

第4.3図(a)に示すように，各回転ベクトルの長さを直交2軸成分に分解します．軸成分を合成したものが第4.3図(b)です．偏角 β も，軸成分の tan から求めることができます．ベクトルの合成には，平行四辺形の法則を用いる方法と，ここに述べた方法があります．

V_m と β が算出できれば，合成電圧 v は次のように表せます．

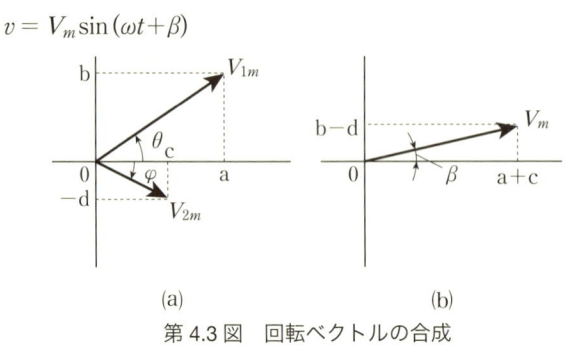

$$v = V_m\sin(\omega t+\beta)$$

(a)　(b)

第4.3図　回転ベクトルの合成

(2) 実効値

交流回路の計算では，瞬時値で取り扱えるのはごく簡単な回路に限られます．R, L, C の各素子が組み合わさった回路を瞬時値で取り扱うと微分，積分の非常に厄介な計算をすることになります．

次項に述べるように，回路計算では実効値で取り扱います．

第4.4図は，同一の抵抗 R に直流電流を流した場合と，交流電流を流した場合を示しています．

第 4.4 図　実効値

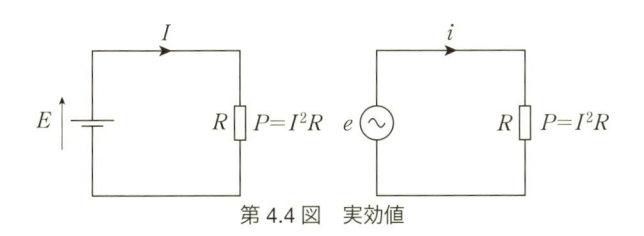

$$i = I_m \sin \omega t$$

とすると，抵抗の瞬時電力 p は次のようになります（第 4.5 図参照）．

$$p = i^2 R = (I_m \sin \omega t)^2 R$$

$$= I_m^2 R \frac{1-\cos 2\omega t}{2}$$

$$= \frac{I_m^2 R}{2} - \frac{I_m^2 R}{2} \cos 2\omega t$$

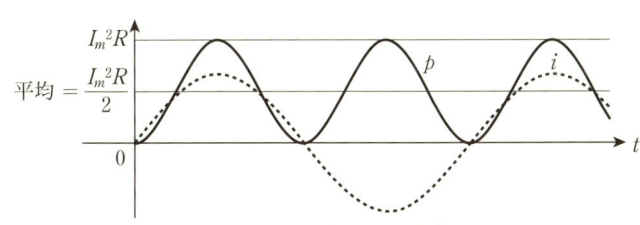

第 4.5 図　抵抗の瞬時電力

　電力は，単位時間当たりに消費されたエネルギーですが，交流の電力は，単位時間を取らなくても 1 周期間（0〜2π）の平均電力で表せます．瞬時電力 p の式で，1 周期間の平均を取ると，第 2 項はゼロとなって，

$$p の平均 = \frac{I_m^2 R}{2}$$

となります．

　　　直流回路の電力 $I^2 R =$ 交流回路の電力 $\dfrac{I_m^2 R}{2}$

として，等価な電力とすれば，

$$I^2 = \frac{I_m^2}{2}$$

$$\therefore \quad I = \frac{I_m}{\sqrt{2}}$$

波高値 I_m の交流電流は，電力の観点からは $\frac{I_m}{\sqrt{2}}$ の直流電流と等価です．

実効的な等価エネルギーの観点から求めたこの値を実効値と呼びます．電圧の場合も同様で，波高値を $\sqrt{2}$ で割ったものになります．したがって，実効値を $\sqrt{2}$ 倍したものが波高値となります．

$$v = 100 \sin(\omega t + \theta)$$
$$v = 100\sqrt{2} \sin(\omega t + \theta)$$

と書いた場合，最初の式の 100 は波高値を表しています．2 番目の式は，実効値が 100 で波高値が $100\sqrt{2}$ であることを表しています．

実効値の考え方を言葉で説明すると次のようにいえます．

「実効値とは，瞬時値の 2 乗の和の 1 周期間の平均の平方根である．」

電流の例で式表現すると，

$$実効値 I = \sqrt{\frac{1}{T}\int_0^T i^2 dt}, \quad T は 1 周期間$$

となります．計算式は，平方根（Root），平均値（Mean），2 乗（Square）の順になっています．これから，実効値のことをRMSと呼ぶこともあります．

また，波高値，実効値のほかに，平均値があります．交流の 1 周期間の平均はゼロになりますから，1/2 周期間の平均でいいます．電圧の例では，平均値 V_{av} は，

$$V_{av} = \frac{2}{\pi} V_m$$

となります．次のように対応しています（電圧の例）．

$$波高値\ V_m, \quad 実効値\ V = \frac{V_m}{\sqrt{2}}, \quad 平均値\ V_{av} = \frac{2}{\pi} V_m$$

電気技術の発展の歴史から見ると，最初に直流方式の電気事業が興りました．この過程で指示電気計器が必要になりました．計器の考案者が意図したわけではないのですが，ごく自然に平均値指示形の計器がつくられました．その後，直流方式から交流方式に変わりました．指示計器は，ごく自然に実効値指示形の計器がつくられました．このように，交流を実効値で取り扱う

のは自然な流れだったのです．

単に交流といえば，正弦波交流のことです．このほかに，三角波，方形波，階段波のような非正弦波交流もあります．波形の概要を知るために，波高率，波形率を用います．

$$波高率 = \frac{波高値}{実効値}$$

$$波形率 = \frac{実効値}{平均値}$$

です．正弦波の場合は次のようになります．

$$波高率 = \frac{V_m}{\frac{V_m}{\sqrt{2}}} = \sqrt{2} ≒ 1.414$$

$$波形率 = \frac{\frac{V_m}{\sqrt{2}}}{\frac{2}{\pi}V_m} = \frac{\pi}{2\sqrt{2}} ≒ 1.111$$

(3) ベクトル表現

インピーダンス，電圧，電流の関係を問題にする場合，それぞれの大きさと位相の関係がわかれば十分です．このために，回転ベクトルを静止させて図形で表現するものが静止ベクトルで，単にベクトル図と呼びます．

ベクトルの大きさは実効値で表します．

第 4.6 図(a)は回転ベクトルの大きさを実効値 $V = \frac{V_m}{\sqrt{2}}$，$I = \frac{I_m}{\sqrt{2}}$ に変更しただけのものです．第 4.6 図(b)は電圧ベクトルを横軸に一致させて描いたもので，横軸に一致させたベクトルを基準ベクトルと呼びます．第 4.6 図(c)は電流ベクトルを基準にとった描き方です．位相の進み，遅れは相対的なものですから，どの表現でもよいわけです．なお，静止ベクトルで表していることを示すのに，実効値記号の上にドットを記して，$\dot{V}$，$\dot{I}$ と表します．

④ 単相交流回路

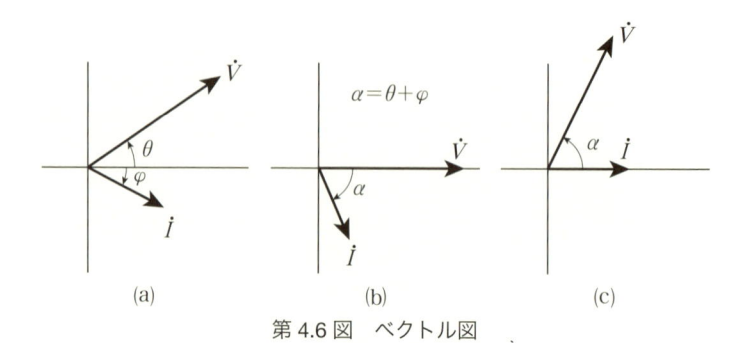

第4.6図 ベクトル図

(a)　(b)　(c)

練習問題 1

　図のように，二つの正弦波交流電圧源 e_1 〔V〕，e_2 〔V〕が直列に接続されている．合成電圧 v 〔V〕を求めよ．

$$e_1 = E\sin(\omega t + \theta) \text{ 〔V〕}$$
$$e_2 = \sqrt{3}E\sin\left(\omega t + \theta + \frac{\pi}{2}\right) \text{ 〔V〕}$$
$$v \text{ 〔V〕}$$

【解答】　$v = 2E\sin\left(\omega t + \theta + \dfrac{\pi}{3}\right)$ 〔V〕

【ヒント】

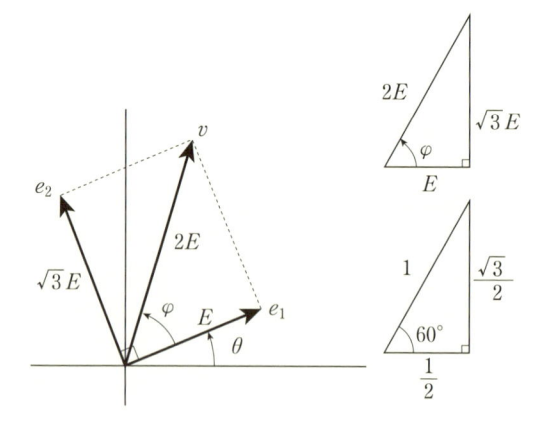

78

> **練習問題2**
>
> 次の式で表される正弦波交流電圧がある．
>
> $$e = E\sin\left(\omega t - \frac{\pi}{3}\right) \text{ (V)}$$
>
> $t = 0$ 以降で，この電圧の瞬時値が最初に $\frac{1}{2}E$ となる時刻を求めよ．
>
> ただし，$f = 50$ [Hz] とする．

【解答】 $\frac{1}{200}$ [s]

【ヒント】 図より，$\omega t = \frac{\pi}{2}$ [rad] $\left(t = \frac{\pi}{2\omega}\right)$ となればよい．

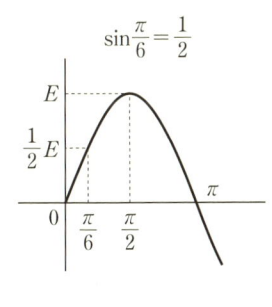

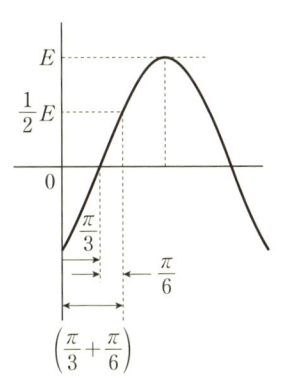

$\sin\frac{\pi}{6} = \frac{1}{2}$

STEP 2

(1) ベクトル記号法

交流回路を容易に取り扱えるように考案された方法が，ベクトル記号法です．この方法は，電気回路の計算に複素数を応用したものです．

複素数について簡単に説明しておきます．

零，正負の整数，分数，平方根，π のような無理数などを実数といいます．スーパーなどの商品は正の整数で価格が付けられています．二次方程式の根の公式は次のとおりです．

$$ax^2 + bx + c = 0$$

のとき，
$$x = \frac{-b \pm \sqrt{b^2 - 4ac}}{2a}$$
となります．ここで，$b^2 < 4ac$ の場合，根号内は負の値をとります．例えば，$\sqrt{-4}$ となるようなことがあります．実数は，正の数でも負の数でも 2 乗すれば正の数になりますから，2 乗して -4 になる実数は存在しません．そこで，
$$\sqrt{-4} = \sqrt{4} \cdot \sqrt{-1} = 2\sqrt{-1} = 2i$$
と表します．

もちろん，$i = \sqrt{-1}$ です．$2i$ という数を虚数と呼びます．記号 i は虚数の英文の頭文字から取っています．$i = \sqrt{-1}$ を虚数単位といいます．実数と虚数を合わせればどんな数も表現できます．例えば，
$$x = 3 - 4i$$
のように表すことができます．実数を先に，虚数を後に書く決まりです．

電気工学では記号 i を電流の記号に使うので，虚数単位に j を用い，数字の前に書く決まりです．例えば，$\dot{A} = 3 - j4$ というように書きます．

力などの物理量は大きさと向きの両方で表すのでベクトル量と呼びます．交流の電圧，電流，インピーダンスなどは，大きさと位相（ベクトルの矢印の向き）の両方で表すので，ベクトル表記で行います．ベクトルで表すことを，ドット符号で示しています．

複素数で表される量は，複素平面で表せます．第 4.7 図は，$\dot{A} = 3 - j4$ を表しています．

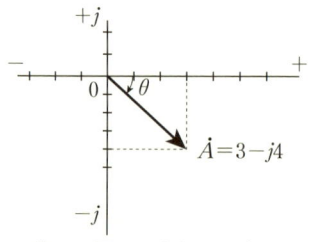

第 4.7 図　ベクトルの表示

横軸上に実数部 3 を取り，縦軸上に虚数部 -4 を取り，原点からその点に引いた直線でベクトル $\dot{A}$ を表します．横軸を実数軸，縦軸を虚数軸と呼びます．$\dot{A}$ の大きさは，ドットを除けて A とするか，$|\dot{A}|$ と表記します．いま

取り上げている例では，
$$A = \sqrt{3^2 + 4^2} = \sqrt{25} = 5$$
となります．ドットが付いているか，付いていないかによって意味が違いますから，表記は厳密に使い分けます．

$$\tan \theta = \frac{4}{3}$$

であることから，偏角 θ は，

$$\theta = \tan^{-1} \frac{4}{3} \quad (\tan^{-1} はアーク・タンジェントと読みます)$$

と表します．分数式の分母は実数部で，分子は虚数部です．角は反時計回りに正の実数軸から測る角が正の角で，時計回りに測る角は負の角です．ここの例では偏角 θ は負の角ですから，$-\theta$ と表すことになります．計算式では，

$$\theta = -\tan^{-1} \frac{4}{3}$$

と表します．ただし，交流計算では，進み，遅れで偏角 θ を把握していれば，数学のような厳密さはさほど必要ではありません．

次に複素数の演算について説明します．

ベクトルの和差は，実数と虚数に分けて行います．例を示します．
$$\dot{A} + \dot{B} = (a + jb) + (c + jd) = (a + c) + j(b + d)$$
$$\dot{A} - \dot{B} = (a + jb) - (c + jd) = (a - c) + j(b - d)$$

ベクトルの積も代数的に行えますが，特徴があります．

$j = \sqrt{-1}$ が基本ですから，
$$j^2 = -1, \ j^3 = -j, \ j^4 = 1, \ j^5 = j \cdots\cdots$$
となります．$\dot{A} = 3 - j4$ に j を掛けると，
$$j\dot{A} = j(3 - j4) = j3 - j^2 4 = j3 + 4 = 4 + j3$$
となります．

④ 単相交流回路

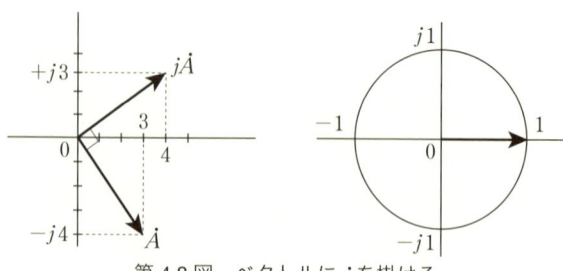

第4.8図　ベクトルに j を掛ける

　$\dot{A}$ に j を掛けると，実数部と虚数部の数値が入れ替わりました（第4.8図参照）．ベクトルの大きさ（ベクトル線分の長さ）は同じで，$j\dot{A}$ は $\dot{A}$ より $\dfrac{\pi}{2}$ 進みとなります．任意のベクトルに j を掛けると，大きさはそのままで $\dfrac{\pi}{2}$ 進ませることになります．任意のベクトルを j で割ると，

$$\frac{\dot{A}}{j} = \frac{\dot{A} \times (-j)}{j \times (-j)} = \frac{-j\dot{A}}{-j^2} = \frac{-j\dot{A}}{1} = -j\dot{A}$$

となって，大きさはそのままで $\dfrac{\pi}{2}$ 遅らせることになります．

　ベクトルの積演算（掛け算）を次の例で見てください．

$$\begin{aligned}
\dot{A}\dot{B} &= (a+jb)(c+jd) \\
&= ac + jbc + ajd + jbjd \\
&= ac + jbc + jad + j^2bd \\
&= ac + j(bc+ad) - bd \\
&= ac - bd + j(bc+ad)
\end{aligned}$$

$$\begin{aligned}
\dot{A}\dot{B} &= (a-jb)(c-jd) \\
&= ac - jbc - ajd + jbjd \\
&= ac - jbc - jad + j^2bd \\
&= ac - j(bc+ad) - bd \\
&= ac - bd - j(bc+ad)
\end{aligned}$$

$j^2 = -1$ となることに注意が必要です．煩雑そうですが，練習でスピードアップできます．

　ベクトルの商演算（割り算）には特別な方法を用います．ベクトル $\dot{A}$ に対し，虚数部の前の正負符号を反転させたベクトルを共役複素数と呼びます．

$$\dot{A} = a+jb \rightarrow 共役複素数は,\ \overline{\dot{A}} = a-jb$$
$$\dot{A} = a-jb \rightarrow 共役複素数は,\ \overline{\dot{A}} = a+jb$$

共役複素数は，元のベクトル記号の上にバーを付けて表します．

あるベクトルと，その共役複素数の積は特別な意味を持っています．演算の例を示します．

$$\dot{A}\overline{\dot{A}} = (a+jb)(a-jb)$$
$$= a^2 + jab - jab - j^2 b^2$$
$$= a^2 + b^2$$

となって，虚数部がなくなり，実数化されます．

この性質を割り算に応用します．次式に例を示します．

$$\frac{c+jd}{a+jb} = \frac{(c+jd)(a-jb)}{(a+jb)(a-jb)}$$

$$= \frac{ac+bd+j(ad-bc)}{a^2+b^2}$$

$$= \frac{ac+bd}{a^2+b^2} + j\frac{ad-bc}{a^2+b^2}$$

$$= (実数部) + j(虚数部)$$

となります．このように，分母の共役複素数を分母，分子に掛けて，分母の実数化を行う操作を分母の有理化と呼びます．複素数の割り算は分母の有理化をすることです．

それでは，複素数をどのように交流回路に応用するかを説明します．

抵抗 R，インダクタンス L，キャパシタンス C の各素子に交流 e を加えた場合の電流 i の波形は第 4.9 図のようになります．これは，オシロスコープで波形観測すればわかります．

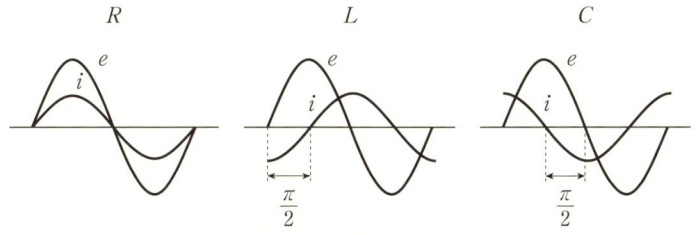

第 4.9 図　交流の電圧・電流の波形

④ 単相交流回路

　抵抗 R の場合，電圧と電流は同相です．インダクタンス L の場合，電流は電圧より $\frac{\pi}{2}$ だけ遅れ位相です．キャパシタンス C の場合，電流は電圧より $\frac{\pi}{2}$ だけ進み位相です．なお，進み，遅れは，両波形のゼロレベルからの立ち上がりまたは立ち下がりのタイミングで測ります．

　電圧 e，電流 i を実効値 E および I で表し，位相関係を正しく表した複素数表現をするには，

$$R \to R \,〔\Omega〕$$
$$L \to j\omega L \,〔\Omega〕 \cdots\cdots \omega L は誘導リアクタンス$$
$$C \to \frac{1}{j\omega C} = -j\frac{1}{\omega C} \,〔\Omega〕 \cdots\cdots \frac{1}{\omega C} は容量リアクタンス$$

とします．

　インダクタンス L，キャパシタンス C の前に角周波数 ω がくっついています．R, L, C の各素子は電流を制限する働きをしますが，抵抗の作用は周波数に無関係です．インダクタンス L の作用は周波数に比例して大きくなります．ωL を誘導リアクタンスと呼びます．

　反対に，キャパシタンス C の作用は周波数に反比例します．$\frac{1}{\omega C}$ と逆数の形で表されているのはそのためです．$\frac{1}{\omega C}$ を容量リアクタンスと呼びます．

　いずれも電流を制限する働きをするので，単位には Ω を用います．
　単に周波数 f が関与するのではなく，$\omega = 2\pi f$ の形で関与することは数式で証明されています．
　各素子にはオームの法則が成り立ちます．

$$\dot{I} = \frac{\dot{E}}{R}, \quad \dot{I} = \frac{\dot{E}}{j\omega L} = -j\frac{\dot{E}}{\omega L}, \quad \dot{I} = \frac{\dot{E}}{\frac{1}{j\omega C}} = j\omega C \dot{E}$$

　ベクトルで表します，という意味で電流にはドットを付けています．いま，電圧 $\dot{E}$ をベクトルの基準にとると決めれば，複素平面で表す場合，正の実数軸上に $\dot{E}$ をとります．結局，実数で表すわけですから，ドットを除けて

E と書いてもよいということになります．すると，次のように書けます．

$$\dot{I} = \frac{E}{R}, \quad \dot{I} = -j\frac{E}{\omega L}, \quad \dot{I} = j\omega C E$$

図で表すと次の第4.10図のようになります．

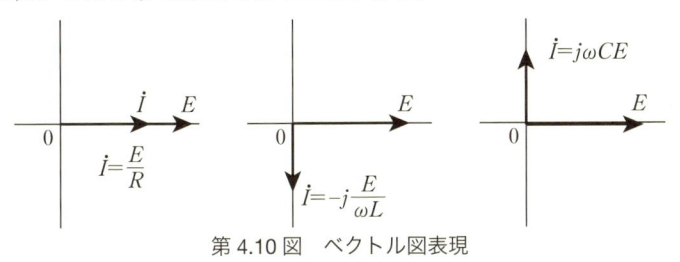

第4.10図　ベクトル図表現

それぞれの電流ベクトルの大きさは，$\dfrac{E}{R}$，$\dfrac{E}{\omega L}$，ωCE となって，位相の関係も，同相，$\dfrac{\pi}{2}$ だけ遅れ，$\dfrac{\pi}{2}$ だけ進み，という関係が反映されています．

R, L, C の各素子はさまざまに接続されます．それらの合成が，電流を制限する作用を インピーダンス と呼びます．インピーダンスの直並列計算は，抵抗の直並列計算とまったく同様に行えます．

各素子が直列に接続されている場合は，その合成したインピーダンス $\dot{Z}$ は，

$$\dot{Z} = R + j\omega L - j\frac{1}{\omega C} = R + j\left(\omega L - \frac{1}{\omega C}\right) \ [\Omega]$$

となります．

並列接続されている場合は，

$$\dot{Z} = \frac{1}{\dfrac{1}{R} + \dfrac{1}{j\omega L} + \dfrac{1}{\dfrac{1}{j\omega C}}} = \frac{1}{\dfrac{1}{R} - j\dfrac{1}{\omega L} + j\omega C} = \frac{1}{\dfrac{1}{R} - j\left(\dfrac{1}{\omega L} - \omega C\right)} \ [\Omega]$$

となります．分母を有理化して表すことも可能です．抵抗 R の逆数をコンダクタンス $\dfrac{1}{R} = G$ と呼びますが，インピーダンス $\dot{Z}$ の逆数は アドミタンス $\dot{Y}$ と呼びます．

$$\dot{Y} = \frac{1}{R} - j\left(\frac{1}{\omega L} - \omega C\right) \text{ [S]}$$

例えば，R と L の直列回路であれば，
$$\dot{Z} = R + j\omega L$$
と表され，電流 $\dot{I}$ は，
$$\dot{I} = \frac{\dot{E}}{\dot{Z}} = \frac{\dot{E}}{R + j\omega L} = \frac{R - j\omega L}{R^2 + (\omega L)^2}\dot{E} = \left\{\frac{R}{R^2 + (\omega L)^2} - j\frac{\omega L}{R^2 + (\omega L)^2}\right\}\dot{E}$$
と表せます．$\dot{E}$ を基準にとれば，
$$\dot{I} = \left\{\frac{R}{R^2 + (\omega L)^2} - j\frac{\omega L}{R^2 + (\omega L)^2}\right\}E$$
となります．

位相は，
$$\theta = \tan^{-1}\frac{虚数部}{実数部} = \tan^{-1}\frac{\omega L}{R} \text{ [rad]}$$
となります．$\dot{I}$ の式の虚数記号の前の符号は負ですから，$\dot{I}$ は E より θ だけ遅れ位相です．

このように，複素数を応用した計算手法をベクトル記号法と呼びます．ベクトル記号法によれば，直流回路で学んだ回路の法則や定理がそのまま適用できます．

ベクトルの大きさを，ベクトルの絶対値（アブソリュート）といいます．
$$\dot{A} = a \pm jb, \quad \dot{B} = c \pm jd$$
とすると，それぞれの絶対値は，三平方の定理から，
$$|\dot{A}| = A = \sqrt{a^2 + b^2}, \quad |\dot{B}| = B = \sqrt{c^2 + d^2}$$
となります．絶対値はベクトルを縦2本の線で囲むか，ドット符号を除けた記号で表します．ドット符号があればベクトルを表し，ドット符号がなければ絶対値を表し，表記は厳密に使い分けます．$|\dot{A}|$ はアブソリュート・A と読むこともあります．

なお，ベクトルの積，ベクトルの商の絶対値は，次の方法で計算すると簡単です．覚えておいてください．
$$|\dot{A} \times \dot{B}| = |\dot{A}| \times |\dot{B}|$$

$$\left|\frac{\dot{A}}{\dot{B}}\right| = \frac{|\dot{A}|}{|\dot{B}|}$$

電圧や電流の大きさだけ，すなわち，絶対値のみがわかればよい場合もあります．このような場合には，最初から絶対値の計算に着手すると簡単です．

R と L の直列回路の例では，

$$\dot{I} = \frac{\dot{E}}{\dot{Z}} = \frac{\dot{E}}{R+j\omega L}$$

ですから，

$$Z = \sqrt{R^2 + (\omega L)^2} \ [\Omega]$$

$$I = \frac{E}{Z} = \frac{E}{\sqrt{R^2 + (\omega L)^2}} \ [A]$$

$$\theta = -\tan^{-1}\frac{\omega L}{R} \ [rad]$$

と求めることができます．また，次の第4.11図のようなベクトル図が描けます．なお，複素平面に描くことを前提にしているので，座標軸を省略することもあります．

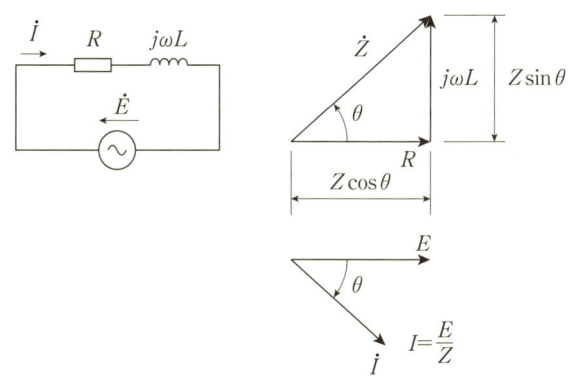

第4.11図　RL 直列回路のベクトル図

交流では半サイクルごとに正負が反転する，すなわち，向きが反転するのに，$\dot{E}$，$\dot{I}$ の向きが図示のように決められるのか，という疑問があると思われます．確かに，瞬時値の波形を見れば，正負が交番しています．しかし，いまは静止ベクトルで考えているので，直流回路と同じように向きを決められます．起電力 $\dot{E}$ の向きを仮定し，その向きに従って電流が流れるものと

して $\dot{I}$ の向きを決めます．

RL 直列回路を具体的な数値例で計算してみます．
$E=100$ 〔V〕，$R=6$ 〔Ω〕，$\omega L=8$ 〔Ω〕 とすると，

$$Z=\sqrt{R^2+(\omega L)^2}=\sqrt{6^2+8^2}=\sqrt{100}=10 \text{ 〔Ω〕}$$

$$I=\frac{E}{Z}=\frac{E}{\sqrt{R^2+(\omega L)^2}}=\frac{100}{10}=10 \text{ 〔A〕}$$

$$\theta=-\tan^{-1}\frac{\omega L}{R}=-\tan\frac{8}{6}\fallingdotseq -53.13 \text{ 〔°〕}$$

となります．$\dot{I}$ は $\dot{E}$ より θ だけ遅れます（第4.12図参照）．

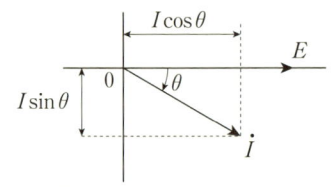

第4.12図　電流ベクトル

$\dot{I}$ を実数軸成分と虚数軸成分に分けてみます．第4.11図のインピーダンスベクトルから，

$$\cos\theta=\frac{R}{Z}=\frac{6}{10}=0.6, \quad \sin\theta=\frac{\omega L}{Z}=\frac{8}{10}=0.8$$

となります．第4.12図から，

$$I\cos\theta=10\times 0.6=6 \text{ 〔A〕}$$
$$I\sin\theta=10\times 0.8=8 \text{ 〔A〕}$$

となりますから，

$$\dot{I}=(I\cos\theta)-j(I\sin\theta)=6-j8 \text{ 〔A〕}$$

と表せます．これは，電圧を基準とした電流です．

$R-L$ に共通な電流を基準とした考え方が便利な場合もあります（第4.13図参照）．起電力 $\dot{E}$ の向きを仮定し，その向きに従って電流が流れるものとして $\dot{I}$ の向きを決めます．

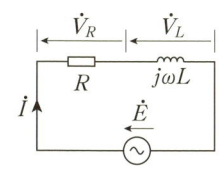

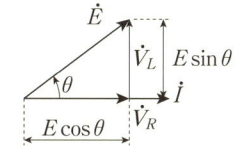

第 4.13 図　電流を基準とした考え方

$\dot{I}$ の向きに対抗して，反抗起電力 $\dot{V}_R$ と $\dot{V}_L$ が発生しています．

$$\dot{E} = \dot{V}_R + \dot{V}_L = RI + j\omega LI = (R + j\omega L)I$$

となります．

$$I = \frac{\dot{E}}{R + j\omega L}$$

とおいて，

$$I = \frac{E}{Z} = \frac{100}{10} = 10 \, [\text{A}]$$

となります．

電圧の式に数値を代入すると，

$$\dot{E} = \dot{V}_R + \dot{V}_L = 6 \times 10 + j8 \times 10 = 60 + j80 \, [\text{V}]$$

となります．第 4.13 図に示したように，

$$V_R = E\cos\theta = 100 \times 0.6 = 60 \, [\text{V}]$$
$$V_L = E\sin\theta = 100 \times 0.8 = 80 \, [\text{V}]$$

に一致しています．

電磁気で学んだように，インダクタンスとキャパシタンスはエネルギーを蓄えることができます．交流の $\frac{1}{2}$ サイクルごとに，エネルギーの蓄積と放出（電源にエネルギーを返す）を繰り返すだけで，エネルギーを消費することはありません．エネルギーを消費するのは抵抗のみです．

抵抗で発生する電力 P は，

$$P = I^2 R = 10^2 \times 6 = 600 \, [\text{W}]$$

となります．この式を書き換えると次のようになります．

$$P = I^2 R = IR \cdot I = V_R \cdot I = E\cos\theta \cdot I = EI\cos\theta$$
$$= 100 \times 10 \times 0.6 = 600 \, [\text{W}]$$

ここに求めた P は有効に仕事をする電力で，有効電力と呼びます．

$X = \omega L$ とおいて，リアクタンスの電力 Q を求めると，
$$Q = I^2 X = IX \cdot I = V_L \cdot I = E\sin\theta \cdot I = EI\sin\theta$$
$$= 100 \times 10 \times 0.8 = 800 \ [\text{var}]$$

となり，単位〔var〕はバールと読みます．ここに求めた Q は仕事をしない電力で，電源との間でエネルギーのキャッチボールをするだけの電力なので，<ruby>無効電力</ruby>と呼びます．

$$\sqrt{P^2 + Q^2} = \sqrt{(EI\cos\theta)^2 + (EI\sin\theta)^2} = EI\sqrt{\cos^2\theta + \sin^2\theta}$$
$$= EI = W \ [\text{V} \cdot \text{A}]$$
$$\because \quad \cos^2\theta + \sin^2\theta = 1$$

として求めた W を<ruby>皮相電力</ruby>と呼びます．
$$W = EI = 100 \times 10 = 1\,000 \ [\text{V} \cdot \text{A}]$$

単位〔V・A〕はボルト・アンペアと読みます．電源電圧と回路電流の積です．

電力もベクトルで表せます（第 4.14 図）．

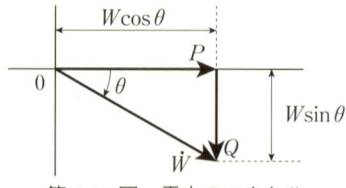

第 4.14 図　電力のベクトル

次の関係があります．
$$P = W\cos\theta, \quad Q = W\sin\theta$$

複雑な回路では，ベクトル記号法の計算とベクトル図の作図の両者を併用すると簡単になることが多いのです．とにかく，練習あるのみです．次には，基本的な考え方をおさらいします．

(2) 並列回路

第 4.15 図のように R, L, C 素子の並列回路を考えます．

第4.15図　並列回路

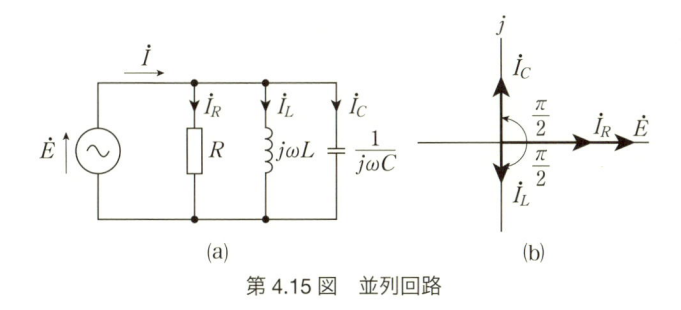

　電圧ベクトル $\dot{E}$ を基準にとった場合，各素子に流れる電流ベクトルは第4.15図(b)のようになります．

$$\dot{I}_R = \frac{\dot{E}}{R} = \frac{E}{R}$$

$$\dot{I}_L = \frac{\dot{E}}{j\omega L} = \frac{(-j) \times \dot{E}}{(-j) \times j\omega L} = -j\frac{E}{\omega L} \quad \cdots\cdots j = \sqrt{-1},\ j^2 = -1$$

$$\dot{I}_C = \frac{\dot{E}}{\dfrac{1}{j\omega C}} = j\omega C E$$

と表されます．静止ベクトルで表すために，ドットを冠しています．式の右辺で，電圧を E で表しドットを除けているのは，第4.15図(b)のように，$\dot{E}$ をベクトルの基準にとったことを表しています．実数軸上に $\dot{E}$ をとったので，単に実数 E で表したのです．

　全電流 $\dot{I}$ はベクトルの合成で求められます（第4.16図参照）．

$$\dot{I} = \frac{E}{R} - j\frac{E}{\omega L} + j\omega C E = \left\{\frac{1}{R} + j\left(\omega C - \frac{1}{\omega L}\right)\right\} E$$

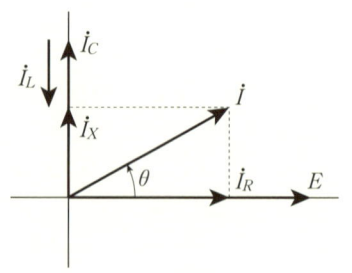

第 4.16 図　並列回路のベクトル合成

全電流 $\dot{I}$ は次のように表すこともできます．

$$\dot{I} = \dot{I}_R + \dot{I}_X = \frac{E}{R} + j\left(\omega C - \frac{1}{\omega L}\right)E$$

$$= \left\{\frac{1}{R} + j\left(\omega C - \frac{1}{\omega L}\right)\right\}E$$

オームの法則から，

$$\dot{I} = \frac{\dot{E}}{\dot{Z}} = \frac{1}{\dot{Z}}\dot{E} = \dot{Y}\dot{E}$$

と表せば，$\dot{Y}$ はこの回路の合成アドミタンスで，

$$\dot{Y} = \frac{1}{R} + j\left(\omega C - \frac{1}{\omega L}\right) \text{ 〔S〕}$$

となります．インピーダンス $\dot{Z}$ の逆数がアドミタンス $\dot{Y}$ ですから，

$$\dot{Z} = \frac{1}{\dot{Y}} = \frac{1}{\frac{1}{R} + j\left(\omega C - \frac{1}{\omega L}\right)} \text{ 〔Ω〕}$$

となります．

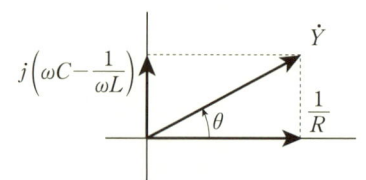

第 4.17 図　合成アドミタンスのベクトル図

電流ベクトル $\dot{I}$ の進み角 θ は，

$$\theta = \tan^{-1}\frac{I_X}{I_R} = \tan^{-1}\frac{\omega C - \dfrac{1}{\omega L}}{\dfrac{1}{R}} \ \text{[rad]}$$

となります．なお，角 θ は第4.17図のようにアドミタンスやインピーダンスのベクトル図から求めることもできます．これから，角 θ はインピーダンス角とも呼びます．

この回路の電力は，

皮相電力：$W = EI = \sqrt{P^2 + Q^2}$ 〔V・A〕

有効電力：$P = EI\cos\theta$ 〔W〕

無効電力：$Q = EI\sin\theta$ 〔var〕

となります．有効電力の式中の $I\cos\theta$ は，ベクトル $\dot{I}$ の $\dot{E}$ と同相な成分を表しています．直流回路であれば，電源電圧 E と電源の供給する電流 I との積 EI 〔W〕で電力（有効電力）が表されます．交流の場合，電流の電圧と同相な成分で電力が決まるという特徴があります．

第4.16図から，

$$I\cos\theta = \frac{E}{R}$$

ですから，

$$P = E \times \frac{E}{R} = \frac{E^2}{R} = E \times I_R = I_R{}^2 R$$

となります．有効電力は抵抗においてのみ生じます．

無効電力の式中の $I\sin\theta$ は，$\dot{I}$ の $\dot{E}$ と直角な成分を表しています．電流が電圧より進み位相なら進み無効電力と呼び，電流が電圧より遅れ位相なら遅れ無効電力と呼びます．$\cos\theta$ は力率と呼び，$\sin\theta$ は無効率と呼びます．θ を力率角と呼ぶこともあります．

(3) **直列回路**

第4.18図のように R，L，C 素子の直列回路を考えます．

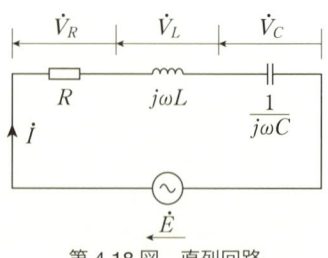

第 4.18 図　直列回路

各素子には共通の電流 $\dot{I}$ が流れます．各素子の電圧と電流の位相関係から次の第 4.19 図(a)のベクトル図が描けます．第 4.19 図(b)は電圧ベクトルの合成をわかりやすくするために，$\dot{E}$ を基準にとって描いています．

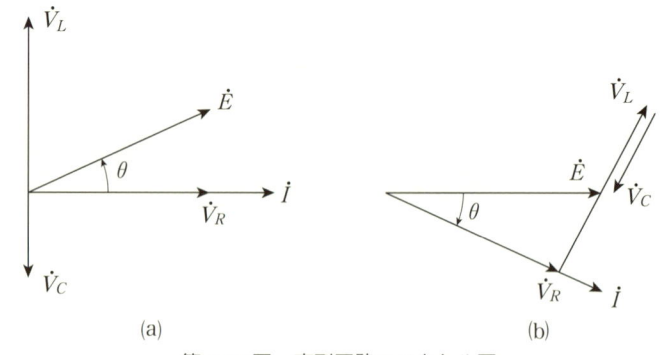

第 4.19 図　直列回路のベクトル図

各素子の反抗起電力のベクトル合成が $\dot{E}$ に一致しますから，

$$\dot{V}_R + \dot{V}_L + \dot{V}_C = \dot{E}$$

$$R\dot{I} + j\omega L \dot{I} - j\frac{1}{\omega C}\dot{I} = \dot{E}$$

$$\left\{R + j\left(\omega L - \frac{1}{\omega C}\right)\right\}\dot{I} = \dot{E} \ [\mathrm{V}]$$

となります．直列回路の合成インピーダンス $\dot{Z}$ は，

$$\dot{Z} = R + j\left(\omega L - \frac{1}{\omega C}\right) \ [\Omega]$$

と表せます（第 4.20 図参照）．

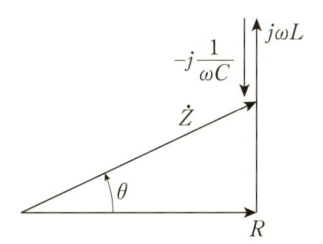

第 4.20 図　インピーダンスベクトル

$\dot{Z}\dot{I}=\dot{E}$ というオームの法則が成り立っています．電流 $\dot{I}$ を求めると，

$$\dot{I}=\frac{\dot{E}}{\dot{Z}}=\frac{\dot{E}}{R+j\left(\omega L-\dfrac{1}{\omega C}\right)} \text{〔A〕}$$

となります．$\dot{E}$ を基準にとって計算するならば，$\dot{E}$ のドットを除けることになります．

θ を求めると，

$$\theta=\tan^{-1}\frac{\omega L-\dfrac{1}{\omega C}}{R} \text{〔rad〕}$$

となります．電力の考え方は先と同様です．

$\dot{E}$ を基準にとって電流 $\dot{I}$ を表すと，

$$\dot{I}=\frac{E}{R+j\left(\omega L-\dfrac{1}{\omega C}\right)}=\frac{E}{R+jX}$$

のように，分数式の形式になっています．X でリアクタンス成分を代表させています．複素数 $R+jX$ に対して，j の前の正負符号を反転させた複素数 $R-jX$ を共役複素数と呼びます．

$R-jX$ に対する共役複素数は $R+jX$ です．複素数と，その共役複素数の積は独特の性質を持っています．

$$(a+b)(a-b)=a^2-b^2$$

ですから，

$$(R+jX)(R-jX)=R^2-(jX)^2=R^2-(j^2X^2)$$
$$=R^2+X^2 \cdots\cdots 実数化された$$

となります．

電流 $\dot{I}$ の計算式で，分母の共役複素数を分母・分子に掛けると，

$$\dot{I}=\frac{E}{R+jX}=\frac{(R-jX)E}{(R+jX)(R-jX)}=\frac{R-jX}{R^2+X^2}E$$

となります．このように，分母を実数化する操作を，分母の有理化と呼びます．このことについては，先にも述べたところです．

$$\dot{I}=\left(\frac{R}{R^2+X^2}-j\frac{X}{R^2+X^2}\right)E$$

と表すことができます．ベクトル図を次の第4.21図のように表せます．

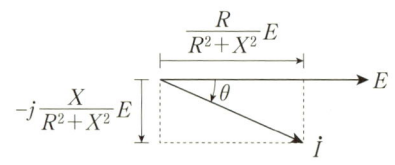

第4.21図　電流のベクトル図

直並列回路の場合は，今までの学習を拡張していくことになります．

練習問題3

第4.15図の並列回路において，$\dot{E}=120$ 〔V〕, $R=20$ 〔Ω〕, $\omega L=6$ 〔Ω〕, $\dfrac{1}{\omega C}=10$ 〔Ω〕とする．電流の大きさ $|\dot{I}|$ と力率および電力 P を求めよ．

【解答】 $|\dot{I}|=10$ 〔A〕，力率 0.6, $P=720$ 〔W〕

【ヒント】 $\dot{I}=\dfrac{E}{R}-j\dfrac{E}{\omega L}+j\omega CE$

$P=EI\cos\theta$

練習問題4

第4.18図の直列回路において，$\dot{E}=100$ 〔V〕, $R=6$ 〔Ω〕, $\omega L=12$ 〔Ω〕, $\dfrac{1}{\omega C}=20$ 〔Ω〕とする．電流の大きさ $|\dot{I}|$ と力率，電力 P およびコンデンサの端子電圧 V_C を求めよ．

【解答】 $|\dot{I}|=10$ 〔A〕，力率 0.6, $P=600$ 〔W〕, $V_C=200$ 〔V〕

第4章 Lesson 2 共振回路

覚えるべき重要ポイント

- 共振とは，誘導リアクタンスと容量リアクタンスが等しくなった状態のことです．
- 直列共振と並列共振の2種類があります．
- 直列共振では合成インピーダンスが最小となります．
- 並列共振では合成インピーダンスが最大となります．
- 共振周波数 f_0 は，直列共振，並列共振のいずれも次の式で表されます．

$$f_0 = \frac{1}{2\pi\sqrt{LC}} \text{〔Hz〕}$$

- 共振状態は周波数を変えても得られるし，L または C を変えても得られます．

STEP 1

(1) 直列共振

先の第4.18図における合成インピーダンスは次の式で表されました．

$$\dot{Z} = R + j\left(\omega L - \frac{1}{\omega C}\right) \text{〔Ω〕}$$

いま，L と C を一定として，電源周波数を変化させて，

$$\omega L = \frac{1}{\omega C}$$

となれば，虚数部がゼロとなって，合成インピーダンスは抵抗 R のみとなります．つまり，合成インピーダンスは最小となって，電流は最大となります．電流が最大となれば，V_L，V_C は最大となります（第4.22図）．

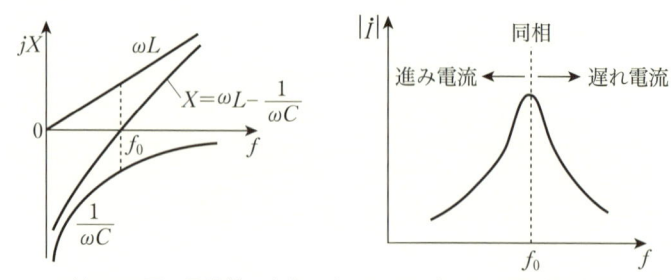

第 4.22 図　周波数の変化によるリアクタンスと電流の変化

$$\omega L = \frac{1}{\omega C}$$

が成り立つ周波数を求めると，

$$\omega^2 = \frac{1}{LC}$$

$$\omega = 2\pi f = \frac{1}{\sqrt{LC}}$$

$$f_0 = \frac{1}{2\pi\sqrt{LC}} \ \mathrm{[Hz]}$$

となり，この周波数を共振周波数といいます．

　周波数が一定でも，L または C を変化させて共振状態とすることができます．

(2) **並列共振**

　第 4.15 図の並列回路において，

$$\omega L = \frac{1}{\omega C}$$

の状態になるとアドミタンス

$$\dot{Y} = \frac{1}{R} + j\left(\omega C - \frac{1}{\omega L}\right) \ \mathrm{[S]}$$

は，虚数部がゼロとなって，アドミタンスは最小となります．つまり，インピーダンスは最大となります．したがって，回路電流は最小となります（第 4.23 図）．

Lesson 2 共振回路

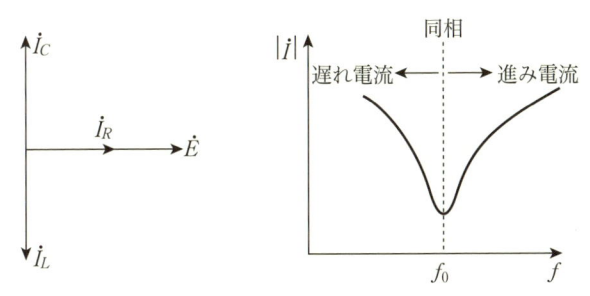

第4.23図 並列共振の電流の変化

共振周波数は直列共振の場合と同じ式で表されます．

練習問題1
　RLC 直列回路に 20〔V〕, 1.5〔kHz〕の交流電圧を加える．$R=8$〔Ω〕, $L=20$〔mH〕とすると，共振を生じさせるための静電容量はいくらか．また，共振状態におけるインダクタンスの端子電圧はいくらになるか．

【解答】　5.63×10^{-7}〔F〕, 471〔V〕

【ヒント】　$C = \dfrac{1}{\omega^2 L}$

　　　　　$V_L = \omega L I$

練習問題2
　RLC 並列回路に 20〔V〕の交流電圧を加える．$R=50$〔Ω〕, $L=4$〔mH〕, $C=10$〔μF〕とすると，共振周波数はいくらか．また，共振状態における全電流 I の値とインダクタンスに流れる電流 I_L の値を求めよ．

【解答】　796〔Hz〕, $I=0.4$〔A〕, $I_L=1$〔A〕

【ヒント】　$f_0 = \dfrac{1}{2\pi\sqrt{LC}}$

　　　　　$I_L = \dfrac{E}{\omega L}$

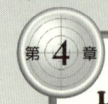

第4章 Lesson 3 交流ブリッジ

覚えるべき重要ポイント

- ブリッジの平衡条件：対辺のインピーダンスの積が相等しいこと．
- 複素数の等式が成り立つには，両辺の実数および虚数がそれぞれ等しいことが必要です．

STEP 1

(1) シェーリングブリッジ

第4.24図に示すシェーリングブリッジは静電容量の測定に用いられるブリッジです．

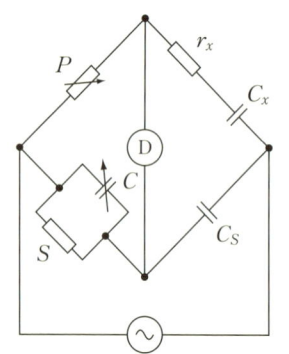

C_x は未知コンデンサ，
r_x はその損失抵抗

C_S は標準コンデンサ

第4.24図 シェーリングブリッジ

第4.24図における平衡条件は次のとおりです．SとCの並列部分は，アドミタンスの逆数で表しています．一般に，並列回路はアドミタンスで表すと，演算が容易になります．

$$\frac{P}{j\omega C_S} = \left(r_x + \frac{1}{j\omega C_x}\right)\left(\frac{1}{\frac{1}{S} + j\omega C}\right)$$

上式を整理します．

$$\left(r_x + \frac{1}{j\omega C_x}\right)j\omega C_S = P\left(\frac{1}{S} + j\omega C\right)$$

$$\frac{C_S}{C_x}+j\omega C_S r_x = \frac{P}{S}+j\omega CP$$

$$\therefore \quad C_x = \frac{S}{P}C_S, \quad r_x = \frac{C}{C_S}P$$

なお，容量リアクタンスは $-j\dfrac{1}{\omega C}$ の形式より，$\dfrac{1}{j\omega C}$ の形式で扱うと便利です．

(2) マクスウェルブリッジ

第 4.25 図に示すマクスウェルブリッジはインダクタンスの測定に用いられるブリッジです．

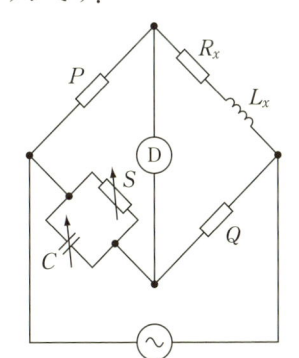

L_x は未知インダクタンス，
R_x はその抵抗

第 4.25 図　マクスウェルブリッジ

第 4.25 図における平衡条件は次のとおりです．

$$PQ = (R_x+j\omega L_x)\left(\frac{1}{\frac{1}{S}+j\omega C}\right)$$

上式を整理します．

$$PQ = (R_x+j\omega L_x)\left(\frac{S}{1+j\omega CS}\right)$$

$$PQ+j\omega CSPQ = R_x S+j\omega L_x S$$

$$\therefore \quad R_x = \frac{PQ}{S}, \quad L_x = CPQ$$

(3) ウィーンブリッジ

第 4.26 図に示すウィーンブリッジは周波数の測定，静電容量の測定に用いられるブリッジです．

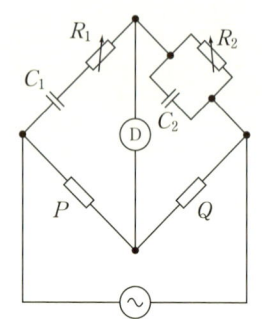

第 4.26 図　ウィーンブリッジ

第 4.26 図における平衡条件は次のとおりです．

$$Q\left(R_1 + \frac{1}{j\omega C_1}\right) = P\left(\frac{1}{\frac{1}{R_2} + j\omega C_2}\right)$$

整理します．

$$Q\left(R_1 + \frac{1}{j\omega C_1}\right)\left(\frac{1}{R_2} + j\omega C_2\right) = P$$

$$\frac{R_1}{R_2} + \frac{C_2}{C_1} + j\left(\omega C_2 R_1 - \frac{1}{\omega C_1 R_2}\right) = \frac{P}{Q}$$

右辺は実数部のみなので，

$$\frac{C_2}{C_1} = \frac{P}{Q} - \frac{R_1}{R_2}, \quad \omega C_2 R_1 = \frac{1}{\omega C_1 R_2}$$

となります．これから周波数が得られます．

$$f = \frac{1}{2\pi\sqrt{C_1 C_2 R_1 R_2}}$$

交流ブリッジは数多くあります．ここには代表的なものを取り上げました．

練習問題1

図に示すマクスウェルブリッジが平衡している．未知のコイルの抵抗 R_x とインダクタンス L_x を求めよ．

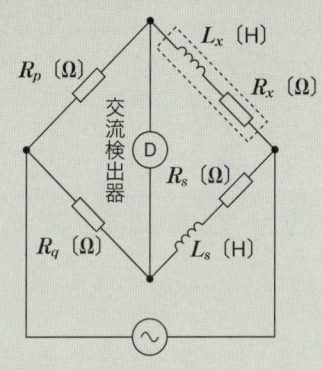

【解答】 $R_x = \dfrac{R_p}{R_q} R_s, \quad L_x = \dfrac{R_p}{R_q} L_s$

【ヒント】 $R_q(R_x + j\omega L_x) = R_p(R_s + j\omega L_s)$

4 ひずみ波交流

覚えるべき重要ポイント

- 正弦波でない交流を**ひずみ波**または**非正弦波**と呼びます．

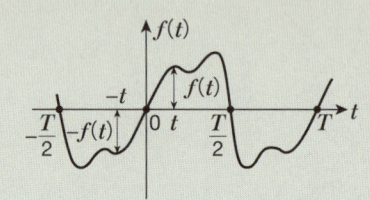

第 4.27 図 ひずみ波の例

- 周期的な変化をするひずみ波は，周波数の異なる正弦波の和で表せます．逆に，周波数の異なる正弦波を合成すると，ひずみ波ができます．

- ひずみ波の一般形式（電圧の例）

$$e = E_0 + E_{1m}\sin(\omega t + \varphi_1) + E_{2m}\sin(2\omega t + \varphi_2) + E_{3m}\sin(3\omega t + \varphi_3) \cdots\cdots$$

（注）$\omega = 2\pi f$, $2\omega = 2\pi \times 2f$, $3\omega = 2\pi \times 3f$, ……

- E_0 は時間に関係なく一定…**直流成分**
- $E_{1m}\sin(\omega t + \varphi_1)$ は周波数が最も低い成分…**基本波**
- 基本波の後は，基本波の整数倍の周波数成分を表しています．

…**高調波成分**

- 基本波の 2 倍周波数のものは第 2 調波，3 倍周波数のものは第 3 調波，……というように呼びます．倍数を次数で呼び，第 2 次調波，第 3 次調波……というようにも呼びます．
- 次数が偶数のものを**偶数調波**，奇数のものを**奇数調波**と呼びます．
- ひずみ波は，直流成分およびすべての次数の高調波を含んでいるわけではありません．例えば，（基本波 + 第 3 調波）というひずみ波もあります．

- ひずみ波の実効値 E（電圧の例）

$$E = \sqrt{E_0{}^2 + E_1{}^2 + E_2{}^2 + E_3{}^2 \cdots}$$

ただし，$E_1 = \dfrac{E_{1m}}{\sqrt{2}}$, $E_2 = \dfrac{E_{2m}}{\sqrt{2}}$, $E_3 = \dfrac{E_{3m}}{\sqrt{2}}$, ……

- ひずみ波の電力

同一周波数の電圧と電流の間で生じ，異なる周波数の電圧と電流の間では生じません．

$$P = E_0 I_0 + E_1 I_1 \cos\theta_1 + E_2 I_2 \cos\theta_2 + E_3 I_3 \cos\theta_3 + \cdots$$

ただし，各相差角は同じ周波数の電圧と電流の間の相差角を表します．

- ひずみ波の力率

$$力率 = \dfrac{P}{EI}$$

- 第 n 調波に対するリアクタンスの反応

$$X_{Ln} = 2\pi \times nf \times L = nX_L$$

$$X_{Cn} = \dfrac{1}{2\pi \times nf \times C} = \dfrac{1}{n} X_C$$

STEP 1

ひずみ波に対するインピーダンス

ひずみ波の各成分が明らかな場合は，各成分の電圧・電流の関係を求めて，重ね合わせの理を用いることができます．

$$e = E_{1m} \sin(\omega t + \varphi_1) + E_{2m} \sin(2\omega t + \varphi_2) + E_{3m} \sin(3\omega t + \varphi_3)$$

で表される電圧を RLC 直列回路に加えたとします．

基本波，第2調波，第3調波に対するインピーダンスは次のようになります．

$$Z_1 = \sqrt{R^2 + (X_L - X_C)^2}, \quad \theta_1 = \tan^{-1} \dfrac{X_L - X_C}{R}$$

$$Z_2 = \sqrt{R^2 + \left(2X_L - \dfrac{1}{2}X_C\right)^2}, \quad \theta_2 = \tan^{-1} \dfrac{2X_L - \dfrac{1}{2}X_C}{R}$$

$$Z_3 = \sqrt{R^2 + (3X_L - \frac{1}{3}X_C)^2}, \quad \theta_3 = \tan^{-1}\frac{3X_L - \frac{1}{3}X_C}{R}$$

各調波電流は,

$$i_1 = \frac{e_1}{Z_1} = \frac{E_{1m}}{Z_1}\sin(\omega t + \varphi_1 - \theta_1)$$

$$i_2 = \frac{e_2}{Z_2} = \frac{E_{2m}}{Z_2}\sin(\omega t + \varphi_2 - \theta_2)$$

$$i_3 = \frac{e_3}{Z_3} = \frac{E_{3m}}{Z_3}\sin(\omega t + \varphi_3 - \theta_3)$$

と表せます. したがって,

$$i = i_1 + i_2 + i_3 = \frac{E_{1m}}{Z_1}\sin(\omega t + \varphi_1 - \theta_1) + \frac{E_{2m}}{Z_2}\sin(\omega t + \varphi_2 - \theta_2)$$

$$+ \frac{E_{3m}}{Z_3}\sin(\omega t + \varphi_3 - \theta_3)$$

となります.

抵抗 R に直流電流 I を流したときの電力は I^2R となります. 実効値 I の交流電流を流したときも同一の電力となります. もともと, 実効値は直流の場合の電力と同一になるように定義されているものです. ひずみ波電流を流したときの電力 P は,

$$P = I_0^2 R + I_1^2 R + I_2^2 R + I_3^2 R + \cdots$$
$$= (I_0^2 + I_1^2 + I_3^2 + \cdots)R$$
$$= I^2 R$$

とおけば, ひずみ波電流の実効値は,

$$I = \sqrt{I_0^2 + I_1^2 + I_2^2 + I_3^2 \cdots}$$

となります.

電力を $P = E^2/R$ の形式で求めれば,

$$E = \sqrt{E_0^2 + E_1^2 + E_2^2 + E_3^2 \cdots}$$

となります. ひずみ波の実効値は, 各調波の実効値の 2 乗の和の平方根で表されます.

Lesson 4 ひずみ波交流

練習問題1

下記のひずみ波交流の実効値を求めよ．

$$v = 200\sin\left(\omega t + \frac{\pi}{6}\right) + 40\sin\left(3\omega t + \frac{\pi}{4}\right) + 30\sin\left(5\omega t + \frac{\pi}{2}\right) \text{ (V)}$$

【解答】 146〔V〕

【ヒント】 $V = \dfrac{1}{\sqrt{2}}\sqrt{200^2 + 40^2 + 30^2}$

STEP 2

ひずみ波が正弦波に対してどの程度ひずんでいるかを表すのにひずみ率 K で示します．％で表すこともあります．

$$K = \frac{\text{高調波の実効値}}{\text{基本波の実効値}}$$

電圧の場合は，次のようになります．

$$K = \frac{\sqrt{E_2^2 + E_3^2 + E_4^2 + \cdots}}{E_1}$$

波形率の計算に用いる平均値と，ひずみ率の計算には直流分を含めないことに注意してください．

練習問題2

先の練習問題1に示したひずみ波交流電圧のひずみ率はいくらか．

【解答】 0.25

【ヒント】 $K = \dfrac{\dfrac{1}{\sqrt{2}}\sqrt{40^2 + 30^2}}{\dfrac{200}{\sqrt{2}}}$

STEP 3　総合問題

【問題1】 図のような交流回路がある．v は次式で表される．

$$v = 30\sin\left(\omega t + \frac{\pi}{3}\right) \text{ [V]}$$

$R_1 = 10$ 〔Ω〕, $R_2 = 5$ 〔Ω〕, $\omega L = 5\sqrt{3}$ 〔Ω〕とする．

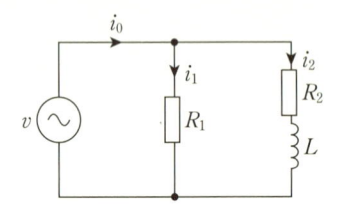

(a) i_2 の実効値〔A〕の値として正しいのは，次のうちどれか．

(1) $\dfrac{1}{\sqrt{3}}$ 　(2) $\dfrac{3}{\sqrt{2}}$ 　(3) 3 　(4) $3\sqrt{2}$ 　(5) $3\sqrt{3}$

(b) i_0 の瞬時値〔A〕を表す式として正しいのは，次のうちどれか．

(1) $i_0 = 3\sin\left(\omega t + \dfrac{\pi}{3}\right)$ 　　(2) $i_0 = \dfrac{3}{\sqrt{2}}\sin\left(\omega t - \dfrac{\pi}{6}\right)$

(3) $i_0 = 3\sqrt{2}\sin\left(\omega t - \dfrac{\pi}{3}\right)$ 　(4) $i_0 = 3\sqrt{2}\sin\left(\omega t - \dfrac{\pi}{6}\right)$

(5) $i_0 = 3\sqrt{3}\sin\left(\omega t + \dfrac{\pi}{6}\right)$

【問題2】 図のような交流回路がある．電源の電圧は 20〔V〕一定で，周波数は可変できる．$R_1 = 5$〔Ω〕, $R_2 = 20$〔Ω〕, 周波数 50〔Hz〕における誘導リアクタンスは 5〔Ω〕である．

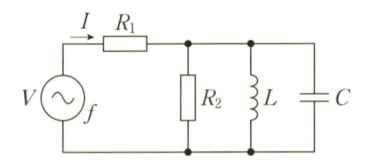

(a) 周波数を 400〔Hz〕としたとき，回路電流の大きさは最小となった．C 〔μF〕の値を求めよ．

(b) そのときの回路の消費電力〔W〕の値を求めよ．

【問題 3】 図の交流回路において，ab 間の電位差が零であった．この回路に成り立つ条件として，正しいのは次のうちどれか．

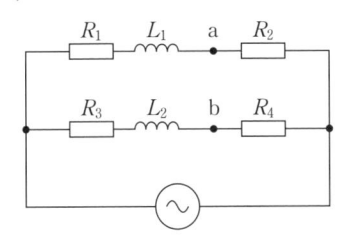

(1) $\dfrac{R_1}{R_2} = \dfrac{R_3}{R_4} = \dfrac{L_1}{L_2}$ (2) $\dfrac{R_1}{L_2} = \dfrac{R_2}{R_3} = \dfrac{R_4}{L_1}$ (3) $\dfrac{R_1}{R_3} = \dfrac{R_2}{R_4} = \dfrac{L_1}{L_2}$

(4) $\dfrac{R_1}{R_4} = \dfrac{R_2}{R_3} = \dfrac{L_1}{L_2}$ (5) $\dfrac{R_1}{R_3} = \dfrac{R_2}{R_4} = \dfrac{L_2}{L_1}$

【問題 4】 図のように，誘導性負荷に電圧計Ⓥ，電流計Ⓐおよび電力量計 Wh を接続している．電圧計の指示が 210〔V〕,電流計の指示が 14〔A〕で，30 分間の電力量は 882〔W・h〕であった．

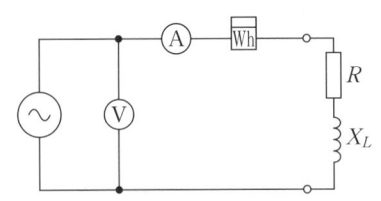

(a) R〔Ω〕および X_L〔Ω〕はそれぞれいくらか．
(b) 誘導性負荷の端子に容量リアクタンス X_C〔Ω〕を並列にして力率を 100〔％〕としたい．必要な X_C の値を求めよ．

【問題 5】 図(a)に示すようなインピーダンス回路に交流 100〔V〕を加えた．回路電流 i の大きさを求めよ．次に，図(b)のように，インピーダンス回路に容量リアクタンス X_C を挿入して回路全体の力率を 100〔％〕とした．このときの回路電流の大きさを求めよ．

(a)

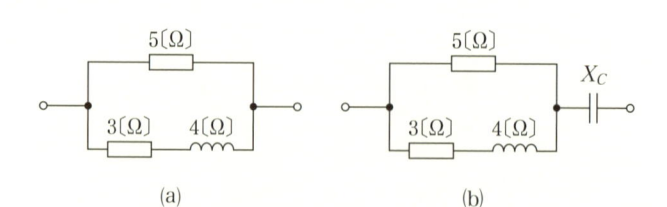

(b)

【問題6】 図に示すような並列回路がある．数値は角周波数 ω [rad/s] における値を示している．端子に次式で表される電圧を加えた．

$$v = 100\sqrt{2}\sin\left(\omega t + \frac{\pi}{6}\right) + 20\sqrt{2}\sin\left(5\omega t + \frac{\pi}{3}\right) \text{[V]}$$

(a) 回路に流れる電流の実効値を求めよ．
(b) 回路における消費電力を求めよ．

第5章
三相交流回路

第5章 Lesson 1 基礎知識

覚えるべき重要ポイント

- 三相交流電圧および三相交流電流の合成（ベクトル和）は常にゼロとなります．
- 三相交流回路の結線には，Y結線，△結線，V結線などの種類があります．
- 三相交流回路の計算は，等価単相回路を用いて行います．
- Y結線の電圧と電流のベクトル図
- △結線の電圧と電流のベクトル図

STEP 1

(1) 三相交流とは

次のような3種類の単相交流起電力があります．

$$e_a = E_m \sin \omega t$$

$$e_b = E_m \sin\left(\omega t - \frac{2\pi}{3}\right)$$

$$e_c = E_m \sin\left(\omega t - \frac{4\pi}{3}\right)$$

これらの特徴は，電圧の波高値 E_m が相等しく，位相が a, b, c の順に $\frac{2\pi}{3}$ ずつ遅れています（第5.1図参照）．

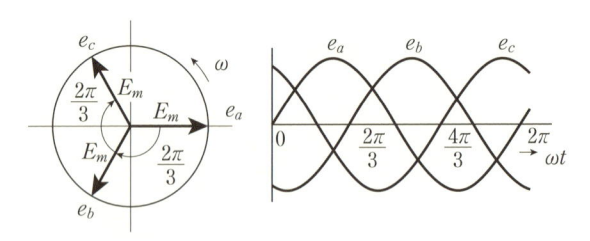

(a) 回転ベクトル　　　　　(b) 波形

第5.1図　三相交流

三角関数の部分を展開すると次のようになります．

$$\sin\left(\omega t - \frac{2\pi}{3}\right) = \sin\omega t \cos\frac{2\pi}{3} - \cos\omega t \sin\frac{2\pi}{3} = -\frac{1}{2}\sin\omega t - \frac{\sqrt{3}}{2}\cos\omega t$$

$$\sin\left(\omega t - \frac{4\pi}{3}\right) = \sin\omega t \cos\frac{4\pi}{3} - \cos\omega t \sin\frac{4\pi}{3} = -\frac{1}{2}\sin\omega t + \frac{\sqrt{3}}{2}\cos\omega t$$

第5.2図(a)のように，3種類の単相交流電圧を直列に接続して短絡します．

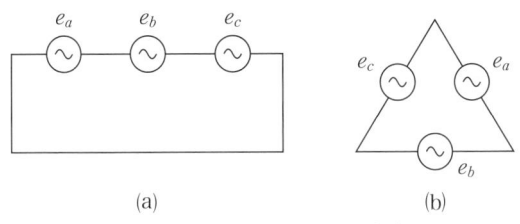

第5.2図　単相交流電圧の合成

$$e_a + e_b + e_c = E_m\left\{\sin\omega t - \frac{1}{2}\sin\omega t - \frac{\sqrt{3}}{2}\cos\omega t - \frac{1}{2}\sin\omega t + \frac{\sqrt{3}}{2}\cos\omega t\right\}$$

$$= 0$$

となりますから，端子を短絡しても短絡電流は流れません．なにも危険性はありません．このことは，第5.1図の回転ベクトルの合成が零になることでもわかります．

第5.2図(a)の接続を描き換えたものが図(b)です．三角形状に接続しているので△結線または△接続と呼びます．△の各辺には電圧がありますから，次の第5.3図のように負荷を接続することができます．負荷の接続も△結線に描いています．

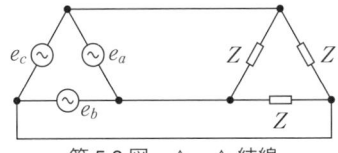

第5.3図　△－△結線

このような結線を△－△結線と呼びます．a，b，cの3種類の起電力を個別に利用すると，次の第5.4図のようになります．

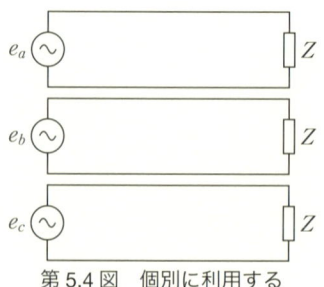

第5.4図　個別に利用する

配線の数は6本です．第5.3図の場合は3本ですんでいます．経済的な優劣は明らかです．

次の第5.5図のように，3種類の起電力をY結線する方法もあります．

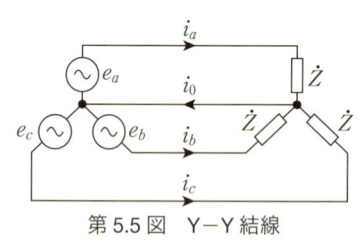

第5.5図　Y−Y結線

出ていった電流が帰ってくる線が必要だろうということで，共通帰線を設けています．負荷インピーダンス$\dot{Z}$は相等しいものとします．インピーダンス角をθとすると，各線電流i_a, i_b, i_cは，

$$i_a = I_m \sin(\omega t - \theta)$$

$$i_b = I_m \sin\left(\omega t - \frac{2\pi}{3} - \theta\right)$$

$$i_c = I_m \sin\left(\omega t - \frac{4\pi}{3} - \theta\right)$$

と表せます．なお，$I_m = \dfrac{E_m}{Z}$です．

共通帰線の電流を計算すると，

$$i_0 = i_a + i_b + i_c = 0$$

となります．電流の流れない線は不要ですから，取り除いてもよいわけです．すると，この場合も3本線で送電できます．

なお，各負荷インピーダンスが異なるときは，共通帰線に電流が流れます．

実際，三相4線式という給電方式も用いられます．しかし，各負荷インピーダンスが異なる場合でも，共通帰線を取り除くことは可能です．その場合，$i_a+i_b+i_c=0$ となるような各線電流の分布となります．

ここに述べたような，角周波数 ω〔rad/s〕(または周波数 f〔Hz〕) および，大きさが等しく，互いに $\dfrac{2\pi}{3}$〔rad〕ずつ位相差のある三相交流起電力を対称三相起電力（電圧）といいます．電流に関しては，対称三相電流といいます．なお，対称三相起電力のそれぞれ e_a, e_b, e_c を相電圧と呼びます．

実際には，3種類の単相交流起電力を組み合わせて用いるのではなく，三相交流発電機で発生させます．

相等しい3個の負荷インピーダンスを接続したものを平衡三相負荷といいます．不平衡三相負荷の取り扱いは厄介なので，本書では取り上げません．

(2) 三相交流回路の考え方

三相交流起電力も静止ベクトルとして考えることができます．位相関係は回転ベクトルと同じで，静止ベクトルでは大きさを実効値とします．

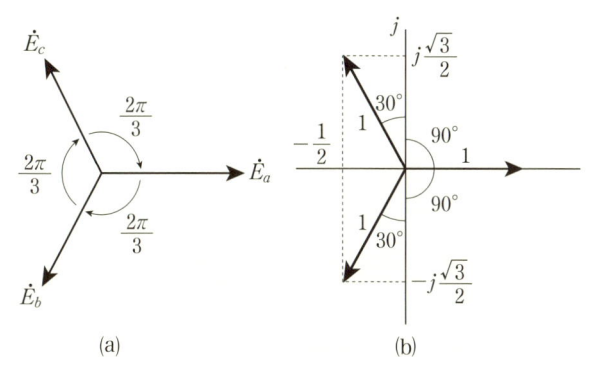

第5.6図　三相交流起電力のベクトル図

第5.6図(a)はベクトル図です．大きさ1で，互いに $\dfrac{2\pi}{3}$〔rad〕ずつ位相差のあるベクトル図を第5.6図(b)に示します．角の関係から，実数軸上の長さと，虚数軸上の長さが計算できます．したがって，次のように式表現できます．

$$\dot{E}_a = E \quad \cdots\cdots \text{基準ベクトル}$$

$$\dot{E}_b = E\left(-\dfrac{1}{2} - j\dfrac{\sqrt{3}}{2}\right)$$

$$\dot{E}_c = E\left(-\frac{1}{2} + j\frac{\sqrt{3}}{2}\right)$$

ただし, $E = \dfrac{E_m}{\sqrt{2}}$

ここには, ベクトル記号法に準じた表し方をしました. このほかに, 極座標を用いた表現も使われます.

$\dot{E}_a = E$ ...... 基準ベクトル

$\dot{E}_b = E\angle -\dfrac{2\pi}{3}$ ...... 基準ベクトルより $\dfrac{2\pi}{3}$ 遅れ

$\dot{E}_c = E\angle -\dfrac{4\pi}{3}$ ...... 基準ベクトルより $\dfrac{4\pi}{3}$ 遅れ

∠ は角を表す記号です. 角をマイナス表示すると遅れ角, プラス表示すると進み角を表します.

インピーダンスも極座標で表すことができます.

$\dot{Z} = Z\angle -\theta$

と書くと, インピーダンスの絶対値が Z で, インピーダンス角が遅れ θ であることを表しています. すなわち, 容量性のインピーダンスです.

三相交流は, 数式のままで扱うよりも, 図式解法を行うのが簡単です. 基本となる Y−Y 結線を学ぶことにします.

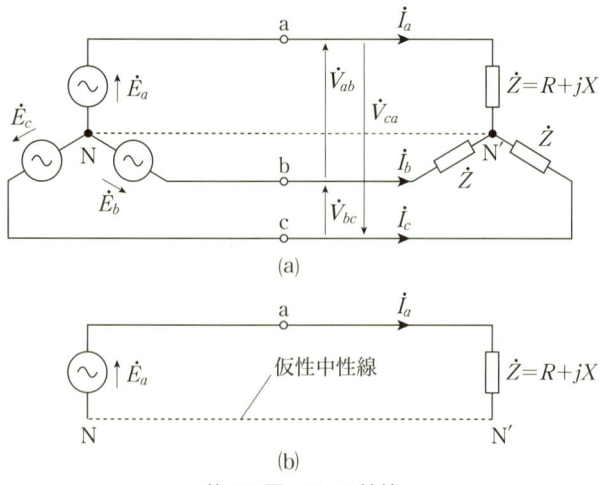

(a)

(b)

第 5.7 図　Y−Y 結線

第5.7図の回路について考えます．電源の共通点Nを中性点と呼びます．負荷の共通点N′と中性点を結んだ線を中性線と呼びます．これは先に述べた共通帰線です．中性線は不必要なので取り去っていますが，あると考えても差し支えありません．

第5.7図(b)のように，a相のみを取り出して考えます．この回路を等価単相回路と呼びます．負荷として誘導性の負荷を想定しています．線電流$\dot{I}_a$は，

$$\dot{I}_a = \frac{\dot{E}a}{\dot{Z}} = \frac{E}{R+jX} = \frac{E(R-jX)}{(R+jX)(R-jX)} = \frac{ER}{R^2+X^2} - j\frac{EX}{R^2+X^2}$$

$$= \left(\frac{R}{R^2+X^2} - j\frac{X}{R^2+X^2}\right)E$$

と表せます．線電流$\dot{I}_a$が相電圧$\dot{E}_a$より遅れる角θは，

$$\theta = \tan^{-1}\frac{X}{R}$$

となります．なお，Y結線の線電流は相電流と同じです．

$$Z = \sqrt{R^2+X^2} \rightarrow R^2+X^2 = Z^2$$

ですから，

$$\dot{I}_a = \left(\frac{R}{R^2+X^2} - j\frac{X}{R^2+X^2}\right)E = \left(\frac{R}{Z} - j\frac{X}{Z}\right)\frac{E}{Z}$$

と書けば，

$$\dot{I}_a = (\cos\theta - j\sin\theta)I$$

と簡潔に表せます．b相，c相についても同様ですから，電圧，電流のベクトルは第5.8図のようになります．

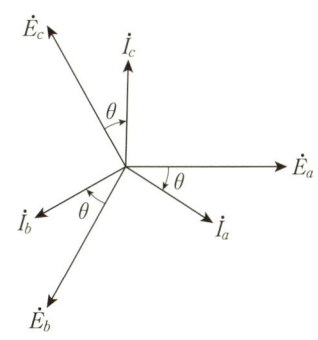

第5.8図　三相の電圧，電流のベクトル

Y結線の電源の中性点が引き出されていないことが多く，その場合，電圧を測定できるのは線間電圧だけです．線間電圧のベクトルを考えます．第5.7図で，b端子を基準にしてa端子への電位差である線間電圧 $\dot{V}_{ab}$ をたどると，

$$\dot{V}_{ab} = -\dot{E}_b + \dot{E}_a = \dot{E}_a - \dot{E}_b$$

となります．

$$\dot{V}_{ab} = \dot{E}_a + (-\dot{E}_b)$$

とおけば，ベクトルの引き算は，相電圧 $\dot{E}_b$ を反転させて $\dot{E}_a$ との合成を取ればよいわけです．その作図は次の第5.9図のようになります．

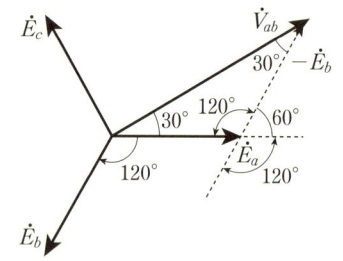

第5.9図　線間電圧ベクトルの作図

線間電圧 V_{ab} の大きさは，

$$V_{ab} = 2 \times E\cos 30° = 2 \times E \times \frac{\sqrt{3}}{2}$$
$$= \sqrt{3}\,E$$

となります．

Y結線の線間電圧は相電圧の$\sqrt{3}$倍の大きさで，位相は相電圧より30°進みます．逆にいえば，相電圧の大きさは，線間電圧の大きさを$\sqrt{3}$で割った値になります．

ほかの線間電圧も同様にベクトル図が描けます．Y結線の三相の電圧，電流のベクトル図は次の第5.10図(a)のようになります．

(a)　　　　　　　　　　　(b)

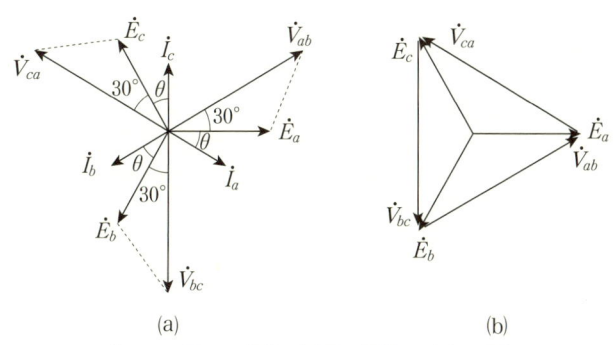

第 5.10 図　Y 結線の電圧, 電流ベクトル図

　また，第 5.10 図(b)に示すような描き方もできます．大きさと位相の関係は正しく反映されています．

　インピーダンス角 θ を度数で表すと，線間電圧と線電流の位相差は，$(30+\theta)°$ となることに注意してください．

　次に △−△ 結線について学びます．

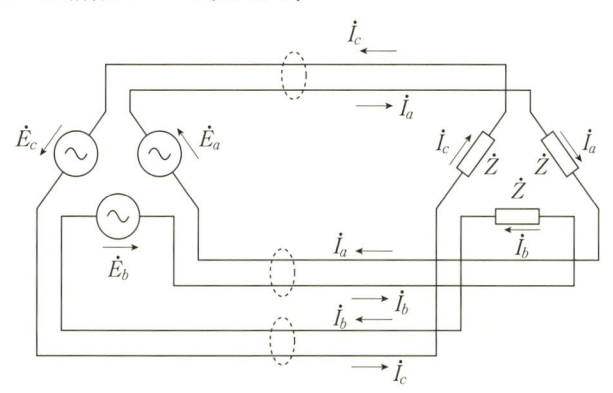

第 5.11 図　分割した △−△ 結線

　△−△ 結線については第 5.3 図に示しました．等価単相回路が取り出せるように，分割したものを第 5.11 図に示しました．a 相の相電流 $\dot{I}_a$ は Y 結線の場合と同じく，

$$\dot{I}_a = \left(\frac{R}{R^2+X^2} - j\frac{X}{R^2+X^2} \right) E = (\cos\theta - j\sin\theta) I$$

$$I = \frac{E}{Z}$$

5 三相交流回路

と表せます。a相電流 $\dot{I}_a$ はa相電圧 $\dot{E}_a$ より θ だけ遅れています。b相, c相についても同様で, 対称三相電流となります.

分割した △-△ 結線を元の状態に描けば, 第5.12図のようになります.

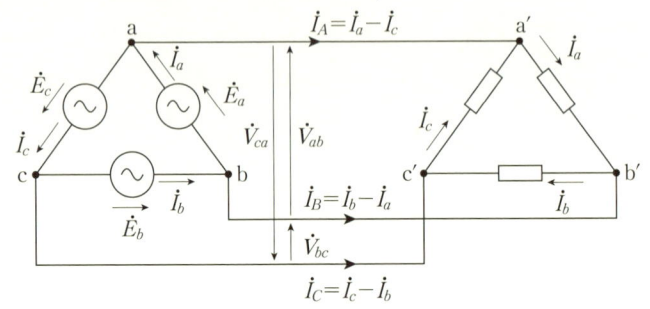

第5.12図　△-△ 結線の電圧と電流

図より, 線間電圧は相電圧に一致することがわかります.

$$\dot{V}_{ab} = \dot{E}_a$$
$$\dot{V}_{bc} = \dot{E}_b$$
$$\dot{V}_{ca} = \dot{E}_c$$

線電流は △ の各頂点にキルヒホッフの電流則を適用すると, 次のようになります. なお, 第5.11図も参照してください.

$$\dot{I}_A = \dot{I}_a - \dot{I}_c$$
$$\dot{I}_B = \dot{I}_b - \dot{I}_a$$
$$\dot{I}_C = \dot{I}_c - \dot{I}_b$$

作図のために書き換えます.

$$\dot{I}_A = \dot{I}_a + (-\dot{I}_c)$$
$$\dot{I}_B = \dot{I}_b + (-\dot{I}_a)$$
$$\dot{I}_C = \dot{I}_c + (-\dot{I}_b)$$

$\dot{I}_a$ を基準として作図したものを第5.13図に示します.

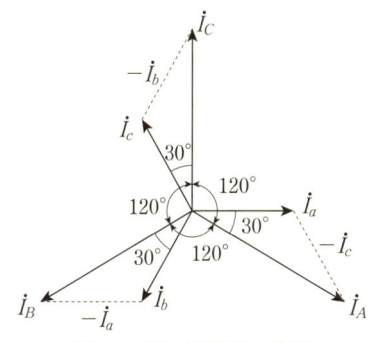

第5.13図　線電流の作図

線電流の大きさと位相の関係は次のようにいえます．

△ 結線の線電流は相電流の $\sqrt{3}$ 倍の大きさで，位相は相電流より $30°$ 遅れます．逆にいえば，相電流の大きさは，線電流の大きさを $\sqrt{3}$ で割った値になります．

電圧，電流の関係をまとめて示すと，第5.14図のようになります．

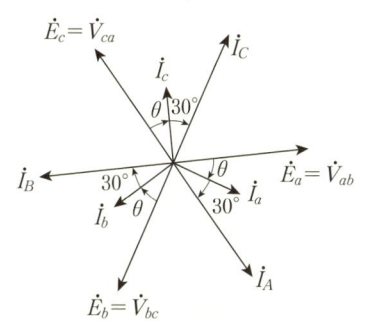

第5.14図　△結線のベクトル図

線電流と相電圧の位相差は，$(30+\theta)°$ となることに注意してください．

(3) 異なる結線の組み合わせ

Y－Y，△－△ のほかに，Y－△ および △－Y のような異なる結線の組み合わせも用いられます．三相変圧器の一次，二次の結線方式の多くには，異なる組み合わせが採用されています．3種理論の問題のほとんどは，異なる組み合わせで出題されます．

異なる組み合わせの場合，Y－Y または △－△ の組み合わせに変換して計算します．一般的には，Y－Y の組み合わせに変換すると，間違いが少な

くなります．△結線の負荷インピーダンスは，抵抗の △−Y 変換と同様の方法で Y に変換できます．△結線平衡負荷の一相のインピーダンスが

$$\dot{Z}_\triangle = R \pm jX$$

ならば，Y に変換した一相のインピーダンス $\dot{Z}_Y$ は次のようになります．

$$\dot{Z}_Y = \frac{1}{3}\dot{Z}_\triangle = \frac{1}{3}(R \pm jX)$$

練習問題 1

図のような平衡三相回路において，線電流 I 〔A〕の大きさを求めよ．

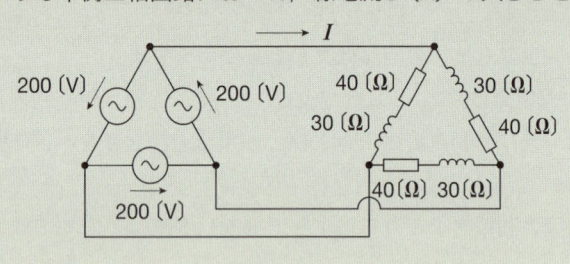

【解答】　$I = 6.93$ 〔A〕

【ヒント】　相電流 $= \dfrac{200}{\sqrt{40^2 + 30^2}}$，線電流 $= \sqrt{3} \times$ 相電流

練習問題 2

図のような平衡三相回路において，線電流 I 〔A〕の大きさを求めよ．

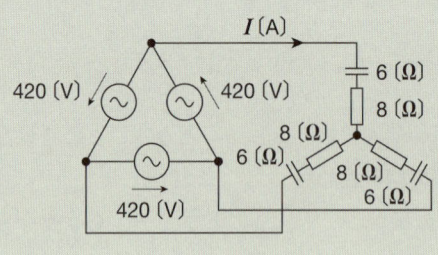

【解答】　24.2 〔A〕

第5章 Lesson 2　三相回路の電力

STEP 0　事前に知っておくべき事項

- 抵抗においてのみ電力が消費されます．

覚えるべき重要ポイント

- 三相電力の公式

$$P = \sqrt{3}\ VI\cos\theta$$

- 三相無効電力の公式

$$Q = \sqrt{3}\ VI\sin\theta$$

STEP 1

すでに学んだとおり，電力には，皮相電力，有効電力，無効電力の3種類があります．特に断らない限り，電力といえば有効電力を指していることが多いようです．

第5.15図の回路で電力を考えます．

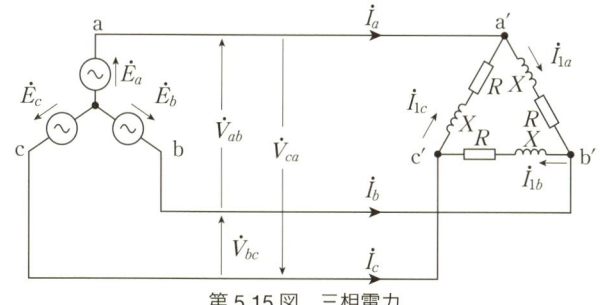

第5.15図　三相電力

負荷の相電流の大きさ（例えば I_{1a}）がわかれば，三相電力は各相の電力の3倍として，

$$P = 3 \times I_{1a}{}^2 R$$

として計算できます．平衡負荷の場合，△各相の相電流の大きさは等しいので，これを $I_\triangle$ と書くことにすれば，三相電力は，

$$P = 3I_\triangle{}^2 R$$

となります．

△ の一相の電力 P_1 は，単相回路の電力で学んだとおり，

$$P_1 = I_\triangle{}^2 R = VI_\triangle \cos\theta$$

となります．ここで，$V = V_{ab} = V_{bc} = V_{ca}$ と線間電圧の大きさを表しています．

三相電力は単相電力の 3 倍で，

$$P = 3P_1 = 3VI_\triangle \cos\theta$$

となります．線電流の大きさを，$I = I_a = I_b = I_c$ と表すことにすれば，$I_\triangle = \dfrac{I}{\sqrt{3}}$ ですから，

$$P = 3VI_\triangle \cos\theta = 3V\frac{I}{\sqrt{3}}\cos\theta = \sqrt{3}\cdot\sqrt{3}\,V\frac{I}{\sqrt{3}}\cos\theta$$

$$= \sqrt{3}\,VI\cos\theta$$

と表せます．

三相電力 $= \sqrt{3} \times$ (線間電圧) $\times$ (線電流) $\times$ (力率)

の形式になっています．

この結論は，Y－△ 結線を前提としたものですが，電源と負荷の結線をさまざまに変えて計算しても同様の結論が得られます．

実際の場合，電源も負荷もブラックボックスのことが多く，内部の結線がわからないものです．上の式では，容易に測定できる線間電圧と線電流を用いて電力を知ることができます．ただし，$\cos\theta$ を計算するためには，負荷のインピーダンス角を知るか，相電圧と相電流の位相差を知る必要があります．

なお，電力の計測法については，第 7 章で改めて学習します．

三相無効電力は，

$$Q = 3I_\triangle{}^2 X$$

で計算するか，

$$Q = \sqrt{3}\,VI\sin\theta$$

として計算します．

三相の皮相電力は，

$$W = \sqrt{P^2 + Q^2} = \sqrt{3}\ VI$$

となります．

練習問題 1

図のような平衡三相回路がある．線電流の値が 60〔A〕であった．この回路の消費電力を求めよ．

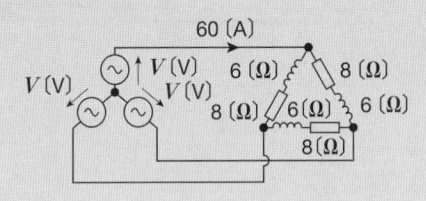

【解答】 28.8〔kW〕

【ヒント】 $P = \sqrt{3}\ V_l I_l \cos\theta$, $P = 3 \times \left(\dfrac{I}{\sqrt{3}}\right)^2 \times R$

練習問題 2

図のように，相電圧 10〔kV〕の対称三相交流電源に，抵抗 R〔Ω〕と誘導性リアクタンス X〔Ω〕からなる平衡三相負荷を接続した交流回路がある．平衡三相負荷の全消費電力が 200〔kW〕，線電流 $\dot{I}$〔A〕の大きさ（スカラ量）が 20〔A〕のとき，R〔Ω〕と X〔Ω〕の値を求めよ．

【解答】 $R = 500$〔Ω〕，$X = 500\sqrt{2}$〔Ω〕

【ヒント】 $\cos\theta = \dfrac{P}{\sqrt{3}\ VI}$, $Z = \dfrac{V}{I_\triangle}$, $\dot{Z} = R + jX = Z(\cos\theta + j\sin\theta)$

STEP-3 総合問題

【問題1】 図に示すような平衡三相回路がある．次の問に答えよ．

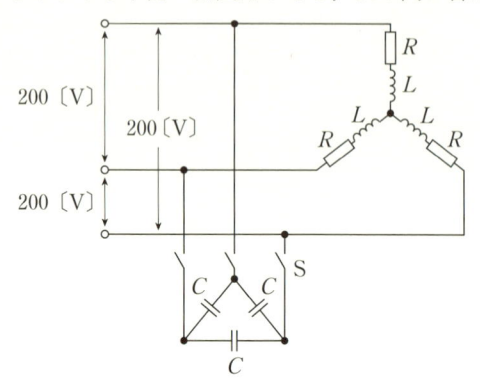

(a) スイッチSを開いているときの平衡三相回路の有効電力は3.6〔kW〕，無効電力は4.8〔kvar〕であった．R〔Ω〕とL〔mH〕の値を求めよ．ただし，電源の周波数は50〔Hz〕とする．

(b) スイッチSを閉じて，電源から見た力率を1.0とするために必要なコンデンサの静電容量C〔μF〕の値を求めよ．

【問題2】 図に示すような平衡三相回路がある．$R = 27$〔Ω〕，$X_L = 51$〔Ω〕，$X_C = 5$〔Ω〕である．次の問に答えよ．

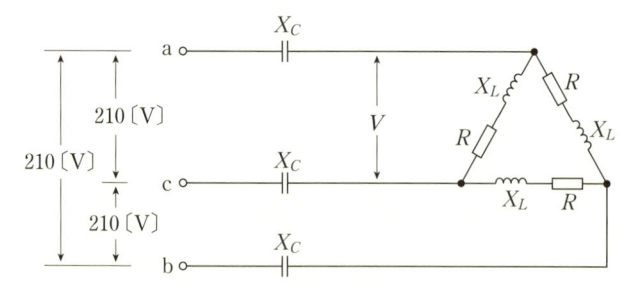

(a) 線電流の大きさを求めよ．
(b) 電源から見た消費電力と力率を求めよ．

【問題3】 図のように，線間電圧200〔V〕の対称三相電源に誘導性インピーダンスZ〔Ω〕をY結線した負荷と抵抗R〔Ω〕を△結線した負荷が接続

されている．Y結線負荷は5〔kW〕，力率0.8で，△結線負荷は2〔kW〕である．線電流 I〔A〕の大きさと，負荷全体を総合した力率を求めよ．

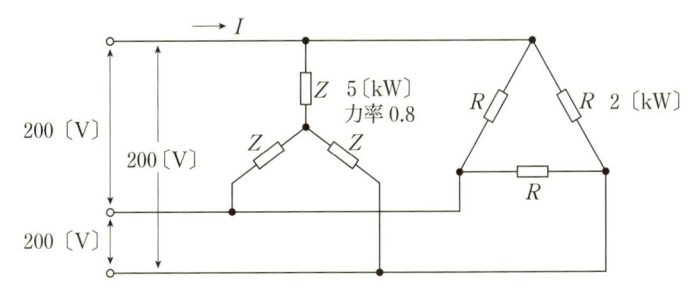

【問題4】 図1のように同一の負荷インピーダンス $\dot{Z} = 5\sqrt{3} + j5$ 〔Ω〕を Y 結線して線間電圧 210〔V〕の対称三相電源に接続している．

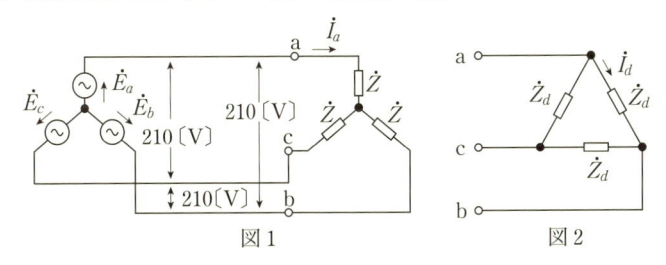

図1

図2

(a) 図1の負荷の消費電力を求めよ．
(b) 図2のように，同一の負荷インピーダンス $\dot{Z}_d$ を △ 結線して図1の場合と同じ電力を消費するようにした．図示の電流 $\dot{I}_d$ の大きさと，相電圧 $\dot{E}_a$ に対する位相を求めよ．

第6章
過渡現象

第6章 Lesson 1 電流

覚えるべき重要ポイント

- 1〔A〕の電流が導線を流れているとき，導線の断面を1秒間に通る電気の量は1〔C〕です．
- 導線の断面を1秒間に通る電気の量が1〔C〕であるとき，電流の強さを1〔A〕といいます．
- 電流の式

$$i = \frac{\Delta q}{\Delta t} \text{〔A〕}$$

単位の組み合わせは，$\dfrac{C}{s} = A$，$C = As$ となっています．

STEP 1

これまでは，電流を自明のものとして扱ってきましたが，ここで電流とは何かということについて，少し説明しておきます．

電荷を持ち移動しうる粒子をキャリヤと呼びます．金属の場合は電子（自由電子）がキャリヤとなり，電解液ではイオンがキャリヤとなります．半導体では，電子とホール（正孔）がキャリヤとなります．

電子1個の持つ電荷は約 1.6×10^{-19}〔C〕と小さいですが，金属の場合は，キャリヤの密度が極めて高いので，電界を加えることによって多くの電荷が移動できます．

電流の定義では，

$$I = \frac{Q}{t} \text{〔A〕}$$

となります．例えば，1秒間に50〔C〕の電荷が通れば，

$$I = \frac{Q}{t} = \frac{50}{1} = 50 \text{〔A〕}$$

となります．電荷の通り方が時間的に変動している場合には，1秒間の平均電流を示すことになります．時々刻々の電流を表すには，ごく短い時間 Δt

の間に移動した電荷量を Δq として，

$$i = \frac{\Delta q}{\Delta t} 〔A〕$$

とします．Δt と Δq は微小量ですが，有限の値を示しているので，Δt 間の平均電流です．

より正確に表現するには，$\Delta t \to 0$ とする極限をとって，

$$i = \lim_{\Delta t \to 0} \frac{\Delta q}{\Delta t} = \frac{dq}{dt}$$

と表します．lim は極限をとることを表す数学記号です．極限をとったので瞬間の電流を表しています．$\frac{d}{dt}$ は微分を表す数学記号です．$\frac{dq}{dt}$ は電荷の時間的な変化率を表しています．

> 練習問題 1
>
> 導線のある断面を 0.02 秒間に 0.3〔C〕の電荷が通った．電流の値はいくらか．

【解答】 15〔A〕

【ヒント】 $i = \dfrac{0.3}{0.02}$

第6章 Lesson 2 過渡現象

覚えるべき重要ポイント

RL 直列回路, RC 直列回路の充電時について (直流電源)

- インダクタンス L は電流の急変を妨げます.
  過渡現象の初期は最大の逆起電力を発生して電流変化を阻止しようとします. 過渡現象の終期では逆起電力はゼロとなり, 阻止能力はなくなります.

- キャパシタンス C は電流の急変を促進します.
  過渡現象の初期は短絡状態に近く, 大きな電流を流そうとします. 過渡現象の終期では端子電圧は最大となって, 電流を阻止します.

- 過渡現象における電圧・電流の変化は, 指数関数的な変化となります.

STEP 1

誘導リアクタンスは $\omega L = 2\pi f L$ 〔Ω〕で表されます. f が大きければ, リアクタンスの値も比例して大きくなります. 逆に, f を小さくしていくとリアクタンスも小さくなり, $f=0$ (直流) では, $\omega L = 0$ となって, 電流を制限する作用はまったくなくなります.

例えば, コイルに直流を流すと, 電流を制限するのはコイルの持つ抵抗だけで, インダクタンス L は作用しません.

容量リアクタンスは $\dfrac{1}{\omega C} = \dfrac{1}{2\pi f C}$ 〔Ω〕で表されます. f が大きければ, リアクタンスの値は逆比例して小さくなります.

逆に, f を小さくしていくとリアクタンスは大きくなり, $f=0$ (直流) では, $\dfrac{1}{\omega C} = \infty$ となって, 電流を完全に阻止します.

例えば, コンデンサに直流を加えると, 加えた瞬間に充電電流が流れるだけで, 充電が完了すると直流を通さなくなります.

直流に対して L および C が反応しないというのは, 回路が定常状態になっ

ているときの話で，直流電圧を急に印加するとか，除去するときには反応を示します．

これらの働きを L および C の電圧の面から考えてみます．インダクタンスの誘導起電力（自己誘導）は，すでに学んだとおり，

$$v_L = -L\frac{\Delta I}{\Delta t} \text{〔V〕}$$

で表されます．インダクタンスの端子電圧の意味で e を v_L に換えています．負符号は，電流の変化を妨げる向きという意味です．この向きは逆起電力を表していると考えてもよいでしょう．

電流の変化率を使って表すと，

$$v_L = -L\frac{\mathrm{d}i}{\mathrm{d}t} \text{〔V〕}$$

となります．電流が変化しつつある期間には，L は反応します．

なお，理工学では，定常値や定数には大文字の記号を用い，変化量には小文字の記号を用います．

抵抗 R〔Ω〕とインダクタンス L〔H〕の直列回路に，直流電圧 E〔V〕を印加するときの現象を考えます．

いかなる状態でもオームの法則，キルヒホッフの法則は成り立ちます．第6.1図には，抵抗 R の反抗起電力 v_R とインダクタンス L の逆起電力 v_L の向きを示しています．スイッチを閉じて，電流が流れようとすると，その電流を流すまいとして，図示の向きに逆起電力が生じます．

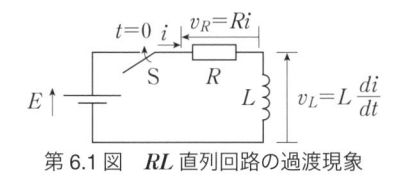

第6.1図　RL 直列回路の過渡現象

$t=0$ でスイッチを閉じるものとします．$t=0$ 以降に，この回路に成り立つキルヒホッフの電圧則は次のようになります．

$$v_R + v_L = E$$

$$Ri + L\frac{\mathrm{d}i}{\mathrm{d}t} = E \text{〔V〕}$$

最終的に，インダクタンスは直流に作用しなくなり，
$$Ri = E \cdots\cdots t \to \infty$$
となって，
$$i = I = \frac{E}{R} \text{〔A〕}$$
という一定電流になることはわかっています．$t=0$ で $i=0$，これを初期値と呼んでいます．$t \to \infty$ で $i = \frac{E}{R} = I$ となるわけです．これを最終値と呼んでいます．この途中の過程での変化が問題です．

第 6.1 図の RL 直列回路では，最終的に電流は I となって，インダクタンスには，
$$\frac{1}{2}LI^2 \text{〔J〕}$$
というエネルギーが蓄えられます．このエネルギーを蓄える過程が過渡現象です．もちろん，エネルギーを放出する過程でも過渡現象を生じます．

RL 直列回路や RC 直列回路では，エネルギーの蓄積，放出に関与する素子が 1 個だけなので，単エネルギー回路と呼び，その過渡現象を単エネルギー過渡現象と呼びます．L および C の両方を含むと，相互にエネルギーのキャッチボールが行われて振動性の電流が流れます．そのような回路を複エネルギー回路と呼び，その過渡現象を複エネルギー過渡現象と呼びます．複エネルギー過渡現象は取り上げません．

いま考えている RL 直列回路のような単エネルギー過渡現象では，変化は指数関数的に行われます．RL 直列回路に成り立つ回路方程式のように微分を含んだ式を微分方程式といいます．この方程式を解くと次のようになります．
$$i = \frac{E}{R} - \frac{E}{R}\varepsilon^{-\frac{R}{L}t}$$
$$= \frac{E}{R}\left(1 - \varepsilon^{-\frac{R}{L}t}\right) \text{〔A〕}$$

右辺第 1 項は時間に関係しない定常項で，第 2 項は過渡項です．なお，ε は自然対数の底と呼ばれるもので，$\varepsilon \fallingdotseq 2.718$ です．数学では，記号 e を用

います．電気工学では e を電子や起電力の記号に用いるので，ε に代えています．第2項の過渡項は ε の負の指数関数です．負の指数関数がイメージしにくいのであれば，

$$i = \frac{E}{R} - \frac{E}{R} \cdot \frac{1}{\varepsilon^{\frac{R}{L}t}} = \frac{E}{R}\left(1 - \frac{1}{\varepsilon^{\frac{R}{L}t}}\right) \text{〔A〕}$$

と書き換えることもできます．

電圧，電流をグラフ化すると次の第6.2図のようになります．

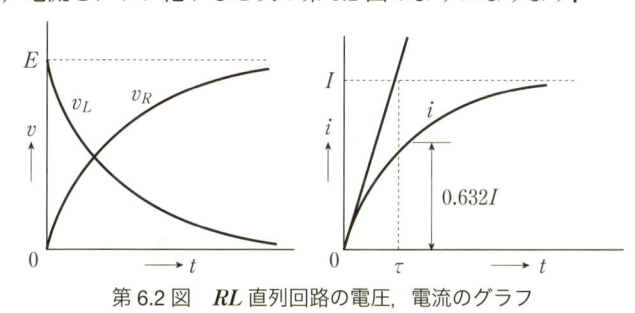

第6.2図　RL 直列回路の電圧，電流のグラフ

$t=0$ では，$v_L = E$ で，印加電圧 E はすべてインダクタンスに加わっている状態です．電流が0から立ち上がろうとする瞬間には，変化率 $\dfrac{di}{dt}$ が最大で，インダクタンスが電流を流すまいとして最大の逆起電力を生じています．時間の経過とともに，電流は増加し，同時に変化が緩やかになります．すると逆起電力は小さくなり，その分，抵抗の反抗起電力が増加します．両者の和は常に E に一致します．

最終的に電流が一定となり，インダクタンスにエネルギーが蓄積完了して過渡現象は終わります．

$t = \dfrac{L}{R}$ 〔s〕とおくと，

$$i = \frac{E}{R}\left(1 - \varepsilon^{-\frac{R}{L} \times \frac{L}{R}}\right) = \frac{E}{R}(1 - \varepsilon^{-1}) \fallingdotseq \frac{E}{R}(1 - 0.368)$$

$$= 0.632\frac{E}{R} \text{〔A〕}$$

と定数になります．

$\frac{L}{R}$ の単位が秒になることは，次から明らかにされます．

$v_L = L\frac{\Delta I}{\Delta t}$ ですから，単位の組み合わせは，$V = H \cdot \frac{A}{s}$ となっているので，$H = \frac{Vs}{A}$ とすれば，$\frac{L}{R}$ の単位は，

$$\frac{\frac{Vs}{A}}{\Omega} = \frac{Vs}{A\Omega} = \frac{Vs}{V} = s$$

となります．

R, L の値の組み合わせはさまざまですが，$t = \frac{L}{R}$ 〔s〕のときに最終値の 63.2〔％〕に達します．逆にいえば，最終値の 63.2〔％〕に達するまでの時間は，変化の速い，遅いを見る指標になります．

$$\tau = \frac{L}{R} \text{〔s〕}$$

を RL 直列回路の時定数と呼びます．なお，時定数は，$t = 0$ でカーブに引いた接線が最終値に交わるまでの時間に相当します．時定数が小さければ，変化は速く，短時間で過渡現象は終わってしまいます．時定数が大きければ，変化は緩やかで，過渡現象は長引きます．

時定数 τ を用いて次のように電流 i を表すこともあります．

$$i = \frac{E}{R}\left(1 - \varepsilon^{-\frac{t}{\tau}}\right) \text{〔A〕}$$

次に，第 6.3 図の回路でインダクタンスの放電を考えます．

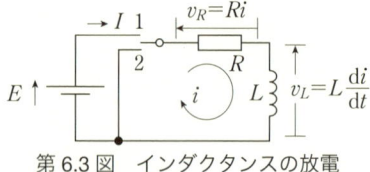

第 6.3 図　インダクタンスの放電

スイッチを 1 にして定常電流 I が流れている状態から，$t = 0$ でスイッチを 2 に切り換えるものとします．$t = 0$ 以降に，この回路に成り立つキルヒホッ

フの電圧則は次のようになります．

$$v_R + v_L = 0$$

$$Ri + L\frac{\mathrm{d}i}{\mathrm{d}t} = 0 \ [\mathrm{V}]$$

この方程式を解くと，次のようになります．

$$i = \frac{E}{R}\varepsilon^{-\frac{R}{L}t} \ [\mathrm{A}]$$

波形は次の第6.4図のようになります．

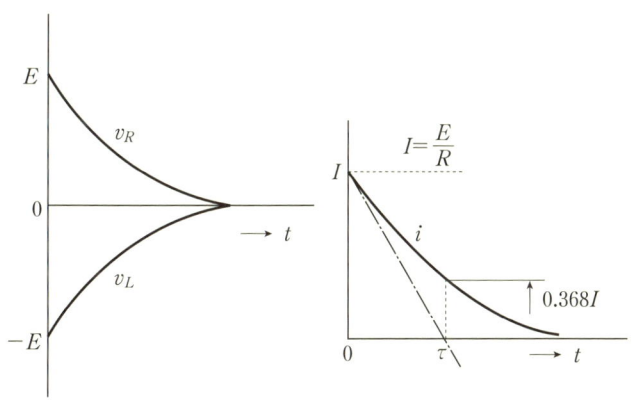

第6.4図　波形

時定数は同じです．放電の場合には，初期電流 I の36.8〔%〕に達するまでの時間です．

インダクタンスに蓄えられていた $\frac{1}{2}LI^2$ 〔J〕のエネルギーが放出されて過渡現象は終わります．そのエネルギーは抵抗で消費されます．

> **練習問題1**
> 第6.1図において，$E=12$ 〔V〕，$R=6$ 〔Ω〕，$L=2$ 〔H〕とする．時定数 τ を求めよ．また，$\frac{1}{2}\tau$，τ，2τ における電流 i を求めよ．なお，関数電卓を用いよ．

【解答】 $\tau = \dfrac{1}{3}$〔s〕, $\dfrac{1}{2}\tau$ のとき 0.787〔A〕, τ のとき 1.26〔A〕, 2τ のとき 1.73〔A〕

【ヒント】 $\tau = \dfrac{L}{R} = \dfrac{2}{6} = \dfrac{1}{3}$〔s〕

$\dfrac{1}{2}\tau \cdots \quad i = \dfrac{E}{R}\left(1 - \varepsilon^{-\frac{R}{L} \times \frac{1}{2} \times \frac{L}{R}}\right) = \dfrac{12}{6}\left(1 - \varepsilon^{-\frac{1}{2}}\right) \fallingdotseq 0.787$〔A〕

$\tau \cdots \quad i = \dfrac{E}{R}\left(1 - \varepsilon^{-\frac{R}{L} \times 1 \times \frac{L}{R}}\right) = \dfrac{12}{6}(1 - \varepsilon^{-1}) = 2(1 - 0.368) \fallingdotseq 1.26$〔A〕

$2\tau \cdots \quad i = \dfrac{E}{R}\left(1 - \varepsilon^{-\frac{R}{L} \times 2 \times \frac{L}{R}}\right) = \dfrac{12}{6}(1 - \varepsilon^{-2}) = 2(1 - \varepsilon^{-2}) \fallingdotseq 2(1 - 0.135)$

$\qquad\qquad = 1.73$〔A〕

STEP 2

第 6.5 図のような RC 直列回路の過渡現象を取り上げます．

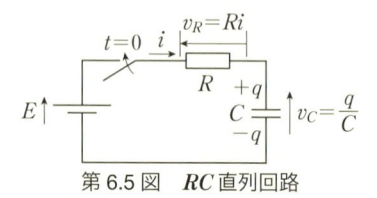

第 6.5 図　RC 直列回路

$t = 0$ でスイッチを閉じると，次の回路方程式が成り立ちます．

$\qquad v_R + v_C = E$

$\qquad Ri + \dfrac{q}{C} = E$

Lesson 1 で述べた，

$\qquad i = \dfrac{\mathrm{d}q}{\mathrm{d}t}$

の関係を代入すると，

$\qquad R\dfrac{\mathrm{d}q}{\mathrm{d}t} + \dfrac{1}{C}q = E$

となります．これを q について解くと，次のようになります．

$$q = CE\left(1 - \varepsilon^{-\frac{1}{CR}t}\right) \,[\text{C}]$$

CE は最終的にコンデンサが蓄える電荷量です．電流は次のようになります．

$$i = \frac{dq}{dt} = \frac{E}{R}\varepsilon^{-\frac{1}{CR}t} \,[\text{A}]$$

時定数 τ は，$\varepsilon^{-1} \fallingdotseq 0.368$ と定数になる時間ですから，$\tau = CR$ [s] です．時定数の単位が秒になることは，次から明らかとなります．

$$\text{F} \times \Omega = \frac{\text{C}}{\text{V}} \times \Omega = \frac{\text{As}}{\text{V}} \times \Omega = \frac{\text{A}\Omega\text{s}}{\text{V}} = \frac{\text{Vs}}{\text{V}} = \text{s}$$

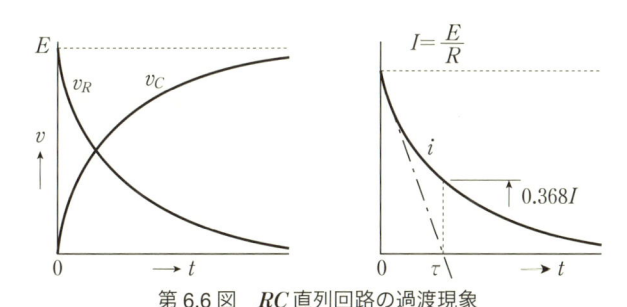

第 6.6 図　RC 直列回路の過渡現象

スイッチを閉じた瞬間には，コンデンサは筒抜けの状態で，印加電圧のすべてを抵抗が分担します．コンデンサを充電するため，大きな電流が流れ，コンデンサに電荷がたまると，コンデンサの端子電圧が上昇します．端子電圧の上昇に連れて，電流が減衰します．最終的に，

$$W = \frac{1}{2}CE^2 \,[\text{J}]$$

のエネルギーがコンデンサに蓄えられて過渡現象は終わります．
次に，RC 直列回路の放電現象を取り上げます（第 6.7 図）．

第 6.7 図　RC 直列回路の放電

スイッチを 1 としてコンデンサの充電が終わっているものとします．
$t=0$ でスイッチを 2 にすると，コンデンサの電荷は放電されます．

$$R\frac{dq}{dt} + \frac{1}{C}q = 0$$

として，$t=0$ で $q=CE$ として解くと，

$$q = CE\varepsilon^{-\frac{1}{CR}t} \text{〔C〕}$$

$$i = \frac{dq}{dt} = -\frac{E}{R}\varepsilon^{-\frac{1}{CR}t} \text{〔A〕}$$

となります．電流が負符号で得られているのは，放電電流の向きが，充電電流の向きと逆になるためです（第6.8図参照）．

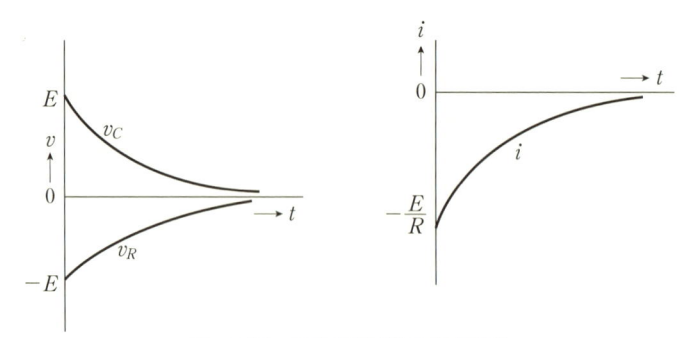

第6.8図　RC 直列回路の放電現象

練習問題2

第6.5図において，$E=60$ 〔V〕，$R=12$ 〔kΩ〕，$C=2$ 〔μF〕とする．時定数 τ を求めよ．また，$t=\tau$ における電流 i を求めよ．

【解答】　$\tau = 24$ 〔ms〕，$i = 1.84$ 〔mA〕

【ヒント】　$\tau = CR$,　$i = \frac{E}{R}\varepsilon^{-\frac{1}{CR} \times CR}$

STEP 3 総合問題

【問題1】 第6.3図において，$E = 24$〔V〕，$R = 10$〔Ω〕，$L = 5$〔H〕とする．次の問に答えよ．

(a) スイッチを1側に閉じて回路を充電する．過渡現象の終わる時間を時定数 τ の5倍の時間とすると，何秒で過渡現象が終わるか．

(b) 上の過渡現象が終わった後に，スイッチを2側に切り換えた．抵抗 R で消費されるエネルギーを求めよ．

【問題2】 図1のようなインダクタンス L〔H〕と抵抗 R〔Ω〕を直列にした回路がある．この回路に図2のような振幅 E〔V〕，パルス幅 T_0〔s〕の方形波電圧 v_i〔V〕を加えた．このときの抵抗 R〔Ω〕の端子電圧 v_R〔V〕の波形を示す図として正しいものを選べ．

ただし，図1の回路の時定数 $\dfrac{L}{R}$〔s〕は T_0〔s〕より十分小さく，方形波電圧を発生する電源の内部インピーダンスは0〔Ω〕とし，コイルに流れる初期電流は0〔A〕とする．

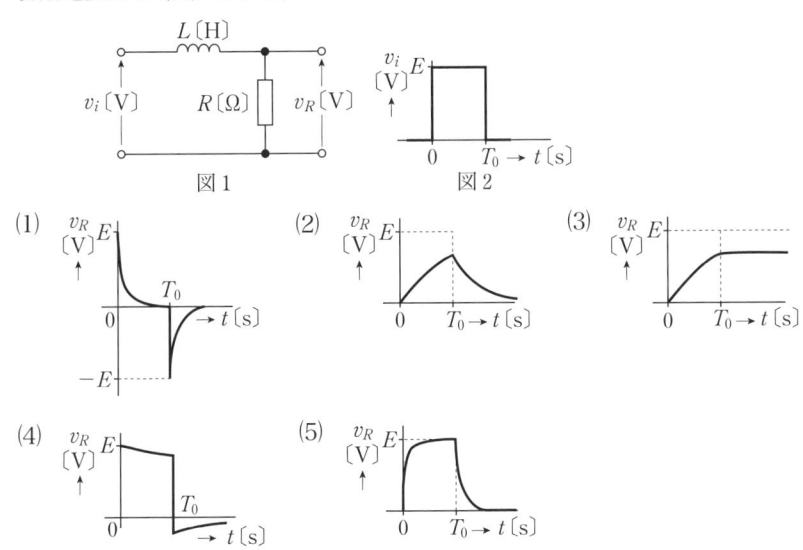

図1
図2

(1) (2) (3)
(4) (5)

【問題3】 図1のようなコンデンサ C〔F〕と抵抗 R〔Ω〕を直列にした回

路がある．この回路に図2のような振幅 E〔V〕，パルス幅 T_0〔s〕の方形波電圧 v_i〔V〕を加えた．このときの抵抗 R〔Ω〕の端子電圧 v_R〔V〕の波形を示す図として正しいものを選べ．

ただし，図1の回路の時定数 CR〔s〕は T_0〔s〕より十分小さく，方形波電圧を発生する電源の内部インピーダンスは 0〔Ω〕とし，コンデンサの初期電荷は零とする．

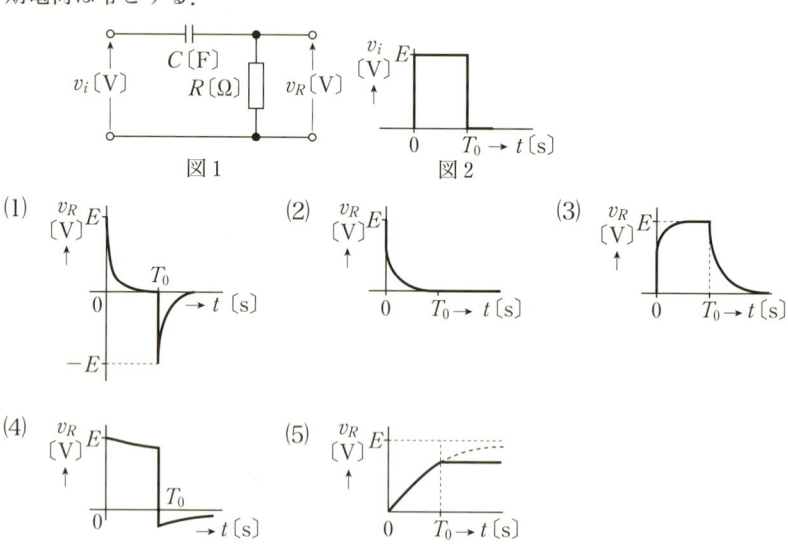

図1　図2

(1)　(2)　(3)

(4)　(5)

【問題4】図のような回路において，スイッチSを①側に閉じた場合の時定数はいくらか．また，スイッチSを②側に閉じた場合の時定数はいくらか．ただし，$E = 12$〔V〕，$R_1 = 200$〔Ω〕，$R_2 = 100$〔Ω〕，$C = 10$〔μF〕とする．

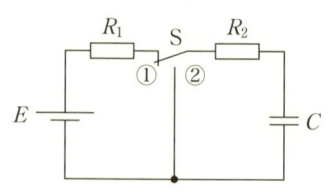

第7章
電気計測

第7章 Lesson 1　電気計器の種類

覚えるべき重要ポイント

- 各種計器の動作原理と，使用する回路の交直流の区分

STEP 1

　電気計器には，アナログ計器とディジタル計器があります．アナログ計器は，電磁力，静電力等を応用して指針を振らせ，その振れを目盛板で読み取るもので，指示計器と呼ばれます．積算計器や記録計器もあります．

　ディジタル計器は，測定しようとする電圧や電流などのアナログ量をパルス数などのディジタル量に変換して計数し，その計数値を測定量の数値に置き換えて数字で表示するものです．一般的に，アナログ計器よりも高精度の測定が可能となります．

　指示計器は，駆動装置，制御装置，制動装置の3要素から構成されます．指示計器の形名は駆動装置の原理から命名されています．

(1) 可動コイル形

　可動コイル形は第7.1図のように，永久磁石に磁極片を取り付け，この磁界中に円筒状の鉄心を組み合わせています．磁束は鉄心の表面に垂直に出入りするから，ギャップの磁界は一様な放射状となります．

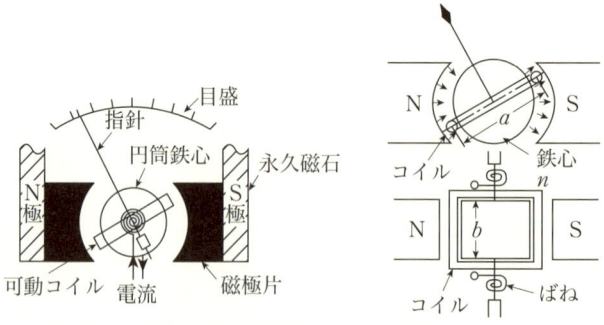

第7.1図　可動コイル形の構造

　ギャップ部には，アルミニウムの巻枠に巻かれた可動コイルが上下を支持されています．ギャップの磁束密度をB，コイル辺の長さをaおよびbとし，

コイルの巻数をn，コイルに流れる電流をIとすると，コイル辺bに働く電磁力Fは，

$$F = nIBb$$

となります．コイルに働く駆動トルクT_dは次式で表されます．

$$T_d = 2 \cdot F \cdot \frac{a}{2} = nIBab$$

可動コイル形の駆動装置の原理はこのようになっています．トルクは電流Iに比例します．電流が脈流の場合，慣性モーメントのために脈動に追従できず，平均値を指示します．電流が交流の場合，トルクの向きが交番するので追従することができず，指針は零のままです．可動コイル形は本質的に直流専用です．

第7.1図には制御装置の渦巻ばねを描いています．なお，この渦巻ばねはコイル電流を導くリードを兼ねています．可動コイルが回転すると渦巻ばねは巻き込まれて制御トルクT_cを発生します．$T_c \propto \theta$となって，振れ角θに比例します．最終的にT_dとT_cが平衡した振れ角θで静止します．コイルに流れる電流Iとθは正比例するので平等目盛になります．

制御装置には，このほかにトートバンドも用いられます．これは，アルミニウムの巻枠を緊張して張った金属の帯で支持する方式です．帯のよじれが制御作用を行う方式です．

一定の駆動トルクを急に与えた場合，慣性のために指針の振れは追従できず平衡点の前後で振動しながら静止します．計器の指示を早く読み取るには何らかの制動装置が必要です．

制動装置には，電磁制動，空気制動，渦電流制動などの方式が用いられます．可動コイル形計器では，アルミニウムの巻枠が回転運動をする際に誘導される起電力によって巻枠に流れる電流と磁界との間で生じるトルクが制動力として作用します．この方法を電磁制動といいます．第7.2図の臨界制動の状態が望ましいです．

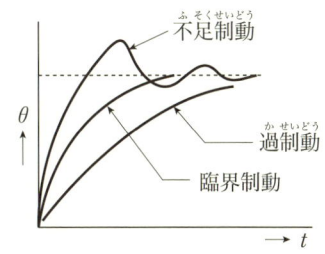

第7.2図 指針の振れ

可動コイルは小形軽量につくる必要から，コイル巻線はごく細く，コイル

に流せる電流も微小で，電流計，電圧計には分流器，倍率器を付属します．

(2) 可動鉄片形

可動鉄片形は固定鉄片と可動鉄片の磁極間に働く力を利用します．反発式と反発吸引式が多く用いられています（第7.3図参照）．

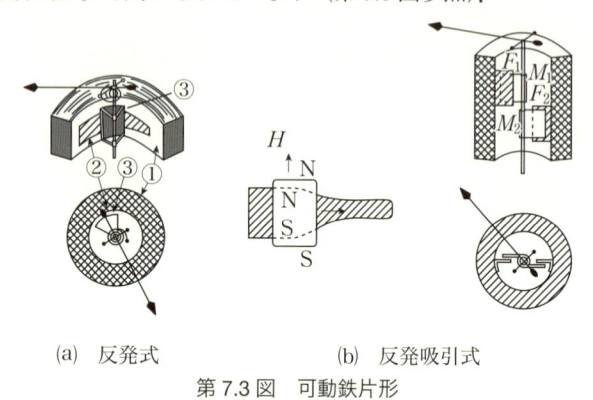

(a) 反発式　　　　　　(b) 反発吸引式

第7.3図　可動鉄片形

反発式で説明します．①は固定コイル，②は固定鉄片，③は可動鉄片です．固定コイルに電流が流れ，下から上向きの磁界Hが発生したとします．両方の鉄片は磁化されて上下には図示の磁極N，Sが現れます．磁極間の反発力のため，可動鉄片には右向きの駆動トルクが働きます．

この駆動トルクは磁界の2乗に比例し，したがって，電流の2乗に比例します．目盛も2乗目盛となります．平等目盛に近づけるため，固定鉄片の形状は先細りとなっています．

反発吸引式は，2組の鉄片が上下2段に配置されています．電流が流れると最初は反発力が駆動トルクとなります．ある程度回転すると，下の固定鉄片と上の可動鉄片との間にも吸引力が働くようになります．このため，駆動トルクも大きくなり，目盛も平等目盛に近づきます．

原理的には交直両用ですが，直流に用いた場合，鉄片のヒステリシスおよび残留磁気の影響が現れて誤差の原因となるので，おもに商用周波の交流計器として用いられます．比較的構造が簡単で，安価です．

(3) 電流力計形

電流力計形は固定コイルの中に可動コイルを配置した構造で，両コイルは円形または楕円形です（第7.4図参照）．

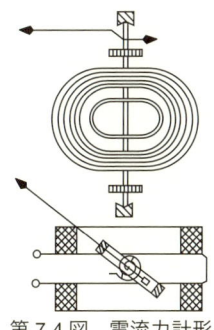

第 7.4 図　電流力計形

　固定コイルに流れる電流 I_1 のつくる磁界中で，可動コイルに電流 I_2 を流して得る電磁力を駆動トルクとするものです．原理的に交直両用で，同一の確度を得ることができます．直流で目盛定めをして交流との比較をすることができます．振れ角 $\theta \propto I_1 I_2$ となります．

　両コイルに測定電流に比例した電流を流せば電流計となり，測定電圧に比例した電流を流せば電圧計となります．2乗目盛となります．

　固定コイルに負荷電流に比例した電流を流し，可動コイルには無誘導抵抗を通して電圧に比例した電流を流すと，電力計となります．電流力計形は電力計として用いるのが普通です．交流の場合は，慣性のために瞬時電力には追従できず，平均電力を指示するので好都合です．ほぼ平等目盛に近くなります．

　外部磁界の影響を受けやすいので磁気シールドを施します．

(4) 熱電形

　熱電形は加熱線と呼ばれる抵抗線に測定電流を流し，そのジュール熱による発熱を熱電対で測定し，可動コイル形ミリボルト計で指示させるものです（第 7.5 図参照）．1〔A〕以下の計器には熱線と熱電対を真空の容器に納めた真空式が用いられます．

　熱線の温度上昇は電流の2乗の平均に比例するので実効値指示となります．直流から数 MHz の高周波までに用いられます．熱測定を原理とするため，指示の応答に遅れがあり，過電流では熱線を焼き切ることがあります．

第 7.5 図　熱電形計器

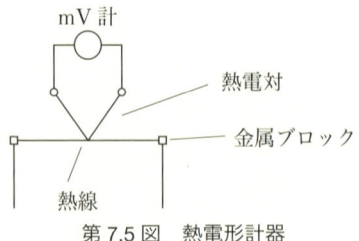

(5) **誘導形**

誘導形は単相誘導電動機の原理，あるいは，アラゴの円板の原理を応用したものです．移動磁界を利用した交流電力量計のみが用いられています．

(6) **整流形**

整流形は交流をダイオードによって整流し，直流に変換して可動コイル形の直流 mA 計で測定するものです（第 7.6 図参照）．

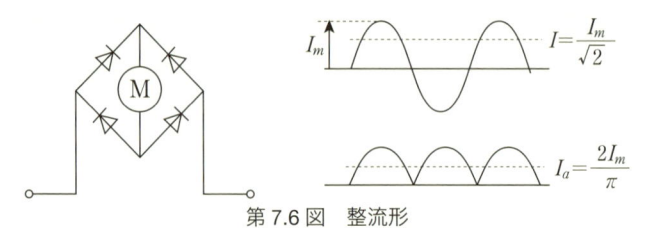

第 7.6 図　整流形

交流実効値 $I = \dfrac{I_m}{\sqrt{2}}$ ですが，可動コイル形計器は平均値 $I_a = \dfrac{2I_m}{\pi}$ を指示します．

$$I = \dfrac{I_m}{\sqrt{2}} = \dfrac{\pi}{2\sqrt{2}} I_a \fallingdotseq 1.11 I_a$$

となります．1.11 は正弦波交流の波形率です．交流実効値を指示させるため，mA 計 M の値を波形率倍して目盛ります．ほぼ平等目盛となります．

整流形は感度のよい可動コイル形計器を用いるため，交流計器の中で最も感度が高く，10〔kHz〕程度まで感度の低下が少ないです．しかし，非正弦波や直流分を含む場合には誤差が大きくなります．

(7) **静電形**

静電形は高電圧を直接測定する高電圧計です（第 7.7 図参照）．

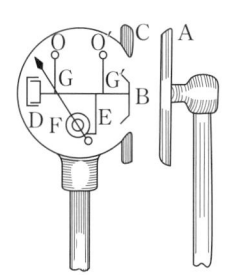

第 7.7 図　静電形電圧計

　固定電極 A と可動電極 B との間に高電圧を印加すると，両電極は帯電し，電荷間に静電的な吸引力が働きます．可動電極の移動は指針に回転力として伝えられます．C は電極間の電気力線を均一化する保護環(ほごかん)です．

　測定回路からほとんど電流を取らず，高インピーダンス計器となります．交直両用で高周波まで使用できます．駆動トルクは微小で，外部電界の影響を受けやすいので金属製の容器に納めています．駆動トルクは電圧の 2 乗に比例し，実効値を指示します．使用範囲は 10〜50〔kV〕です．

　指針形計器を一覧表にまとめたものを次の第 7.1 表に示します．

7 電気計測

第 7.1 表

種類	原理	特徴	用途
可動コイル形	永久磁石で一様な磁界をつくり，磁界中に置かれた可動コイルに測定電流を通じ，コイルに働くトルクで指針を振らせる． 振れ角；$\theta \propto i$	平等目盛となる． 平均値を指示する． 直流専用． 確度，感度に優れる．	直流 ・電流計 　3〔μA〕～30〔A〕 ・電圧計 　0.3～1 000〔V〕
可動鉄片形	固定コイルに測定電流を通じ，これがつくる磁界内に軟鉄片が吸い込まれる吸引式，固定鉄片と可動鉄片の間の反発力による反発式，あるいは吸引反発力による吸引反発式などがある． 振れ角；$\theta \propto i^2$	原理的に2乗目盛となる． 固定鉄片形状で平等目盛に近づける． おもに商用周波交流用（直流可能）． 実効値を指示する． 構造簡単，堅ろう，安価． 20～500〔Hz〕の範囲で使用できる．	交流 ・電流計 　20〔mA〕～100〔A〕 ・電圧計 　15～750〔V〕
電流力計形	固定コイルの電流 i_1 と可動コイルの電流 i_2 のそれぞれのつくる磁界と電流相互間に働くトルクを利用する． 振れ角；$\theta \propto i_1 i_2$ 電流・電圧計では，$i_1 = i_2$ だから， 　$\theta \propto i^2$ 電力計では， 　$\theta \propto P$	電流・電圧計では，2乗目盛となる． 電力計では，平等目盛となる． 交直両用． 高精度の交流比較器． 消費電力が比較的大きい． DC, 25～1 000〔Hz〕で使用できる．	直流 ・電流計 ・電圧計 交流 ・電流計 ・電圧計 ・電力計 　0.2～25〔A〕 　120/240〔V〕 ・周波数計
熱電形	発熱線に測定電流を流し，発熱線の温度を熱電対で（直流〔mV〕）測定する． 空冷式（直熱式，傍熱式）と真空式（真空熱電対）がある． 可動コイル形計器と組み合わせる． 増幅器を併用することもある． 振れ角；$\theta \propto I^2$ (I；実効値)	2乗目盛となる． 交流の場合，実効値指示． 波形の影響を受けない． DC～100〔MHz〕まで使用できる． 電気的過負荷に弱い（150〔%〕程度）． 指示の応答遅れがある．	交直両用 ・電流計 　5〔mA〕～1〔A〕 ・電圧計 　15～150〔V〕 ・電力計 おもに放送周波数計器に使用する．
誘導形	回転磁界式；直交する2組の固定コイルに電流を流し，回転磁界をつくり回転円筒に回転トルクを与える． 移動磁界式；1組の固定コイルに電流を流し，移動磁界をつくり回転円板に回転トルクを与える． 電流・電圧計では，$\theta \propto i^2$ 電力計では，$\theta \propto P$	電流・電圧計では，2乗目盛となる． 電力計では，平等目盛となる． 構造簡単，堅ろう． 駆動トルク大． 盤用広角度計器に適する． 波形，周波数の誤差大． 確度が低い．	交流専用（商用周波数） ・電流計 　2.5～100〔A〕 ・電圧計 　150～300〔V〕 ・電力計 ・積算電力計
整流形	ダイオードで交流を整流し可動コイル形計器と組み合わせる．	ほぼ平等目盛． 平均値で動作するが，目盛は実効値． 交流計器としては，消費電力が少なく，最も感度がよい． 10〔kHz〕程度まで使用できる． 波形誤差を生じる（ひずみ波では誤差が大きくなる）．	交流専用 ・電流計 　0.5～250〔mA〕 ・電圧計 　30～300〔V〕
静電形	固定，可動電極に高電圧を印加したときの静電吸引力による． 電極板吸引式（極板間隔の変化による，比較的高電圧用）と電極板吸収式（極板対抗面積の変化による，比較的低電圧用）がある． 振れ角；$\theta \propto v^2$	2乗目盛となる． 実効値を指示する． 電圧計のみ． 交流比較器として使える． 高電圧の直接測定に適する． 消費電力が極めて小さい． 1〔kHz〕程度まで使用できる．	交流・直流 ・電圧計 　1～50〔kV〕

(8) **指示計器の誤差**

測定値 M から真の値 T を引いたものを誤差 ε といいます．誤差の絶対値を絶対誤差 ε_a といいます．絶対誤差を基底値に対する百分率で表したものを百分率誤差 ε_r といいます．基底値は規格で定められていますが，一般に真の値または計器の最大目盛を取ります．

$$\varepsilon = M - T$$

$$\varepsilon_a = |M - T|$$

$$\varepsilon_r = \frac{|M-T|}{T} \times 100 〔\%〕 \cdots\cdots 基底値を真の値とする場合$$

われわれが真の値を得ることは困難です．実際には，真の値に近い値を真の値として扱います．それには，国家標準にトレーサビリティーのとれている値を用います．例えば，国家標準にトレーサビリティーのとれている確度の高い電圧・電流発生装置の電圧や電流の値を真の値とします．

指示計器には許容差に応じて階級が定められています．一般的な計器の許容差は最大目盛の ±0.2〔%〕～±2.5〔%〕 まであり，それに応じて，0.2 級から 2.5 級の階級があります．

例えば，150〔V〕，1.5 級の電圧形の許容差は，$150 \times \dfrac{1.5}{100} = 2.25$〔V〕です．測定値が 110〔V〕であったとすると，被測定値は 107.75～112.25〔V〕の範囲内にあることになります．この意味からも，多レンジの指針形計器は，レンジを適切に選んで，できるだけ目盛いっぱいに振らせて読み取ります．

(9) **ディジタル計器**

ディジタル計器のブロック図は次の第 7.8 図のようになります．

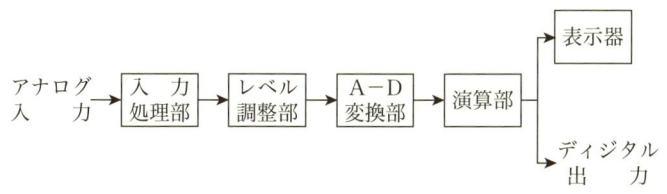

```
アナログ  →  入 力   →  レベル   →  A－D    →  演算部  ┬→ 表示器
入   力     処理部      調整部      変換部            │
                                                    └→ ディジタル
                                                       出   力
```

第 7.8 図　ディジタル計器のブロック図

入力処理部とレベル調整部は入力変換回路とも呼ばれます．次段階の A－D 変換回路でディジタル変換に適した 0～5〔V〕または 0～10〔V〕の直流電

圧に入力を変換処理する部分です．直流電圧はもちろんのこと，交流電圧，電流，抵抗などもレベル調整された直流電圧に変換されます．

　A－D 変換回路はディジタル計器の心臓部です．A はアナログ（analog），D はディジタル（digital）の略です．変換方式には，逐次比較形，積分形，並列比較形などがあります．最も多く使われるのは二重積分形です．

　ディジタル計器の特徴は次のとおりです．
- 表示桁数が 4〜7 桁と多く，高精度の計器を得やすい
- 測定結果は数字で表示されるので個人的な読み取り誤差が入らない
- 測定結果をディジタル信号で取り出せる機能を持つものが多い
- 電流測定では入力インピーダンスが極めて小さく，電圧測定では入力インピーダンスが極めて大きい

ディジタル計器の精度は確度によって表されます．一般に次のように確度を表します．

$$\pm \alpha \,[\%] \text{ of reading} \pm n \text{ digits}$$

または，

$$\pm \alpha \,[\%] \text{ of reading} \pm \beta \% \text{ of range}$$

　先の式は，読み（表示値）の $\pm \alpha \,[\%]$ の誤差と，ディジタル化に伴う分解能誤差の和で表されています．分解能は測定量の最小変化の意味です．例えば，200〔mV〕レンジで最大表示が 199.999〔mV〕であったとすると，最小桁の 0.001〔mV〕が分解能です．すなわち，この計器の分解能は 1〔μV〕です．分解能の n 倍の誤差が付け加わることを $\pm n$ digits と表しています．

　例えば，確度が次のようであるとします．

$$\pm (0.0055 \,[\%] \text{ of reading} + 6 \text{ digits})$$

　表示値が 100.000〔mV〕のときの誤差範囲は，

$$\pm \left(100.000 \times \frac{0.0055}{100} + 6 \times 0.001 \right) = \pm 0.0115 \,[\text{mV}]$$

となり，99.9885〔mV〕〜100.0115〔mV〕の範囲内に被測定値があることになります．

　後の式は，読み（表示値）の $\pm \alpha \,[\%]$ の誤差と，測定に用いたレンジの $\pm \beta \%$ の誤差の和で表されています．

Lesson 1 電気計器の種類

練習問題 1

可動コイル形直流電流計 A_1 と可動鉄片形交流電流計 A_2 がある。図1の場合と図2の場合について，A_1 と A_2 の指示〔mA〕を求めよ。ただし，A_1 と A_2 の内部抵抗は無視できるものとする。

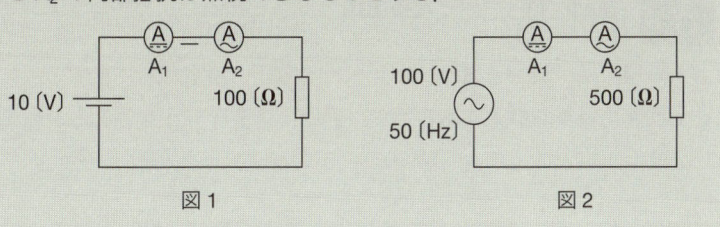

図1: 10〔V〕直流電源，A_1，A_2，100〔Ω〕

図2: 100〔V〕50〔Hz〕交流電源，A_1，A_2，500〔Ω〕

【解答】　図1：$A_1 = 100$〔mA〕，$A_2 = 100$〔mA〕
　　　　　図2：$A_1 = 0$〔mA〕，$A_2 = 200$〔mA〕

【ヒント】　図1の場合：$I = 100$〔mA〕
　　　　　　図2の場合：$I = 200$〔mA〕

練習問題 2

商用周波数の正弦波交流電圧 $v = 100\sqrt{2}\sin\omega t$〔V〕をダイオードで半波整流して，100〔Ω〕の抵抗負荷に供給した。抵抗負荷に流れる電流を熱電形電流計で測定した場合と，可動コイル形電流計で測定した場合のそれぞれの指示値〔mA〕はいくらか。ただし，ダイオードは理想的なものとし，電流計の内部抵抗は無視する。

【解答】　熱電形電流計：$\dfrac{1}{2}I_m = \dfrac{\sqrt{2}}{2} \fallingdotseq 707$〔mA〕，

　　　　　可動コイル形電流計：$\dfrac{1}{\pi}I_m = \dfrac{\sqrt{2}}{\pi} \fallingdotseq 450$〔mA〕

【ヒント】　$i = \dfrac{100\sqrt{2}\sin\omega t}{100} = \sqrt{2}\sin\omega t = I_m\sin\omega t$　（半波間）

第7章 Lesson 2　測定範囲の拡大

STEP 0　事前に知っておくべき事項

- 計器には，流せる電流，加えられる電圧に制限があります．
- 回路に計器を挿入することで，回路に影響を与えないことが必要です．

覚えるべき重要ポイント

- 分流器，倍率器の倍率計算方法
- VT，CT の特徴

STEP 1

　可動コイル形計器は直流専用で，精度の高いものがつくられています．この計器に流せる電流は数十 mA 程度が限界です．計器の測定端子から計器内部を見たときの抵抗またはインピーダンスを計器の内部抵抗または内部インピーダンスといいます．可動コイル形計器自体の内部抵抗は比較的大きいものです．

　回路に計器を挿入することで，回路に影響を与えないためには，電流計の内部抵抗は零に近く，電圧計の内部抵抗は無限大に近いことが必要です．

　可動コイル形計器自体は，mA 計，mV 計として使えますが，測定範囲を拡大しようとすれば，分流器，倍率器を用います．

(1) 分流器

　測定電流を拡大するには，第 7.9 図のように分流器を用います．

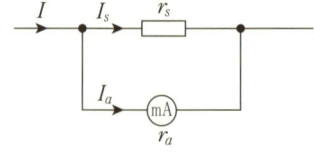

第 7.9 図　分流器

　第 7.9 図の r_s が分流器の抵抗で，r_a が電流計の内部抵抗です．分流計算

から，
$$I_a = \frac{r_s}{r_s + r_a}I = \frac{I}{1 + \frac{r_a}{r_s}}$$
となります．
$$I = \left(1 + \frac{r_a}{r_s}\right)I_a$$

ですから，電流計の目盛を$\left(1 + \frac{r_a}{r_s}\right)$倍に目盛っておけば，大きな電流を直読できます．分流器の倍率 m_a は次のとおりです．
$$m_a = \left(1 + \frac{r_a}{r_s}\right)$$

最大目盛 5〔mA〕，内部抵抗 5〔Ω〕の直流電流計で 50〔A〕を測定しようとすれば，
$$m_a = \frac{50}{5 \times 10^{-3}} = \left(1 + \frac{5}{r_s}\right)$$
とおいて，
$$10 \times 10^3 = 1 + \frac{5}{r_s}$$
$$r_s = \frac{5}{10 \times 10^3 - 1} \fallingdotseq \frac{5}{10 \times 10^3} = 0.5 \times 10^{-3}\ 〔Ω〕$$

となります．分流器の抵抗は 0.5〔mΩ〕と小さい値です．測定電流 I のすべてが分流器に流れていると考えてもよいでしょう．分流器の端子電圧を求めると，
$$r_s I = 0.5 \times 10^{-3} \times 50 = 25\ 〔mV〕$$
となります．最大目盛 5〔mA〕，内部抵抗 5〔Ω〕の直流電流計は，5〔mA〕×5〔Ω〕= 25〔mV〕の直流電圧計といってもよいわけです．すると，分流器の端子電圧を直流 mV 計で測定していると考えることもできます．

分流器はシャントとも呼ばれます．マンガニンの合金板が用いられます．分流器には定格電流と，その電流を流したときの端子電圧が表示されています．例えば，50〔A〕, 60〔mV〕と表示されています．分流器の抵抗は非常に小さいので，回路に挿入しても影響を与えません．

一般の直流電流計では，数十〔A〕までは分流器を計器の中に組み込んでいます．それ以上となると，分流器は外付けとなります．

(2) 倍率器

測定電圧を拡大するには，次の第7.10図のように倍率器を用います．

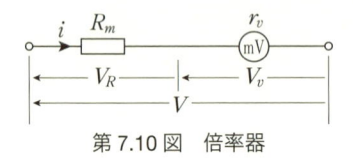

第7.10図　倍率器

内部抵抗 r_v の直流 mV 計に抵抗 R_m の倍率器を直列に接続します．測定電圧を V とすると，

$$i = \frac{V}{r_v + R_m}$$

$$V_v = ir_v = \frac{r_v}{r_v + R_m} V$$

となるので，

$$V = \frac{r_v + R_m}{r_v} V_v = \left(1 + \frac{R_m}{r_v}\right) V_v$$

と表せます．直流 mV 計の目盛を $\left(1 + \dfrac{R_m}{r_v}\right)$ 倍に目盛っておけば，測定電圧を直読できるわけです．倍率器の倍率 m_v は，

$$m_v = 1 + \frac{R_m}{r_v}$$

と表されます．

最大目盛5〔mA〕，内部抵抗5〔Ω〕の直流電流計を15〔V〕の電圧計として使用するには，

$$m_v = \frac{15}{25 \times 10^{-3}} = 1 + \frac{R_m}{5}$$

とおいて，

$$R_m = (m_v - 1)5 = (600 - 1)5$$
$$= 2\,995 \ 〔Ω〕$$

となります．倍率器の抵抗は約3〔kΩ〕と大きな値になります．測定電圧

Vのすべてを倍率器が分担していると考えてもよいでしょう．

このようにして，直流mA計で電圧を測定できるわけです．倍率器はマルチプライヤとも呼ばれます．分流器と同じくマンガニン線が用いられます．倍率器の抵抗は非常に大きいので，回路に挿入しても，回路から取る電流はわずかです．

一般の直流電圧計では，倍率器を計器の中に組み込んでいます．高電圧になると，倍率器は外付けとなります．

なお，分流器や倍率器にマンガニンが用いられるのは，その抵抗温度係数が非常に小さいからです．

分流器や倍率器の抵抗の数値計算では，倍率を直接考えるよりも，計器に流せる電流の制限を守る観点から考えると早く解けます．

練習問題1

内部抵抗 $r_a = 2$ 〔Ω〕，最大目盛 $I_m = 10$ 〔mA〕の可動コイル形電流計を用いて，最大150〔mA〕と最大1〔A〕の直流電流を測定できる図のような多重範囲の電流計をつくりたい．抵抗 R_1〔Ω〕と R_2〔Ω〕の値を求めよ．

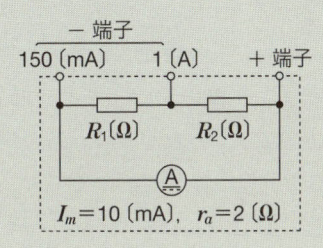

【解答】 $R_1 ≒ 0.1214$ 〔Ω〕, $R_2 = 0.0214$ 〔Ω〕

【ヒント】 $140 \times 10^{-3}(R_1+R_2) = 10 \times 10^{-3} \times 2$

$10 \times 10^{-3}(R_1+2) = 990 \times 10^{-3} R_2$

STEP 2

交流用計器の測定範囲を拡大し，計器を測定回路から絶縁するために計器用変成器が用いられます．電圧の変成に用いるものが計器用変圧器(VT)で，電流の変成に用いるものが計器用変流器（CT）です．

7 電気計測

計器用変圧器の原理は一般の変圧器と同様で，巻数比 a から，一次電圧 V_1 と二次電圧 V_2 の関係は，

$$V_1 = aV_2$$

となります．二次電圧 V_2 を測定して a 倍すれば一次電圧 V_1 が得られます．被測定回路の電圧が 440〔V〕以上では計器用変圧器が用いられます．規格では，V_1 と V_2 が示されています．例えば，6 600/110〔V〕，66 000/110〔V〕のようです．二次定格電圧は規格で 110〔V〕と定められています．一次電圧に応じて，一次巻線の巻数は多くなります．

計器用変流器の一次コイルの巻数を n_1，一次電流を I_1，二次コイルの巻数を n_2，二次電流を I_2 とすると，次のように**等アンペア・ターンの法則**が成り立ちます．

$$n_1 I_1 = n_2 I_2$$

これから，

$$I_1 = \frac{n_2}{n_1} I_2 = \frac{1}{a} I_2 \quad ただし，a = \frac{n_1}{n_2}$$

となります．巻数比 a がわかっていれば，二次電流を測定して一次電流を知ることができます．

n_1 は 1〜数回です．一般的に，巻数比 a よりも，変流比として I_1/I_2 で示されます．例えば，50/5〔A〕，800/5〔A〕のように表されます．I_2 の規格値は 5〔A〕または 1〔A〕です．したがって，二次の巻数は多くなります．高電圧回路用には，それなりの絶縁が施されます．

変流器の注意点は，**二次を開放してはいけない**ことです．二次を開放すると，一次電流のすべてが励磁電流となり，鉄心が飽和して二次に高電圧を発生します．また，鉄心が過熱状態となって焼損することがあります．二次側回路の変更や，測定器具の取外しの際は，二次を短絡しておきます．

練習問題2

平衡三相交流電流 50〔A〕が流れている線路に図1のように 100/5〔A〕の変流器を使用した．電流計Ⓐの指示値はいくらか．また，図2のように接続を変更した場合の指示値はいくらか．

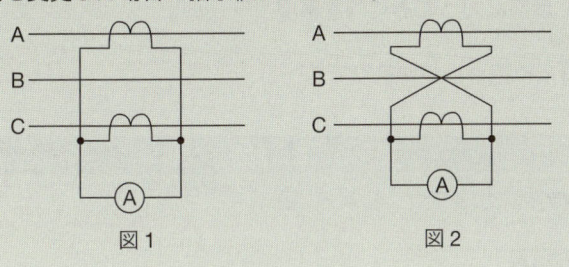

図1　　　　　　　　図2

【解答】　図1：2.5〔A〕，図2：4.33〔A〕
【ヒント】

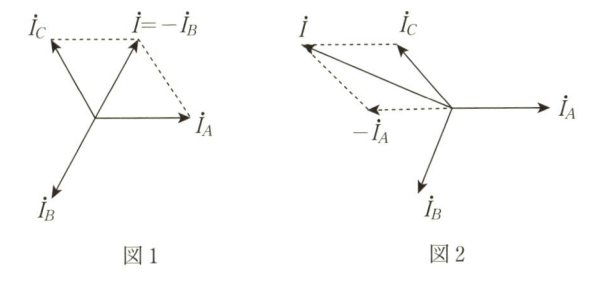

図1　　　　　　　　図2

第7章 Lesson 3 直流電力の測定

STEP 0 事前に知っておくべき事項

- 計器には内部抵抗があります．

覚えるべき重要ポイント

- 計器の接続方法で生じる誤差の計算

STEP 1

電力計による直接測定と，電圧計・電流計による間接測定があります．

(1) 電圧・電流計法

間接測定の代表的なものです．第7.11図に示す2種類の接続が考えられます．

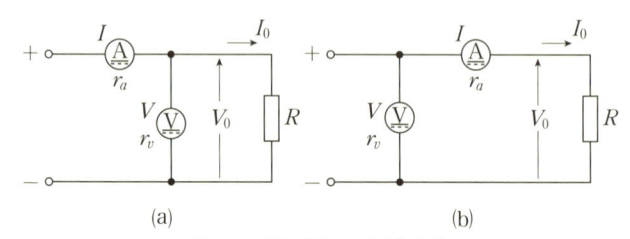

第7.11図 電圧・電流計法

電圧計の内部抵抗を r_v，指示値を V とします．また，電流計の内部抵抗を r_a，指示値を I とします．負荷電力 P を次式で計算すると，誤差を含みます．

$$P = VI$$

正しい負荷電力は，

$$P = V_0 I_0$$

です．第7.11図(a)の接続では，

$$VI = V_0 \left(I_0 + \frac{V_0}{r_v}\right) = V_0 I_0 + \frac{V_0^2}{r_v} = V_0 I_0 \left(1 + \frac{1}{r_v} \cdot \frac{V_0}{I_0}\right)$$

$$= V_0 I_0 \left(1 + \frac{R}{r_v}\right)$$

となって，電圧計の損失電力 $\frac{V_0^2}{r_v}$ を含みます．

第 7.11 図(b)の接続では，

$$VI = (V_0 + r_a I_0) I_0 = V_0 I_0 + r_a I_0^2 = V_0 I_0 \left(1 + r_a \cdot \frac{I_0}{V_0}\right)$$

$$= V_0 I_0 \left(1 + \frac{r_a}{R}\right)$$

となって，電流計の損失電力 $r_a I_0^2$ を含みます．

計器の損失は比較的少ないので，一般的に $P = VI$ として求めます．

負荷抵抗 R が大きければ図(b)の接続の誤差が少なくなり，負荷抵抗 R が小さければ図(a)の接続の誤差が少なくなります．

(2) 直接測定

直流の電力計としては電流力計形電力計が用いられます．この場合にも，電圧コイルの接続方法で誤差が変わります．

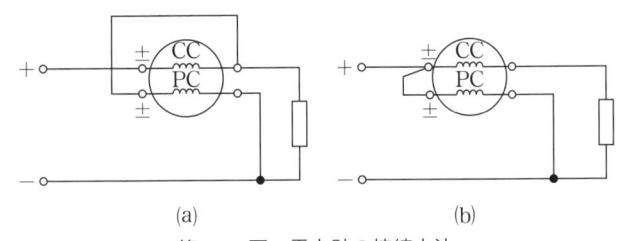

第 7.12 図　電力計の接続方法

第 7.12 図の電力計の CC は電流コイル，PC は電圧コイルを示しています．図(a)のように，電圧コイルを電流コイルの後に接続すると，電圧コイルの損失が誤差として含まれます．図(b)の接続では，電流コイルの損失が誤差として含まれます．

負荷電流が大きい場合は図(a)の接続，負荷電流が小さい場合は図(b)の接続を用いると誤差を少なくできます．

練習問題1

図のような回路において，端子 a, b 間の電圧を測定したい．そのとき，電圧計の内部抵抗 R が無限大でないことによって誤差が生じる．測定の誤差率を 2 〔%〕以内とするためには，内部抵抗 R 〔kΩ〕の最小値はいくらにすればよいか．

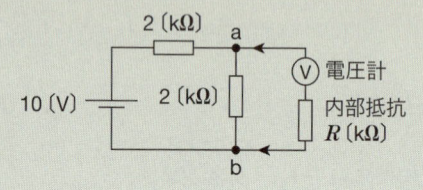

【解答】 $R > 49$ 〔kΩ〕

【ヒント】 真値 $V_0 = 5$ 〔V〕, 電圧計の測定値 $V = \dfrac{5R}{1+R}$

誤差率 $\varepsilon = \dfrac{-1}{1+R} \times 100$ 〔%〕, $|\varepsilon| < 2$

練習問題2

第 7.11 図において，$r_v = 10$ 〔kΩ〕, $r_a = 2$ 〔Ω〕, $R = 160$ 〔Ω〕とする．電力測定の誤差率を小さくするのは，図(a)か図(b)の接続のいずれか．

【解答】 第 7.11 図(b)

【ヒント】 測定回路の電源電圧を E とする．

第 7.11 図(a)において，$V_0 \fallingdotseq 0.9875E$,

誤差となる損失 $\dfrac{V_0^2}{r_v} \fallingdotseq 9.75 \times 10^{-5} E^2$

第 7.11 図(b)において，$I_0 = \dfrac{E}{162}$

誤差となる損失 $r_a I_0^2 \fallingdotseq 7.62 \times 10^{-5} E^2$

したがって，第 7.11 図(b)の接続の誤差率が小さい．

第7章 Lesson 4 単相交流の電力測定

覚えるべき重要ポイント

- 三電圧計法の計算
- 三電流計法の計算
- 電力計の接続方法

STEP 1

(1) 三電圧計法

三電圧計法は第7.13図のように電圧計3台と，値のわかっている無誘導の低抵抗1個で測定する方法です．負荷は誘導負荷で，負荷の力率角を θ とします．

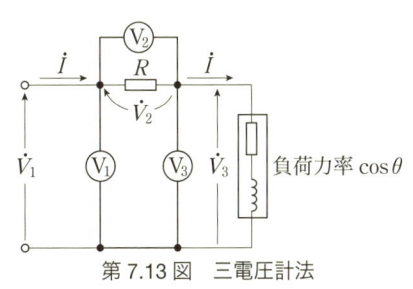

第7.13図　三電圧計法

電流 $\dot{I}$ を基準ベクトルとし，$\dot{V}_1$ より ϕ だけ遅れているとしてベクトル図を描きます（第7.14図）．回路図より，次式が成り立ちます．

$$\dot{V}_1 = \dot{V}_2 + \dot{V}_3$$

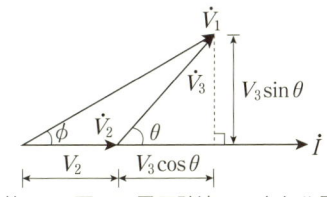

第7.14図　三電圧計法のベクトル図

負荷電力は，次のようになります．

$$P = V_3 I \cos\theta$$

V_3 は電圧計の指示値でわかります．また，$I = \dfrac{V_2}{R}$ とわかります．$\cos\theta$ は次のようにして求めます．三平方の定理から，
$$V_1^2 = (V_2 + V_3\cos\theta)^2 + (V_3\sin\theta)^2$$
として，右辺を展開整理すると，
$$V_1^2 = V_2^2 + 2V_2V_3\cos\theta + V_3^2\cos^2\theta + V_3^2\sin^2\theta$$
$$= V_2^2 + 2V_2V_3\cos\theta + V_3^2$$
となります．
$$\cos\theta = \frac{V_1^2 - V_2^2 - V_3^2}{2V_2V_3}$$
となります．電力は次のようになります．
$$P = V_3 I\cos\theta = V_3 \times \frac{V_2}{R} \times \frac{V_1^2 - V_2^2 - V_3^2}{2V_2V_3}$$
$$= \frac{1}{2R}(V_1^2 - V_2^2 - V_3^2)$$

(2) **三電流計法**

三電流計法は第 7.15 図のように電流計 3 台と，値のわかっている無誘導の高抵抗 1 個で測定する方法です．電流計の内部インピーダンスは非常に小さいとします．

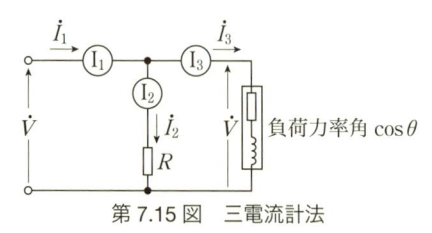

第 7.15 図　三電流計法

次式が成り立ちます．
$$\dot{I}_1 = \dot{I}_2 + \dot{I}_3$$
ベクトル図は次の第 7.16 図のようになります．

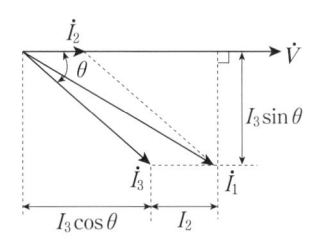

第7.16図　三電流計法のベクトル図

第7.16図より，
$$I_1^2 = (I_2 + I_3\cos\theta)^2 + (I_3\sin\theta)^2$$
これを展開整理すると次のようになります．
$$I_1^2 = I_2^2 + 2I_2I_3\cos\theta + I_3^2$$
これから力率を求めます．
$$\cos\theta = \frac{I_1^2 - I_2^2 - I_3^2}{2I_2I_3}$$
となります．電力は次のようになります．
$$P = VI_3\cos\theta = RI_2 \times I_3 \times \frac{I_1^2 - I_2^2 - I_3^2}{2I_2I_3}$$
$$= \frac{R}{2}(I_1^2 - I_2^2 - I_3^2)$$

(3) 電力計による測定

単相電力計による直接測定に用いるのは，電流力計形電力計です．第7.17図の電力計のCCは電流コイル，PCは電圧コイルを示しています．

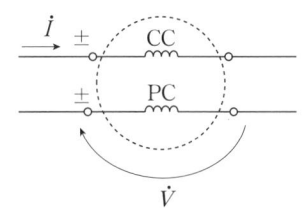

第7.17図　電力計のコイル端子

コイル端子の±符号は基準端子を示しています．電流コイルの±端子から電流$\dot{I}$が流入し，電圧コイルの±端子に図示の向きの電圧$\dot{V}$を加えると，両コイルに流れる電流の向きは一致します．この状態で，$\dot{V}$と$\dot{I}$の位相差が

θ であれば，$VI\cos\theta$ を指示するようにつくられています．

交流の電力測定においても，第7.12図の直流の測定と同じく，電圧コイルの接続方法には2種類あります．

練習問題 1

図の回路における全消費電力を求めよ．

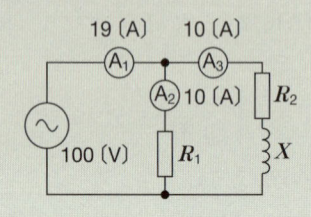

【解答】　1 805〔W〕

【ヒント】　$R_1 = \dfrac{100}{10} = 10$〔Ω〕

$$R_2 \text{の消費電力} P_2 = \dfrac{10}{2}(19^2 - 10^2 - 10^2)$$

$$= 805 \text{〔W〕}$$

全消費電力 $P = 10 \times 10^2 + P_2$

第7章 Lesson 5 三相交流の電力測定

覚えるべき重要ポイント

- 三相のベクトル図から二電力計法の電力計算ができること．

STEP 1

n 相交流の電力測定は，$(n-1)$ 個の単相電力計によって測定できるというブロンデルの定理があります．三相の電力は2台の単相電力計で測定できます．2台の単相電力計の指示が W_1 と W_2 であれば，三相電力 P は，

$$P = W_1 + W_2$$

となるというものです．

実際には，三相電力の測定には三相電力計を用い，三相の積算電力量の測定には三相積算電力量計を用います．しかし，これらの計器の中身は，単相の測定素子が2組入っているのです．

二電力計法の原理は次のようになります．

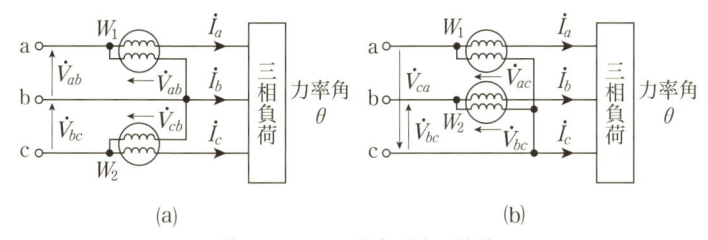

(a)　　　　　　　　　　(b)

第7.18図　二電力計法の接続

第7.18図には一般的な接続を示しました．電力計の ± 記号を省略しています．第7.18図(a)の接続で計算の手順を説明します．負荷の力率角を θ とします．

① 電力計の電圧入力と電流入力を把握します．W_1 は $\dot{V}_{ab}$ と $\dot{I}_a$ です．W_2 は $\dot{V}_{cb}$ と $\dot{I}_c$ です．

② 上記の入力の位相関係を調べるために第7.19図のようにベクトル図を描きます．このとき，相電圧から描きはじめます．

③ 各電力計の電圧入力と電流入力の位相差を読み取ります．

W_1 の $\dot{V}_{ab}$ と $\dot{I}_a$ の位相差は $(30+\theta)$ 〔°〕
です．
W_2 の $\dot{V}_{cb}$ と $\dot{I}_c$ の位相差は $(30-\theta)$ 〔°〕
です．

④ 電力計算を行います．
$$W_1 = V_{ab}I_a\cos(30+\theta)$$
$$W_2 = V_{cb}I_c\cos(30-\theta)$$

$V_{ab} = V_{cb} = V,\ I_a = I_c = I$ とおいて簡単化すると，
$$W_1 = VI\cos(30+\theta)$$
$$W_2 = VI\cos(30-\theta)$$

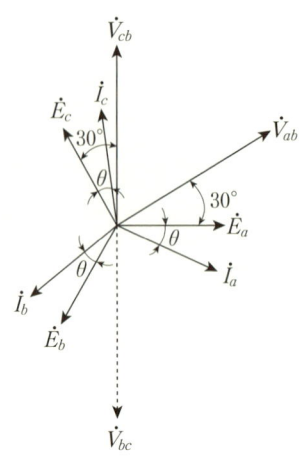

第7.19図 三相ベクトル図

となります．

ここで，注意すべきことがあります．cos の値は，90〔°〕でゼロになり，90〔°〕を越えると負の値になります．負荷の力率角 $\theta > 60$〔°〕となると，W_1 の $\cos(30+\theta) < 0$ となって，電力計 W_1 は逆振れとなって指示を読み取れません．この場合は，電圧入力の接続を振り替えるか，電力計の電圧コイルの極性切換スイッチを切り換えて正に振らせて指示を読み取ります．なお，負荷の力率角 $\theta > 60$〔°〕というのは，力率が 50〔％〕以下の遅れ力率の場合です．

$$P = W_1 + W_2 = VI\{\cos(30+\theta) + \cos(30-\theta)\}$$

ここで，公式
$$\cos(\alpha \pm \beta) = \cos\alpha\cos\beta \mp \sin\alpha\sin\beta$$
を用いて整理すると，
$$P = W_1 + W_2 = \sqrt{3}\,VI\cos\theta$$
となります．

ここでは，平衡三相負荷として説明していますが，二電力計法は不平衡負荷においても成り立ちます．

> **練習問題 1**
>
> 図のような接続において、スイッチSを①にしたときの電力計Wの指示は500〔W〕で、スイッチSを②にしたときは1 000〔W〕を指示した。負荷力率はいくらか。
>

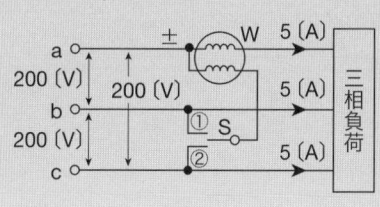

【解答】　0.866

【ヒント】　電力 $P = 500 + 1\,000 = \sqrt{3} \times 200 \times 5 \times \cos\theta$〔W〕

STEP 2

第7.18図(a)では、

$$W_1 = VI\cos(30+\theta)$$
$$W_2 = VI\cos(30-\theta)$$

でした。ここで、次の演算を行ってみます。

$$W_2 - W_1 = VI\{\cos(30-\theta) - \cos(30+\theta)\}$$
$$= VI\sin\theta$$

となります。無効電力 $Q = \sqrt{3}\,VI\sin\theta$ ですから、

$$Q = \sqrt{3}\,(W_2 - W_1)$$

として求めることができます。

なお、第7.18図(b)では、

$$Q = \sqrt{3}\,(W_1 - W_2)$$

として求めます。

> **練習問題 2**
>
> 前問の電力計の指示値から、無効電力を求めよ。

【解答】　866〔var〕

【ヒント】　無効電力 $Q = \sqrt{3}\,(W_2 - W_1) = \sqrt{3}\,(1\,000 - 500)$

第7章 Lesson 6 交流電力量の測定

覚えるべき重要ポイント

- 誘導形電力量形の構成と原理
- 計器定数の意味
- パルス定数の意味
- 合成比

STEP 1

使用電力量は電気料金の計算にも必要なので，精度の高い測定が必要です．これには電力量計が用いられています．古くから用いられてきた誘導形電力量計と，最近多くなっている電子式電力量計があります．最近では，電子式で，多機能化を図った複合計器も多用いられています．

次の第7.20図は，誘導形電力量計の構成を示しています．

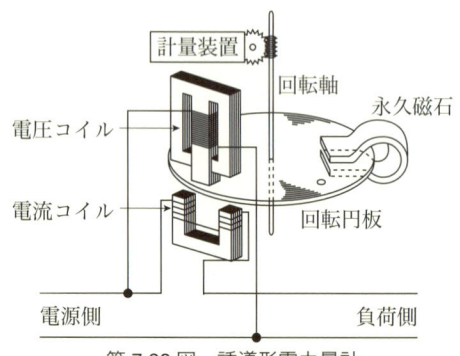

第7.20図　誘導形電力量計

この計器は，電圧コイルと電流コイルのつくる移動磁界とアルミニウム円板（回転子円板）の渦電流との間で駆動トルクを生じます．電圧 E，電流 I，位相差 θ とすると，駆動トルク τ_1 は次式のようになります．

$$\tau_1 = k_1 EI\cos\theta \qquad k_1：比例定数$$

円板が回転して，永久磁石の磁界を切ると，回転数に比例した渦電流が発生します．この渦電流と永久磁石の磁界の間で制動トルクを発生します．永久磁石の磁束密度 B，円板の回転数 n とすると，制動トルク τ_2 は次式のよ

うになります．

$$\tau_2 = k_2 Bn \qquad k_2：比例定数$$

$\tau_1 = \tau_2$ となる平衡状態で円板が回転するので，

$$k_1 EI\cos\theta = k_2 Bn$$
$$n = k_3 EI\cos\theta$$
$$k_3 = \frac{k_1}{k_2 B}$$

となります．この回転数を計量装置で積算すれば，ある時間内の電力量を知ることができます．

誘導形電力量計は構造が堅牢で寿命が長く，精度も比較的よいので交流用電力量計として広く用いられます．

二電力計法を応用して三相電力量計がつくられます．単相電力量計の素子を2個用い，一本の軸に二つの円板を取り付け，それぞれを単相素子で駆動します．

誘導形電力量計は，計量装置を用いて数字で積算値を表すようになっています．誤差がないとした場合の，1〔kW・h〕当たりの円板の回転数を計器定数といいます．例えば，1 000〔rev/kW・h〕というように表示します．rev は回転（revolution）を略したものです．

いま，円板が N 回転するのに T〔s〕を要したとします．

1時間当たりの回転数は，$N \times \dfrac{3\,600}{T}$ となります．

1時間当たりの回転数を計器定数 K_m で除した値が1時間の電力量 W です．

$$W = \frac{N \times \dfrac{3\,600}{T}}{K_m} \text{〔kW・h〕}$$

電力量 W〔kW・h〕は，電力 P〔kW〕と時間 H〔h〕の積です．

$$\frac{N \times \dfrac{3\,600}{T}}{K_m} = P \times H$$

ここで，$H = 1$ としていますから，

$$P = \frac{3\,600N}{K_m T} \text{ (kW)}$$

となります．N 回転と T 〔s〕から電力を知ることができます．厳密には，T 〔s〕間の平均電力を求めたわけです．

逆に一定電力 P 〔kW〕を負荷しておいて，円板が N 回転するのに要する時間 T 〔s〕を求めると，電力量計に誤差がないものとすると，

$$T = \frac{3\,600N}{PK_m} \text{ (s)}$$

となります．

電力量計の多くは，パルス発信装置を内蔵しています．これを用いて最大需要電力計（デマンド・メータ）の表示を行わせ，電力量の遠隔表示を行わせたりします．1〔kW・h〕当たりのパルスの発信数をパルス定数といいます．例えば，9 000〔pulse/kW・h〕というように表示します．電子式の複合計器では 50 000〔pulse/kW・h〕などが用いられています．

パルス数 p をカウントするのに t 〔s〕を要したとすると，パルス定数 K_p を使って，

$$P = \frac{3\,600p}{K_p t} \text{ (kW)}$$

として，電力 P を知ることができます．

計器定数やパルス定数は電力量計単体のものです．使用電力が大きい場合，高圧以上の回路の場合は，計器用変成器の二次側で計量します．この場合には，計器用変成器の変成比を乗率として掛けることになります．

計器用変成器の合成比 ＝（VT の変成比）×（CT の変成比）

となります．

例えば，VT：6 600/110〔V〕，CT：200/5〔A〕の場合，

$$\text{合成比} = \frac{6\,600}{110} \times \frac{200}{5} = 2\,400$$

となります．二次側で計量した電力量を合成比倍したものが一次側に換算した電力量です．

練習問題 1

　三相交流回路に接続されている電力量計の回転子円板の回転速度を測ったところ，20回転するのに16秒を要した．この回路の電力はいくらか．ただし，計器定数を1 000〔rev/kW・h〕とする．

【解答】　4.5〔kW〕

【ヒント】　$P=\dfrac{\dfrac{3\,600}{T}\times N}{K_m}=\dfrac{\dfrac{3\,600}{16}\times 20}{1\,000}$　　K_m：計器定数

STEP 2

電力量計の誤差試験には次の方法があります．

指示電力計法（ストップウオッチ法）

　指示電力計法は，試験負荷に標準電力計と被試験電力量計を接続し，標準電力計で負荷を一定P〔W〕に調整しておいて，被試験電力量計の円板がN回転するのに要する時間t〔s〕を測定します．ここでは電力の単位を〔W〕にとっています．

　計器定数K_mから算出される時間T〔s〕は次のようになります．

$$T=\frac{3\,600\times 1\,000\times N}{PK_m}〔\mathrm{s}〕$$

誤差は次のように計算されます．

$$\varepsilon=\frac{T-t}{t}\times 100-\alpha〔\%〕\quad \alpha：標準電力計の補正率〔\%〕$$

　このほかに，回転標準器法，マスターメータ法などもあります．いずれにしても，実負荷を必要とし，かつ，精密に調整しなくてはなりません．この欠点を改良した方法が虚負荷法です．

　虚負荷法では，電力量計の電圧素子と電流素子のそれぞれに，別々の電源装置から電圧・電流を供給して試験する方法です．両者の位相も可変できるようにしておけば，任意の力率で試験できます．電力量計の端子箱に素子ごとの試験用端子が設けられているのは，このためです．

7 電気計測

練習問題2

100〔V〕，10〔A〕の単相電力量計を定格電圧，定格電流，力率0.5 で試験した．円板が10回転するのに29秒を要した．計器定数を 2 400〔rev/kW・h〕とすると，誤差〔%〕はいくらか．

【解答】 3.45〔%〕

【ヒント】 $T = \dfrac{3\,600 \times 1\,000 \times 10}{100 \times 10 \times 0.5 \times 2\,400}$

$\varepsilon = \dfrac{30-29}{29} \times 100$

第7章 Lesson 7 直流電位差計

覚えるべき重要ポイント

- 零位法とは
- 直流電位差計の測定原理

STEP 1

現在は，SI単位系（国際単位系）が採用されています．電圧，電流，抵抗などの測定に際し，SIの基本単位の定義にまでさかのぼって単位を決めるのは，実際的には困難です．

実用上は，製造販売されている電気標準器を用いて測定の基準とします．もちろん，電気標準器はトレーサビリティーが取れています．電気標準器には次の種類があります．

　　　標準抵抗器，標準電池，標準電圧発生器，標準電流発生器，
　　　標準コンデンサ，標準自己インダクタンス，
　　　標準相互インダクタンス

すでに学んだブリッジ測定法では，これらの標準器を用いて，被測定値が標準量の何倍かを測定しているのです．あるいは，標準器で校正された既知の値を持った素子を用い，被測定値がその何倍かを測定しているのです．

例えば，直流電圧を測定するのに際し，可動コイル形直流電圧計を用いるとします．このように，指針の振れから値を読み取る方法を偏位法（へんいほう）といいます．最も一般的に用いられている方法です．電圧降下法による抵抗測定では，電圧計と電流計の振れから抵抗を測定しているので，これも偏位法による測定です．偏位法では，測定しようとする回路から電流を取るので，誤差を含みます．

標準器または既知の値と，測定しようとする値との平衡を取って，検出器に流れる電流が零となるようにして測定する方法を零位法（れいいほう）といいます．検出器には検流計，受話器などが用いられます．

検流計自体は，指針を持っていますが，指針の振れを読み取る目的で使用するのではなく，指針が振れなくなる平衡点を探る目的で用いられています．

7 電気計測

平衡点では検流器は電流を取りません．

零位法は精度の高い測定法ですが，測定装置は複雑になります．

直流電位差計は，標準電池または標準電圧発生器を用いて，未知の電位差を零位法で測定する装置です．

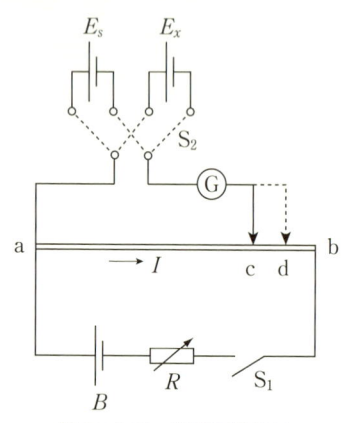

第 7.21 図　直流電位差計

第 7.21 図の a，b 間は滑り抵抗器です．最初に電池 B によって電流を流しておきます．スイッチ S_2 を標準電池 E_s にしておいて，抵抗線 ac 間の電圧降下 $R_{ac}I$ と E_s が等しくなる（検流計 G が振れなくなる）ように R を加減して I を調整します．

$$R_{ac}I = E_s$$

次に I を不変としてスイッチ S_2 を未知の電位差 E_x に切り換えます．検流計 G が振れなくなる点 d まで抵抗線の位置を変えます．

$$R_{ad}I = E_x$$

この 2 式から，

$$E_x = \frac{R_{ad}}{R_{ac}} E_s$$

となります．

実際には，ダイヤル式抵抗器が用いられ，電圧で目盛って被測定電圧を直読できるようになっています．

練習問題 1

第7.21図において, $R_{ac}=2.4$ 〔Ω〕, $R_{ad}=3.02$ 〔Ω〕, $E_s=1.09$ 〔V〕であった. 未知の電位差 E_x はいくらか.

【解答】 $E_x = 1.37$ 〔V〕

【ヒント】 $E_x = \dfrac{R_{ad}}{R_{ac}} E_s$

第7章 8 Lesson オシロスコープ

STEP 0 事前に知っておくべき事項

- 電子は電界によって向きを変えられます（第9章で説明します）

覚えるべき重要ポイント

- 垂直偏向電極には入力信号を加えます
- 水平偏向電極には，掃引信号を加えます
- 入力信号と掃引信号の同期がとれると，静止波形が観測されます
- リサジュー図形の描き方

STEP 1

波形観測用としてオシロスコープはなくてはならない測定器です．最初につくられたのはブラウン管オシロスコープです．波形の表示に陰極線管（CRT）を用いています．その後，多くの改良が加えられてきました．最近では，利便性のよいディジタル式オシロスコープも普及しています．

第7.22図にはCRTオシロスコープの構造を示しています．

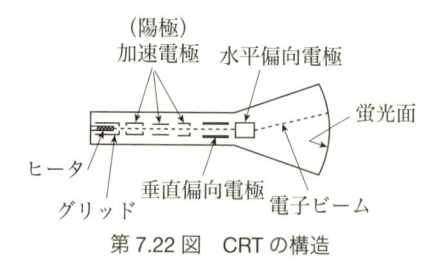

第7.22図　CRTの構造

ヒータから加速電極までの部分を電子銃と呼びます．加速電極の中央には穴があり，電子レンズの役目も果たします．電子銃から出た電子ビームは垂直偏向電極間で垂直方向（Y軸方向）に向きを変えられ，さらに，水平偏向電極間で水平方向（X軸方向）に向きを変えられて蛍光面に当たって輝点となって発光します．

偏向の方法としては，電磁偏向と静電偏向の二つがありますが，オシロスコープには静電偏向が採用されています．垂直偏向信号と水平偏向信号がゼロであれば，X-Y軸の原点で発光します．

例えば，正弦波を観測しようとすると，正弦波を垂直偏向信号として加えます．このままでは，正負の振幅幅の長さにY軸上に輝点が移動するだけなので，振幅幅の長さの直線が見えるだけです．

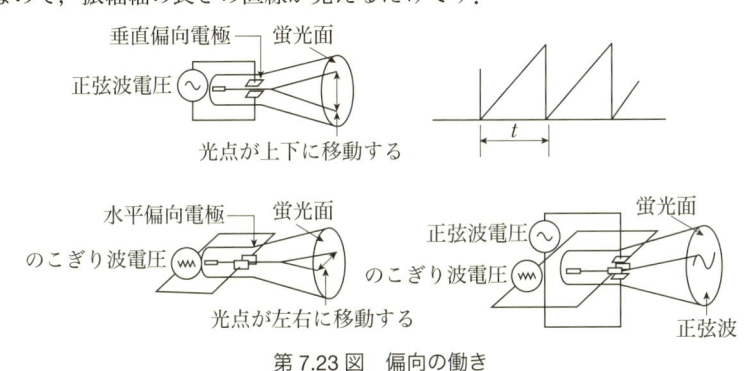

第7.23図　偏向の働き

次に，水平偏向信号として，のこぎり波を加えます（第7.23図参照）．時間 t の変化に対し直線状に電圧が上昇する信号です．電圧ゼロでX軸の左端，最大電圧でX軸の右端に偏向されるとします．最大電圧まで上昇した後は，瞬時にゼロに戻ります．こののこぎり波は掃引信号とも呼ばれます．

垂直偏向信号と水平偏向信号が同時に加わり，のこぎり波の周期 t が正弦波の周期 T に一致すると，画面全体に正弦波の1サイクル分が表示されます．ただし，問題は，正弦波がゼロレベルから正に立ち上がろうとする瞬間に，のこぎり波もゼロから上昇をはじめないと，うまく1サイクル分が描けないことです．

一般的に，内部トリガという機能を利用すると，このタイミングは自動的に調整されます．これは，垂直増幅器の途中から信号を取り出し，入力信号のある決まった点でトリガパルスを発生させ，このパルス信号で掃引を開始します．こうして静止波形が描かれている状態を，入力信号と掃引信号の同期がとれたといいます．単に同期がとれたともいいます．同期がとれていないと，正弦波形は少しずつ移動して見づらいものになります．

掃引信号の周期 t は掃引時間とも呼ばれます．これを，正弦波の周期 T

7 電気計測

の2倍にすれば，画面に2サイクル分の波形を描かせることができます．以下同様にして，掃引時間を調整すると何サイクル分でも表示できます．つまり，垂直偏向信号の周波数と水平偏向信号の繰返し周波数との比が整数であれば静止波形となります．

オシロスコープの構成を図にすると次の第7.24図のようになります．

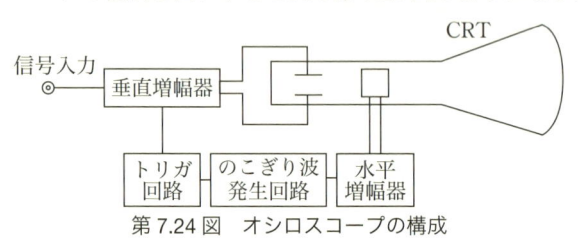

第7.24図　オシロスコープの構成

練習問題1

　垂直偏向電極のみに，正弦波電圧を加えた場合は，蛍光面に ［(ア)］ のような波形が現れる．また，水平偏向電極のみにのこぎり波を加えた場合は，蛍光面に ［(イ)］ のような波形が現れる．また，これらの電圧をそれぞれの電極に加えると，蛍光面に ［(ウ)］ のような波形が現れる．
　上記の空白箇所(ア)，(イ)および(ウ)に当てはまる図を次から選べ．

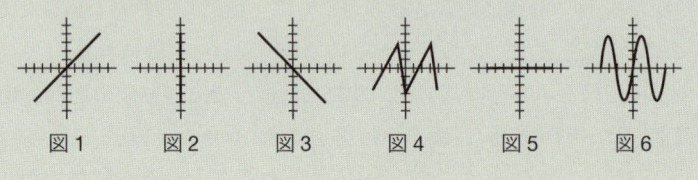

図1　図2　図3　図4　図5　図6

【解答】　(ア) − 図2，(イ) − 図5，(ウ) − 図6

Lesson 8 オシロスコープ

練習問題2

正弦波電圧 v_a および v_b を 2 現象オシロスコープで観測したところ，蛍光面に図示のような電圧波形が現れた．同図から，v_a の実効値は ア (V)，v_b の周波数は イ (kHz)，v_a の周期は ウ (ms)，v_a と v_b の位相差は エ (rad) であることがわかった．ただし，オシロスコープの垂直感度は 0.1〔V/div〕，掃引時間は 0.2〔ms/div〕とする．

上記の空白箇所(ア)，(イ)，(ウ)および(エ)に当てはまる数値を入れよ．

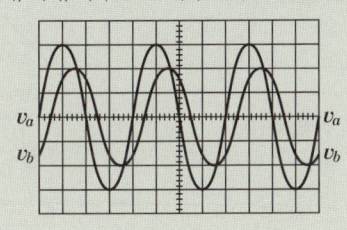

【解答】 (ア) — (0.212)，(イ) — (1.25)，(ウ) — (0.8)，(エ) — $\left(\dfrac{\pi}{4}\right)$

【ヒント】 問題の div は，1目盛（division）を表しています．

STEP 2

のこぎり波の掃引信号はオシロスコープ内部でつくられています．普通は，外部からも水平偏向信号を加えることができるように，水平偏向入力端子も設けられています．この端子を使って，垂直および水平の両入力端子に正弦波電圧 e_y および e_x を加えると，両者の周波数 f_y および f_x の比が簡単な整数ならば静止図形が現れます．

この図形をリサジューの図形と呼んでいます．これは，位相差の測定や周波数の測定に応用されます．

最も単純な例を二つ説明します．

$e_y = V_m \sin \omega t = e_x$ とします．すなわち，垂直軸と水平軸に同一の正弦波を入力した場合です．座標表示では次のようになります．

$$y = x$$

したがって，図形は次の第7.2表の(3)のようになります．

第 7.2 表 リサジュー図形の例 ($e_v=e_y$, $e_h=e_x$)

(1)	$e_v = V_m \sin\left(\omega t - \dfrac{\pi}{2}\right)$ $e_h = V_m \sin \omega t$	
(2)	$e_v = 0$ $e_h = V_m \sin \omega t$	
(3)	$e_v = V_m \sin \omega t$ $e_h = V_m \sin \omega t$	
(4)	$e_v = V_m \sin \omega t$ $e_h = 0$	
(5)	$e_v = V_m \sin\left(\omega t - \dfrac{\pi}{4}\right)$ $e_h = V_m \sin \omega t$	

次に,$e_y = V_m \sin\left(\omega t - \dfrac{\pi}{2}\right)$,$e_x = V_m \sin \omega t$ としてみます.e_y が e_x より $\pi/2$ 遅れている場合です.座標表示では次のようになります.

$$y = V_m \sin\left(\omega t - \dfrac{\pi}{2}\right) = -V_m \cos \omega t$$

$$x = V_m \sin \omega t$$

この二つの式から ωt を消去します.

$$x^2 + y^2 = V_m^2 \sin^2 \omega t + V_m^2 \cos^2 \omega t$$
$$= V_m^2$$

したがって,半径 V_m の円となって,(1)のような図形を描きます.

練習問題3

同じ大きさの二つの正弦波交流を垂直入力端子と水平入力端子に加えたところ,リサジュー図形は円形となった.二つの交流の位相差はいくらか.

【解答】 $\pi/2$

STEP 3　総合問題

【問題1】 6〔Ω〕の抵抗に，図示のような電流を流している．電流計に可動コイル形電流計を用いた場合，その指示値は $\dfrac{8}{\sqrt{2}}$〔A〕であった．次の問に答えよ．

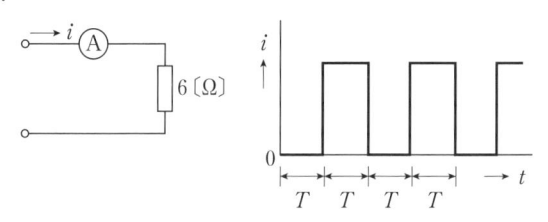

(a) 抵抗における消費電力〔W〕はいくらか．
(b) 電流計を熱電形電流計に取り換えると，その指示値〔A〕はいくらになるか．

【問題2】 最大目盛1〔mA〕，内部抵抗390〔Ω〕の直流電流計がある．図のようにして，スイッチSを切り換えて，Aで100〔mA〕，Vで5〔V〕までを測定する電圧・電流計とする．抵抗 R_1 および R_2 の値を求めよ．

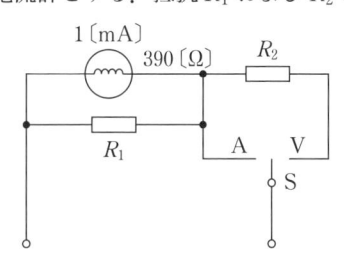

【問題3】 $R = 100$〔Ω〕の無誘導抵抗と電流計3台を図のように接続して誘導性負荷の電力を測定しようとする．Ⓐ₁，Ⓐ₂およびⒶ₃の指示値は，それぞれ，15.0〔A〕，15.75〔A〕および1.20〔A〕であった．負荷電力〔W〕と負荷の力率を求めよ．

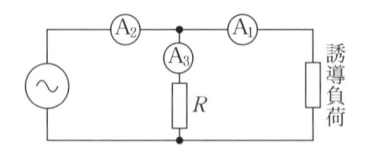

【問題4】 単相電力計2台を図1のように接続して，平衡三相負荷の電力を測定したところ，一方の指示が零で，他方が1.12〔kW〕を指示した．次の問に答えよ．ただし，相順はa, b, cとする．

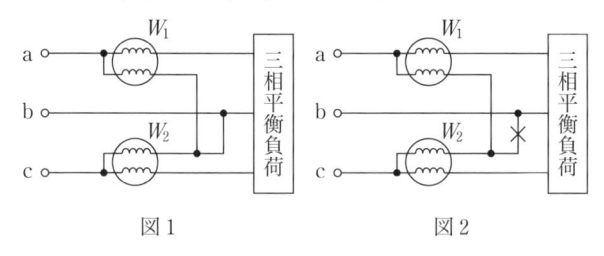

図1　　　　　　図2

(a) 三相負荷の電力〔kW〕はいくらか．
(b) 誤って，図2の×印の点を切断した．W_1とW_2の指示はどうなるか．

【問題5】 図のように，計器用変成器の二次側で電力量を計量している．計器用変成器の変成比は次のとおりである．

　　　　VT：6 600/110〔V〕，CT：200/5〔A〕

1分間のパルス数を測ったところ，625パルスであった．ただし，電力量計のパルス定数は50 000〔pulse/kW・h〕である．次の問に答えよ．

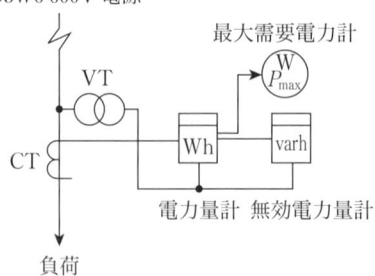

(a) 計器用変成器の二次側における電力〔kW〕はいくらか．

(b) 計器用変成器の一次側における電力〔kW〕はいくらか．

【問題6】 次の文章はオシロスコープに関するものである．空白箇所に適当な語句を入れよ．

　オシロスコープは波形の表示に ア を用いている． イ 偏向板に一定速度で上昇する電圧を加えると左から右へと輝点を移動させることができる．これを ウ という． エ 偏向板に観測しようとする電圧信号を加える．両者の間に一定の時間的な関係を持たせて オ をとると，静止した波形が現れる．

第8章
電子回路

第8章 Lesson 1 半導体

STEP 0 事前に知っておくべき事項

- 電気伝導の面からは，不導体，半導体，導体の3種類に区別されます．

覚えるべき重要ポイント

- 半導体の素材はシリコン（Si）で，これは4価の元素です．
- 真性半導体に3価または5価の微量の不純物を添加して不純物半導体がつくられます．
- p形半導体は3価の元素を添加したもので，正孔（ホール）が多数キャリヤとなります．添加した3価の元素をアクセプタといいます．
- n形半導体は5価の元素を添加したもので，電子が多数キャリヤとなります．添加した5価の元素をドナーといいます．
- 半導体の性質はエネルギーバンドから理解できます．

STEP 1

物体を電気伝導の面から分類すると，不導体，半導体，導体の3種類に区別されます．いくつかの物体の抵抗率〔Ω・m〕は次の第8.1表のとおりです．

第8.1表

物体	硫黄	ガラス	シリコン	ゲルマニウム	炭素	銅
〔Ω・m〕	10^{15}	10^{12}	640	0.46	3.5×10^{-5}	1.7×10^{-8}

不導体の抵抗率は 10^7〔Ω・m〕以上，導体の抵抗率は 10^{-4}〔Ω・m〕以下で，この中間が半導体です．しかし，この線引きは確たるものではありません．

このような導電性の違いは，原子核と電子の配列に関係します．

周知のとおり，原子は中心に原子核があり，その周りに多層の電子軌道があります．一番外側の層（殻）の電子を最外殻電子または価電子と呼び，その数を電子価といいます．原子がいくつか集まって分子を構成し，気体，液体，固体になります．

ガラス，セラミック，プラスチック，油などの不導体は最外殻電子と原子核の結びつきが強く，どの電子も原子核に束縛されて自由電子が存在しません．外部から電界を加えても電気伝導を生じません．これらは絶縁物として使われています．

　一方，金属などの導体は，最外殻電子と原子核の結びつきが弱く，常温でも自由電子が存在して原子の集団の中でランダムに動きまわっています．外部から電界を加えると，自由電子は電界の向きと逆向きに移動し，電気伝導の性質を表します．

　シリコン，ゲルマニウム（Ge）などは半導体と呼ばれます．

　第8.1図はシリコンの原子モデルです．中央の○印は原子核で，14は原子番号です．シリコンやゲルマニウムの価電子は4個です．原子の電子軌道（殻）には電子の定数が決まっています．これをパウリの原理といいます．シリコンの最外殻には，18個までの電子が入ることができます．実際には4個の電子が入っているだけなので，シリコン原子が集まると，隣り合う原子同士が価電子を共有して共有結合し，非常に安定した結晶となり，自由電子はほとんど存在しません．

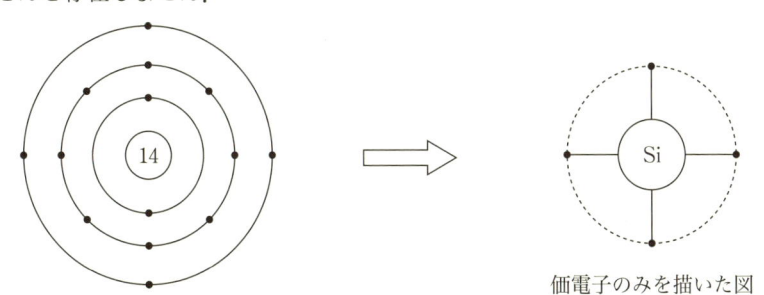

価電子のみを描いた図

第 8.1 図　シリコンの原子モデル

　第8.2図は共有結合を平面的に描いていますが，実際はジャングルジムのような立体構造です．価電子のみが結合に関与するので，ほかの電子は描いていません．第8.1図では，電子の殻を1本線の円軌道で描いています．共有結合して結晶となっている状態では，原子間の距離が詰まってくるので，互いの原子，電子が影響し合って軌道に幅が出てきます．

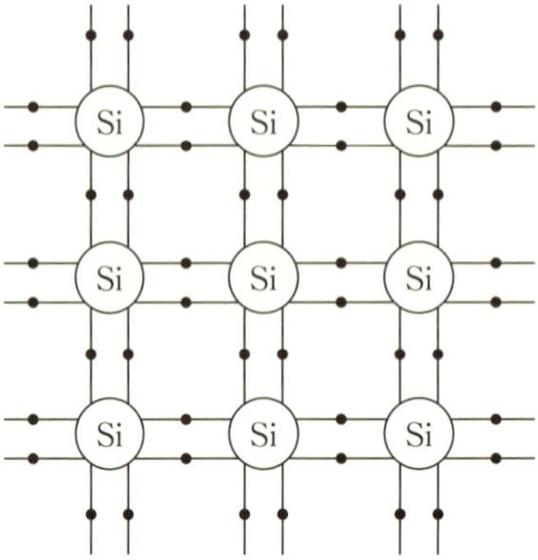

第8.2図　共有結合

　純粋なシリコンやゲルマニウムなどは真性半導体と呼ばれ，不導体と同様です．しかし，外部から光や温度などの刺激が加わると，原子核の束縛を離れた自由電子がわずかに誕生して，外部から電界を加えるとわずかに導電性を表すようになります．

　自由電子となって，負の電荷を持つ電子が出ていくと，原子の電気的な中性の状態が破れます．電子の空席状態は正の電荷の過剰状態と同じことで，原子は正に帯電したように振舞います．電子が空席となった場所に，電子と等量異符号の粒子が誕生したように振舞います．これを正孔またはホールと呼びます．

　真性半導体の自由電子と正孔の数は一致します．シリコンやゲルマニウムは，周期律表でも金属元素と非金属元素の境に位置しています．

　真性半導体は外部からの刺激でわずかな導電性を表すものの，これを利用することは困難です．しかし，微量の不純物を添加することによって，抵抗率が大きく低下します．

　シリコンに3価の元素であるほう素（B）やインジウム（In）を微量（例えば0.01〔ppm〕）添加すると，第8.3図(a)のように共有結合する際にほう素の価電子が1個不足します．

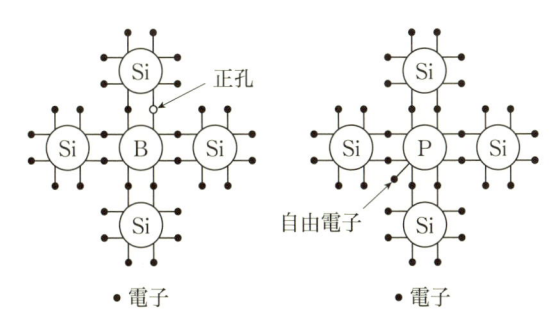

(a) p形半導体　　(b) n形半導体
第8.3図　不純物半導体

　第8.2図のように，結合手になる電子に過不足がなければ，電気的に中性です．第8.3図(a)の場合，負の電荷を持つ電子が不足したために，そこには正孔が現れます．正孔に電子が捕捉されると中性に戻りますが，捕捉された電子の跡には正孔が現れます．これが連鎖的に進行すると，シリコン結晶の中に正孔がランダムに動いている状態となります．

　電荷を運んで電気伝導を担うものをキャリヤといいます．3価の元素を添加した不純物半導体のキャリヤは正孔です．正（positive）の電荷を運ぶキャリヤなので，p形半導体といいます．p形半導体の中には自由電子も存在するのですが，正孔が多数を占めます．p形半導体の多数キャリヤは正孔です．添加した3価の元素は，アクセプタと呼ばれます．これは，受け取り手という意味です．

　シリコンに5価の元素であるリン（P）やヒ素（As）を微量添加した状態が第8.3図(b)です．共有結合する際に価電子が1個余ります．この不純物半導体のキャリヤは負（negative）の電荷を持つ電子です．したがってn形半導体といいます．n形半導体の多数キャリヤは電子です．

　添加した5価の元素はドナーと呼ばれます．これは，提供者という意味です．

　不純物半導体の抵抗率は，添加する不純物の量で加減できます．ごく微量添加するだけで，抵抗率は真性半導体より何桁も下がります．シリコンの例では，640〔Ω・m〕から0.1〔Ω・m〕程度に変化します．

8 電子回路

> **練習問題 1**
> 半導体の電気伝導は ア および イ の2種類のキャリヤによって行われる．ある半導体の ア および イ の密度を A および B とすると，$A>B$ である半導体を n 形半導体といい，$A<B$ である半導体を p 形半導体という．
> 上記の記述中の空白箇所(ア)および(イ)に適当な字句を入れよ．

【解答】 (ア) 電子，(イ) 正孔

> **練習問題 2**
> 半導体に関する次の記述の中で，正しいものはどれか．
> (1) p 形半導体のアクセプタには4価の元素が用いられる．
> (2) 真性半導体には正孔と電子が同数存在する．
> (3) 熱を加えると，電気伝導度は小さくなる．
> (4) ドナーに用いられる元素は，ほう素やインジウムである．
> (5) 不純物半導体の抵抗率は，およそ $10^3 \sim 10^5$ 〔Ω・m〕である．

【解答】 (2)

STEP 2

第 8.1 図のような原子モデルで考えると，原子核に近い内側の軌道の電子ほど，原子核の陽子から受けるクーロン力が強く，原子核に強く拘束されています．原子核から離れた外側の軌道の電子ほど，クーロン力が弱く，拘束力は弱くなります．

単純な考え方をすると，電子の円運動の速度で生じる遠心力とクーロン力が釣り合った状態で平衡していると考えられます．原子核に近い内側の電子の持つエネルギーは小さく，外側になるほど電子の持つエネルギーは大きくなります．

共有結合して結晶となっている状態では，軌道に幅がでてくることを説明しました．結晶構造の電子軌道の幅をバンドと呼びます．一つの殻内の電子は，バンドの中に少しずつ異なる軌道半径を持っていると考えられます．バンドの中では，電子が軌道を移るのは容易です．

バンドの中でも，軌道半径の大きい方が電子の持つエネルギーが大きいので，電子軌道とエネルギーの分布の関係をイメージすると第8.4図のようになります．

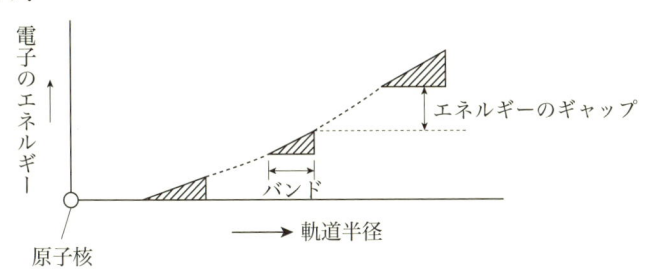

第8.4図　結晶のエネルギーバンドのイメージ

電気伝導を考える場合，電子の軌道半径の大きさより，エネルギーのレベルが大切です．

（注）物理学的には，電子のエネルギーには実在性がありますが，原子核の周りの軌道というものには実在性はないとされています．

次の第8.5図は，各物質のエネルギーバンドを示しています．

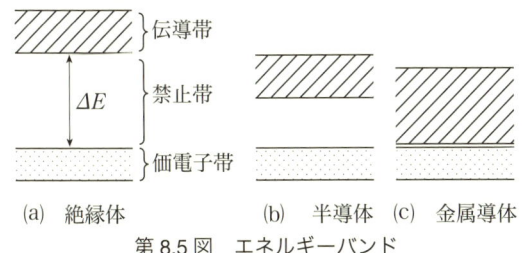

(a)　絶縁体　　(b)　半導体　　(c)　金属導体
第8.5図　エネルギーバンド

エネルギーレベルの低いところは電子が充満しているので，充満帯または価電子帯と呼びます．価電子帯の上のレベルは電子が存在することができないバンドで，これを禁止帯または禁制帯と呼びます．禁止帯の幅をeV（エレクトロン・ボルト）単位で表したものをエネルギーギャップ（ΔE）といいます．禁止帯の上のバンドを伝導帯といいます．このバンドは電子が自由電子となって動けるエネルギーバンドです．

4価の元素には，炭素（ダイヤモンド），シリコン，スズ，鉛などがあります．ダイヤモンドのエネルギーギャップは約7〔eV〕です．シリコンは約1〔eV〕，スズや鉛は0〔eV〕（価電子帯と伝導帯が重なっている）です．

ダイヤモンドに熱，光，電界を加えても，価電子帯の電子は大きなエネルギーギャップを飛び越えて伝導帯に移動できません．すなわち，不導体です．シリコンは常温でも熱エネルギーによって，価電子帯の電子のいくつかは伝導帯に移ることができます．スズや鉛は，価電子帯と伝導帯の間を自由に動き回ることができます．このように，エネルギーギャップの大きさで性質が決まってしまいます．

次の第8.6図(a)は，真性半導体のシリコンのエネルギーバンドです．

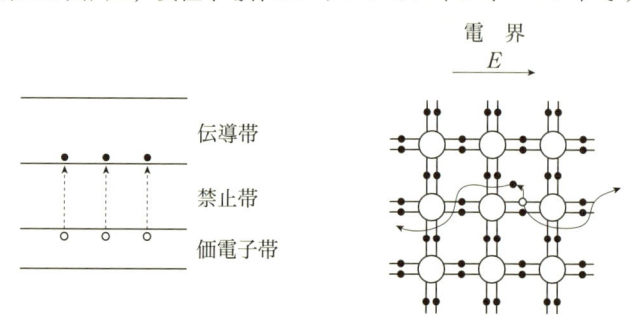

(a) 伝導帯の電子と価電子帯のホール　(b) 電界による電子とホールの運動
第8.6図　シリコンの電子と正孔の運動

価電子帯の電子（黒丸）のいくつかが伝導帯に飛び上がり，電子の抜けた跡は正孔（白丸）になっています．この状態で，結晶に電界を加えると，伝導帯の電子は電界と逆向きに移動します．これを伝導電子と呼ぶことにします．正孔は，価電子帯の中で電界と同じ向きに移動します．これを平面的に描いたものが第8.6図(b)です．

伝導帯の伝導電子の数と，価電子帯の正孔の数は一致します．すなわち，ある体積中の伝導電子と正孔の濃度は同じです．伝導電子の移動と正孔の移動は，キャリヤの移動，電荷の移動という点では同じで，電界の作用によって電流が流れている状態です．ただし，伝導電子と正孔とでは，移動するバンドが異なり，移動の仕組みが異なるので電界を加えたときの平均速度に違いがあります．

不純物半導体のエネルギーバンドを第8.7図に示します．

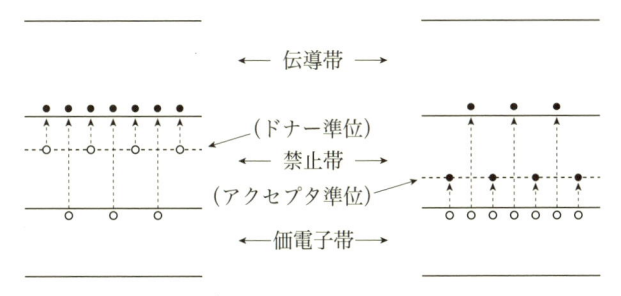

第 8.7 図　不純物半導体のエネルギーバンド

(a)　n形不純物半導体　　　　(b)　p形不純物半導体

　大きな特徴は，5価のドナーの価電子のエネルギーレベル（ドナー準位）が真性半導体の伝導帯のすぐ下にあり，3価のアクセプタの価電子のエネルギーレベル（アクセプタ準位）が価電子帯のすぐ上にあることです．

　n形半導体の場合，伝導帯とドナー準位とのエネルギーギャップは約 0.05〔eV〕です．常温でもドナー準位の電子は伝導帯に上がっています．真性半導体と比べると，伝導帯の電子が多くなり，多数キャリヤが電子となっている状態です．

　p形半導体では，常温でも価電子帯の電子のいくつかがアクセプタ準位に上がり，価電子帯の正孔の数が増加して多数キャリヤとなっています．なお，5価の元素でドナーができるのであれば，6価の元素を添加すれば，伝導電子が増えそうですが，エネルギー準位が5価の場合と異なるので作用はありません．アクセプタに2価の元素を用いた場合も同様です．

　半導体では，温度が高くなると電子の動きが活発になって，エネルギーギャップを越えやすくなり，キャリヤが増加します．すなわち，抵抗率が下がったことと同じです．抵抗温度係数でいえば，負の係数となります．導体では，元々のキャリヤが多く，温度上昇によって原子振動，結晶格子の振動が増えてキャリヤの移動を妨げるので，抵抗率は増加します．抵抗温度係数でいえば，正の係数となります．これも，導体と半導体の大きな違いです．

　半導体中の伝導電子および正孔の速度を v_n〔m/s〕および v_p〔m/s〕とし，電界の強さの大きさを E〔V/m〕とすると，速度は電界に比例し，

$$v_n = \mu_n E \text{〔m/s〕}$$

$$v_p = \mu_p E \text{〔m/s〕}$$

と表されます．μ_n, μ_p は比例定数で，

$$\mu_n = \frac{v_n}{E} \ [\text{m}^2/(\text{V}\cdot\text{S})]$$

$$\mu_p = \frac{v_p}{E} \ [\text{m}^2/(\text{V}\cdot\text{S})]$$

です．つまり，1 [V/m] の電界によってキャリヤが得る速度です．これを**移動度**といいます．キャリヤが移動すれば電流を生じます．それぞれのキャリヤによる電流密度を J_n [A/m²], J_p [A/m²] とすると，

$$J_n = nev_n \ [\text{A}/\text{m}^2]$$

$$J_p = pev_p \ [\text{A}/\text{m}^2]$$

となります．ここで，n はキャリヤ電子の濃度 [m⁻³], p は正孔の濃度 [m⁻³] です．濃度は体積密度と同じで，単位体積当たりのキャリヤの個数を表します．e は電子の電荷量（-1.6×10^{-19} [C]）です．

多数キャリヤも少数キャリヤも電流の運び手になります．全体の電流密度 J は次のようになります．

$$J = J_n + J_p = ne\mu_n E + pe\mu_p E$$
$$= eE(n\mu_n + p\mu_p) \ [\text{A}/\text{m}^2]$$

導電率 σ は，

$$\sigma = \frac{J}{E} = e(n\mu_n + p\mu_p) \ [\text{S}/\text{m}]$$

となります．抵抗率 ρ [Ω·m] は，この逆数です．

練習問題 3

n形半導体のエネルギーバンドの図を示し，用語およびドナー準位も示せ．

【解答】 第 8.7 図(a)参照

練習問題 4

1種類のキャリヤのみを持つ半導体で，その導電率が 10² [S/m], 移動度が 0.39 [m²/(V·s)] であるときのキャリヤの濃度 [m⁻³] はいくらか．ただし，電子の電荷量を -1.6×10^{-19} [C] とする．

【解答】 1.6×10^{21} 〔m^{-3}〕

【ヒント】 $\sigma = en\mu_n$ 〔S/m〕

$$n = \frac{\sigma}{e\mu_n} = \frac{10^2}{1.6 \times 10^{-19} \times 0.39} \fallingdotseq 1.6 \times 10^{21} \text{〔m}^{-3}\text{〕}$$

第8章 Lesson 2 pn 接合

> **覚えるべき重要ポイント**
> - 接合の境界面には空乏層ができます．
> - 空乏層には電位障壁ができています．
> - pn 接合に加える電圧の極性によって整流作用が生じます．

STEP 1

温度に対する安定性の点から，ほとんどの不純物半導体はシリコンでつくられます．使用するシリコン結晶の純度は 99.99999999〔％〕以上です．9 が 10 個並ぶことからテン・ナインと呼ばれます．IC などはテン・イレブンといった純度が要求されます．

p 形と n 形の半導体を接合すると，格別な作用が現れます．第 8.8 図は pn 接合を表しています．

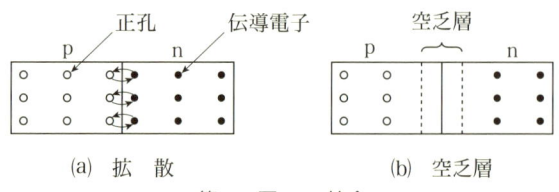

(a) 拡 散　　(b) 空乏層

第 8.8 図　pn 接合

第 8.8 図では接合面を線で表していますが，p 形と n 形のそれぞれの表面を磨いてくっつけるといった接合では役に立ちません．接合面の厚さは 1〔μm〕程度で，この厚みの中で p 形から n 形に変化するように左右のシリコン結晶に加える不純物を変えています．また，不純物の濃度も変えています．

pn 接合すると，それぞれの領域のキャリヤの種類と濃度が異なるために，拡散という現象を生じます．水に落としたインクが水中に拡散するように，濃度を一様とするようにキャリヤが移動するのです．接合面付近の電子と正孔は，互いに相手の領域に拡散しようとして，境界面を越えます．正・負の電荷が出会うので，電子と正孔は再結合します．そのために，境界面付近は

4価のシリコン単結晶となってキャリヤは存在しません．
　境界面付近のキャリヤの存在しない領域を空乏層といいます．空乏層ができるとキャリヤがないので，それ以上の拡散はできなくなります．空乏層では，電位の障壁ができているためにキャリヤの拡散が止まると考えることもできます．
　空乏層内にあるn形領域のドナーは，電子を放出して＋のドナーイオンとなり，p形領域のアクセプタは，電子を取り入れて－のアクセプタイオンとなります．このため，空乏層にはn形領域からp形領域に向かう電界が生じます．この電界によって電位の障壁ができて，これ以上の拡散が行われなくなっていると考えることもできます．この電位障壁を拡散電位といいます．シリコンのpn接合では，0.6〜0.7〔V〕です．
　次に，pn接合に電圧を加えた場合を考えます（第8.9図参照）．

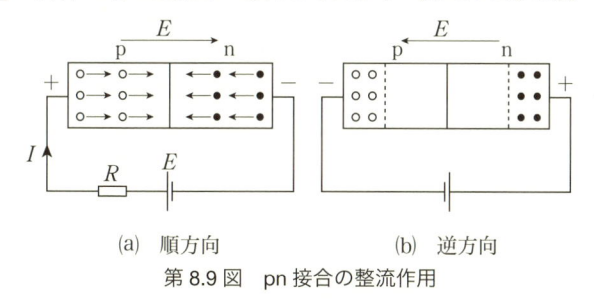

(a) 順方向　　　　　(b) 逆方向
第8.9図　pn接合の整流作用

　p形に＋，n形に－を加えると，p形領域の正孔は電源の＋に反発し，電源の－に引かれて電界の向きに移動します．n形領域の電子は逆の動作となり，電界の向きと逆向きに移動します．電源電圧の大きさが電位障壁を上回っていれば，空乏層の領域を越えて引き続いてキャリヤの移動が行われ，電源から供給されるキャリヤによって連続した電流が流れている状態になります．
　第8.9図(b)のように，電源の極性を反転させると，p形領域の正孔は電源の－に引かれ，n形領域の電子は電源の＋に引かれ，それぞれ移動します．結果として，空乏層が拡がった状態になります．接合面を越えてのキャリヤの移動はありませんから，電流が流れていない状態です．
　pn接合に加える電圧の極性によって，電流が流れる，流れないが決まります．これを整流作用といいます．第8.9図(a)の場合を順方向，図(b)の場

合を逆方向と呼び，pn接合の順方向に加える電圧を順電圧，逆方向に加える電圧を逆電圧といいます．

pn接合の半導体に電極とリードを付けたデバイス（素子）をダイオード (diode) といいます．di は二つの，という意味です．

ダイオードは第8.10図(a)のような図記号で表します．p形半導体の方をアノード (anode, 記号 A)，n形半導体の方をカソード (cathode, 記号 K) と呼びます．製品としてのダイオードには，アノード，カソードがわかるように図記号と同じマークを表示します．小さな製品では図示のようなカソードマークを付けます．

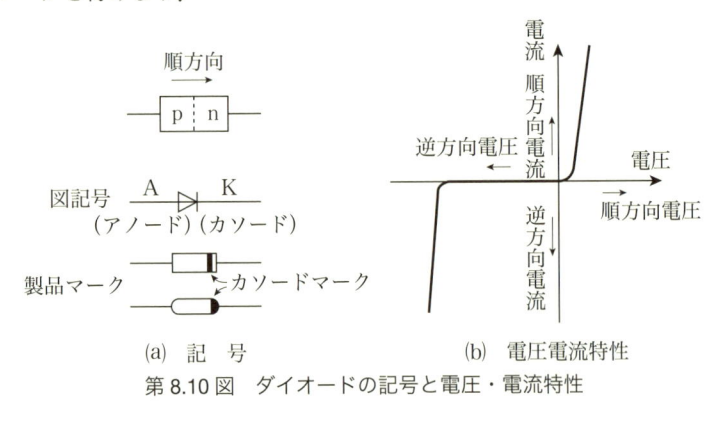

(a) 記　号　　　　　(b) 電圧電流特性

第8.10図　ダイオードの記号と電圧・電流特性

ダイオードに順電圧を加えると，拡散電位を上回ったあたりから順電流が流れはじめます．第8.10図(b)の特性図ではほぼ垂直に立ち上がっています．完全に垂直でないのは，順方向でもわずかに抵抗があるためです．順方向で動作中のシリコンダイオードの端子間電圧（順方向電圧）は約1〜1.2〔V〕です．

回路的には，順電圧で動作中のシリコンダイオードの電圧降下となります．

逆電圧を加えたときには，ごくわずかの漏れ電流（逆電流）が流れるだけです．シリコンダイオードで数〔nA〕程度です．しかし，逆電圧が高くなると，逆電流が急増して阻止状態が失われる点があります．これは，数ミクロンという空乏層に大きな逆方向の電界が働いて，空乏層内の電子や正孔が加速されて原子に衝突し，価電子をたたき出して電子と正孔の対をつくり，この働きが加速度的に累進して絶縁破壊に似た現象となるためです．この現

象を**電子雪崩降伏**（avalanche breakdown，アバランシ・ブレークダウン）と呼びます．

このような降伏現象はトンネル効果（後述）でも生じます．電子雪崩降伏を生じるときの電圧を**降伏電圧**といいます．

練習問題 1

pn接合ダイオードに関する次の記述の空白箇所に適当な字句を入れよ．

無電圧の状態では，接合部分にキャリヤのない場所ができる．これは ㋐ と呼ばれる．この場所ではキャリヤの移動を妨げる電位差を生じて平衡状態になっている．この電位差は ㋑ と呼ばれる．順方向に電圧を加えると電流が流れ，逆方向に電圧を加えるとごくわずかの ㋒ が流れる．この値は温度の変化に対して大きく変わる．この状態で電圧の大きさを増していくと，ある点から電流が流れはじめる．このときの電圧を ㋓ と呼ぶ．ダイオードを安全に使うには，順電流の大きさと ㋔ に加わる電圧がダイオードの最大定格を超えないようにしなければならない．

【解答】　㋐　空乏層，㋑　拡散電位，㋒　逆電流，㋓　降伏電圧，㋔　逆方向

STEP 2

ここでは，ダイオードの種類と使用方法を説明します．

(1) 一般ダイオード

整流器として使用されます．単相，三相のそれぞれについて，半波整流回路と全波整流回路があります．三相整流回路は『機械』科目で取り上げるでしょうから，省略します．

第8.11図には単相整流回路を示しました．直流平均電圧 V_d は次のようになります．ただし，V_a は交流電圧の実効値です．

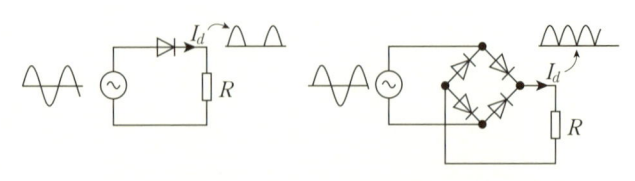

(a) 半波整流　　　(b) 全波整流

第 8.11 図　単相整流回路

単相半波整流　　$V_d = \dfrac{\sqrt{2}}{\pi} V_a \fallingdotseq 0.45 V_a$

単相全波整流　　$V_d = \dfrac{2\sqrt{2}}{\pi} V_a \fallingdotseq 0.90 V_a$

　第 8.11 図(b)はダイオードのブリッジ回路になっているところから，全波ブリッジとも呼ばれます．この方式が最も多く使用されます．次の第 8.12 図は，センタータップ方式と呼ばれるもので，中間タップ付きの変圧器を用います．

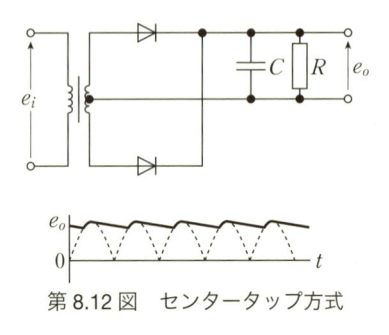

第 8.12 図　センタータップ方式

　ダイオード 2 個で全波整流します．第 8.12 図中に描いているコンデンサは，リプル（脈動）を取り除いて直流を平滑化するものです．このため，平滑コンデンサと呼ばれ，電解コンデンサが用いられます．平滑化には，直列コイルも用いられ，これをチョークコイルと呼びます．平滑コンデンサとチョークコイルの両方を用いることもあります．第 8.11 図の整流回路にも平滑回路を挿入することが多いのです．
　また，波形整形回路として，次の第 8.13 図のような使用もされます．

第 8.13 図　波形整形回路

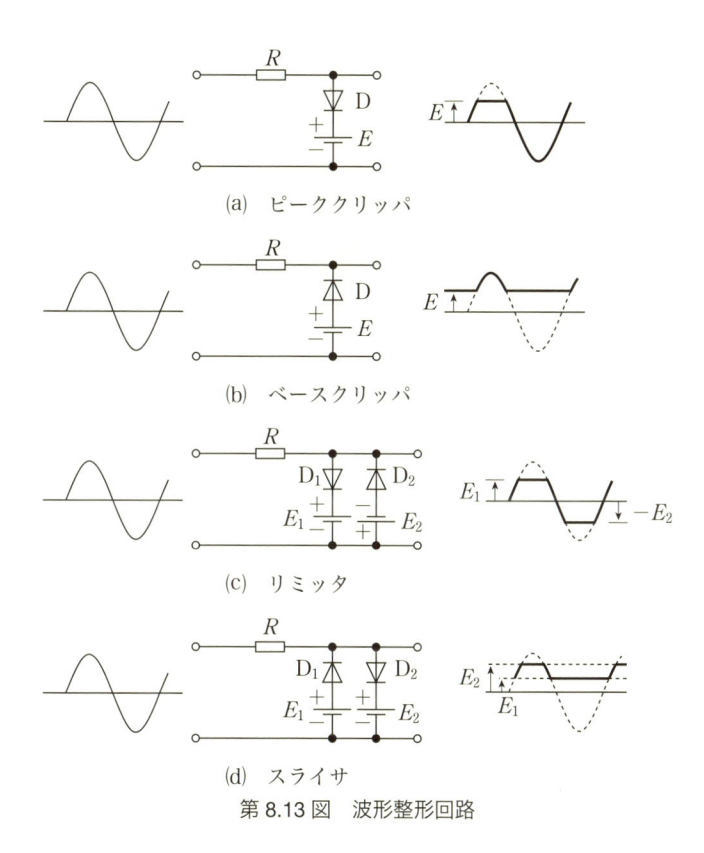

(a) 基準電圧 E 以上を切り取り，基準電圧 E 以下を取り出します．
(b) 基準電圧 E 以上を取り出し，基準電圧 E 以下を切り取ります．
(c) 正負それぞれに基準電圧を設け，基準電圧以上を切り取ります．
(d) 基準電圧を 2 段階とし，その範囲内だけを出力します．

(2) 定電圧ダイオード

　pn 接合に大きな逆電圧を加えると，第 8.14 図のように空乏層のエネルギーギャップが狭くなります．

第 8.14 図　トンネル効果

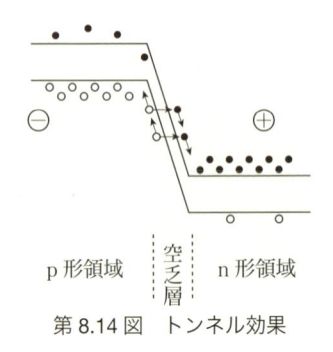

　空乏層内の p 形領域のシリコン単結晶の結合手の価電子が高電界によって手から引き離され，狭くなっているエネルギーギャップを通りぬけて伝導帯に入ります．価電子が出て行った跡には正孔ができます．この現象が継続すると逆電流が生じます．これをトンネル効果と呼びます．

　トンネル効果はツェナー効果とも呼ばれます．降伏現象を生じる点では電子雪崩降伏と同様です．このとき，逆電流の値に関わらずダイオードの端子電圧はほぼ一定に保たれます．

　降伏電圧は不純物の濃度で調整できます．一般に電子雪崩降伏電圧よりも小さい値です．特定の電圧で降伏するようにつくられたダイオードを定電圧ダイオードと呼びます．発明者の名前からツェナーダイオードとも呼びます．降伏電圧はツェナー電圧とも呼ばれます．降伏状態で流れる逆電流をツェナー電流と呼びます．

　ツェナー電流が大幅に変化しても，ツェナー電圧が一定となる定電圧特性を利用して定電圧回路に応用されています（第 8.15 図参照）．このほか，ノイズ，サージからの保護やリミッタとしても用いられます．定電圧特性を示すには，一定以上のツェナー電流を流している必要があり，一方，許容損失の点からツェナー電流には上限があります．

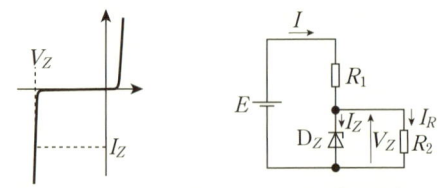

(a)　ツェナーダイオードの特性　　(b)　定電圧回路
第 8.15 図　ツェナーダイオードの特性と定電圧回路

(3) ホトダイオード

pn 接合面に外部から光を当てられるようにつくります．ダイオードに逆電圧を加えておいて，接合面に光を当てると，光エネルギーによって空乏層内に電子と正孔の対が発生し，逆電流が流れます．電流の大きさは光の量に比例します．このようなダイオードをホトダイオードと呼びます．光の検出器（光センサ）に用いられます．受光面を広くするため，プレーナ形とし，接合面を薄くつくります．

(4) 発光ダイオード

シリコンダイオードと異なり，ガリウム・ヒ素（GaAs）やガリウム・リン（GaP）などの化合物半導体の pn 接合ダイオードに順電圧を加えると，p 形領域に電子，n 形領域に正孔が少数キャリヤとして注入されます．

p 形領域で少数キャリヤの注入電子と多数キャリヤの正孔が再結合し，n 形領域の少数キャリヤの注入正孔が多数キャリヤの電子と再結合します．再結合するときに光を出します．このようなダイオードを発光ダイオード(light emitting diode，LED）といいます．

化合物半導体の種類により発光色が異なります．これは，禁止帯のエネルギーギャップの違いによるものです．シリコンダイオードの順方向電圧は約 1〜1.2〔V〕ですが，発光ダイオードは約 1.5〔V〕以上です．これも発光色によって異なります．逆耐電圧は低く，逆電圧を加えると破壊されます．光通信用の発光素子および表示用素子として使われてきました．最近は一般照明用途に普及しはじめています．

レーザダイオードも発光の原理は似ています．ただし，ごく狭い範囲の波長で位相も揃っています．光情報機器などに使われています．

(5) 可変容量ダイオード

pn 接合ダイオードに逆電圧を加え，その電圧を大きくすると，空乏層の幅が拡がります．

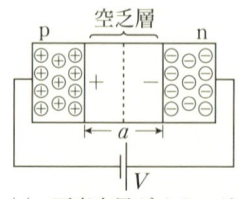

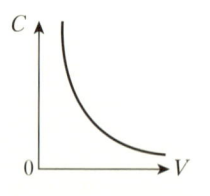

(a) 可変容量ダイオード　　(b) 可変容量ダイオードの特性

第8.16図　可変容量ダイオード

第8.16図(a)のように空乏層を挟んで正負の電荷があることから，一種のコンデンサを形成しています．逆電圧の大きさで空乏層の幅を可変できるので，コンデンサの容量を可変できるわけです．おもに通信機の同調回路に使用されます．バラクタダイオード，バリキャップダイオードなどとも呼ばれます．

練習問題2

一般用ダイオードを除くと，順電圧で使用するものと，逆電圧で使用するものがある．区別してダイオードの種類を列挙せよ．

【解答】　順電圧：発光ダイオード，レーザダイオード
　　　　　逆電圧：定電圧ダイオード，ホトダイオード，可変容量ダイオード

練習問題3

第8.15図(b)の定電圧回路において，$E=30$〔V〕，$R_1=80$〔Ω〕，$R_2=50$〔Ω〕，ツェナー電圧$V_Z=10$〔V〕とする．ツェナー電流I_Zはいくらか．

【解答】　$I_Z=50$〔mA〕

【ヒント】　$R_1 I + V_Z = E$,　$I_Z + I_R = I$,　$I_R = \dfrac{V_Z}{R_2}$

$$I_Z = \dfrac{E-V_Z}{R_1} - \dfrac{V_Z}{R_2}$$

第8章 Lesson 3 トランジスタ

覚えるべき重要ポイント

- トランジスタは npn または pnp の3層構造になっています．
- ベース信号を増幅する作用があります．
- エミッタ接地，ベース接地，コレクタ接地で増幅作用が異なります．
- エミッタ接地直流電流増幅率

$$h_{FE} = \frac{I_C}{I_B}$$

STEP 1

トランジスタの構造モデルと図記号を次の第8.17図に示します．

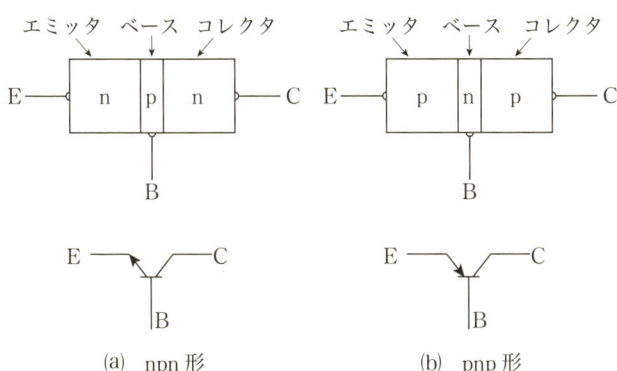

(a) npn形　　　　　(b) pnp形
第8.17図　トランジスタの構造モデルと図記号

pn接合を二つ持っており，npn形とpnp形の2種類があります．npn形は電子が多数キャリヤとなって働くもので，pnp形は正孔が多数キャリヤとなって働くものです．移動度は電子の方が大きいので，npn形トランジスタの方が，動作速度が速く，もっぱらこちらの方が多く使われています．

3層構造のそれぞれには，エミッタ (emitter)，ベース (base)，コレクタ (collector) の名称が付けられています．プレーナ形のnpn形トランジスタの各領域の厚さと不純物濃度の一例は次の第8.2表のとおりです．

第 8.2 表

n（エミッタ領域）	p（ベース領域）	n（コレクタ領域）
厚さ 5〔μm〕	厚さ 10〔μm〕	厚さ 55〔μm〕
不純物濃度 1×10^{20}〔個/cm^3〕	不純物濃度 1×10^{17}〔個/cm^3〕	不純物濃度 $5\times10^{15}\sim5\times10^{18}$〔個/cm^3〕

 各領域の不純物濃度の違いが増幅作用を生む原因ですが，そこまでは立ち入りません．コレクタ領域の不純物濃度が高く，厚みの多い部分は基板の部分です．構造モデルからすると，エミッタとコレクタを入れ換えても使えそうですが，そうできないのは不純物濃度を違えているためです．

 トランジスタ記号のエミッタの矢印は動作電流の向きを表しています．次の第 8.18 図は，トランジスタの増幅作用を調べる回路です．第 8.18 図(a)は構造モデルで示し，図(b)はトランジスタ記号を使って表しています．なお，図(b)には C，B，E の略号を記載していますが，実際の回路図では略記号は記載されません．エミッタの矢印で C，B，E を判断します．

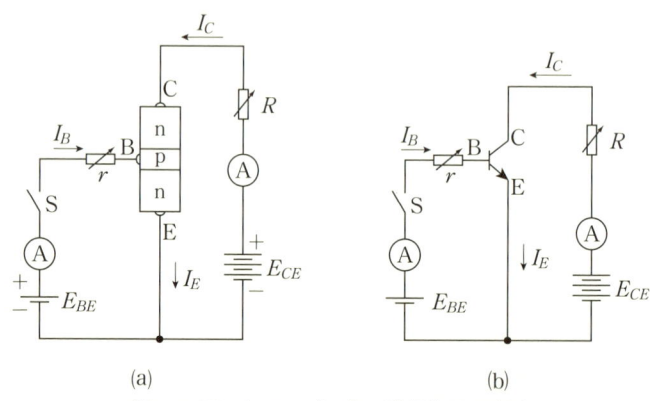

第 8.18 図　トランジスタの増幅作用の実験

 半導体デバイスに動作基準点を与えるために，直流の電圧・電流を加えることをバイアス（bias）といいます．順方向に加えたバイアス電圧を順バイアス，逆方向に加えたバイアス電圧を逆バイアスと表現します．

 第 8.18 図の極性で E_{BE} と E_{CE} の二つのバイアスを加えます．スイッチ S が開いている状態を考えます．このとき，E_{CE} のみが加えられています．
 このバイアス E_{CE} は，B－E 間の pn 接合に対しては順バイアスです．し

かし，C−B 間の pn 接合に対しては逆バイアスです．このため，コレクタ電流 I_C は流れることができません．

スイッチ S を閉じて E_{BE} を加えます．B−E 間の pn 接合には順バイアスとして働きます．エミッタ領域の多数キャリヤの電子は E_{BE} の負極に反発され，ベース領域に引かれて移動します．ベース領域に入った電子のごく一部は正孔と再結合し，E_{BE} の正極から正孔が供給されて，これがベース電流 I_B になります．しかし，ベース領域に入った電子のほとんどは薄いベース領域を通り抜けてコレクタ領域に入り，そのまま E_{CE} の正極に引かれて移動します．この電子の流れがコレクタ電流 I_C となります．

電流の向きは電子の移動の向きと逆になることに注意してください．

C−B 間の pn 接合に対しては逆バイアスが加わっているにも関わらず，小さなベース電流 I_B を流すことによって大きなコレクタ電流 I_C が流れるのです．これがトランジスタの増幅作用の原理です（第 8.19 図参照）．

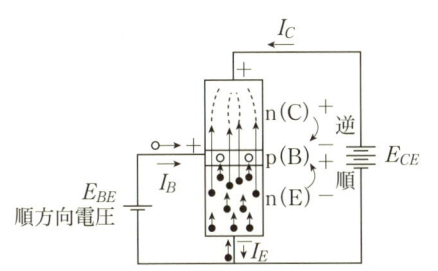

第 8.19 図　npn 形トランジスタの動作

このようなトランジスタでは，電子と正孔の 2 種類のキャリヤによって電流が流れるのでバイポーラトランジスタ（bipolar transistor）と呼ばれます．

エミッタ領域のキャリヤ電子を 100〔%〕とすると，ベース領域で正孔と再結合する電子は 1〔%〕程度で，ベース領域を通り抜けてコレクタ領域に入る電子は 99〔%〕程度です．電流の大きさとしては，

$$I_E = I_C + I_B$$

という関係ですが，

$$I_E \fallingdotseq I_C$$

としてよいのです．これは，トランジスタの大切な特性です．

この状態で，コレクタ電圧 E_{CE} を変化させてもコレクタ電流 I_C は変化し

ません．これは，第8.18図に示した負荷抵抗 R を変化させても I_C が変化しないことと同じです．しかし，ベース電流の調整抵抗 r を変化させてベース電流を変えると，それに比例してコレクタ電流が変化します．ベース電流 I_B によってコレクタ電流 I_C を制御しているので，トランジスタは電流制御素子といえます．

ベース電流をパラメータとした一例を次の第8.20図に示します．

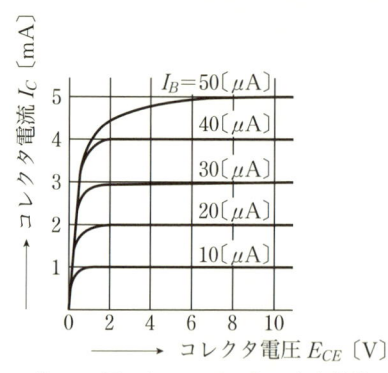

第8.20図　トランジスタの出力特性

ベース電流 I_B を任意の一定値とすると，コレクタ電圧 E_{CE} を変化させてもコレクタ電流 I_C はほぼ一定です．しかし，ベース電流を 10〔μA〕増加させると，コレクタ電流は 1〔mA〕増加します．

ただし，ベース電流を増加させていっても，コレクタ電流が飽和してしまう領域があります．トランジスタをスイッチング素子として使うには，遮断領域（$I_B=0$）と飽和領域を利用します．

コレクタ電圧 E_{CE} を一定として，トランジスタのベースのピンと，エミッタのピンの間の電圧 V_{BE} を測定し，ベース電流との関係を調べると，第8.10図のpn接合の電圧電流特性と同様になります．ベース電流を流しているときのベースとエミッタ間の電圧 V_{BE} は 0.6〜0.7〔V〕でほぼ一定です．

npnの各領域の内部抵抗は特性にも関係しています．抵抗は不純物濃度とバイアスのかけ方に関係します．エミッタとベース間には順バイアスを加えているので内部抵抗は低く，コレクタには逆バイアスを加えているので内部抵抗は非常に大きくなっています．比較した例は次のようです．

エミッタ r_E	ベース r_B	コレクタ r_C
25〔Ω〕	1〔kΩ〕	1〔MΩ〕

　小さな入力信号でベース電流を変化させることができるのは，ベースとエミッタ間の抵抗が小さいからです．順バイアスも小さな電圧でよいのです．コレクタの抵抗は非常に大きいので，コレクタ電流 I_C を流すには E_{CE} を大きくしなければなりません．一方，コレクタの抵抗が1〔MΩ〕と大きいので，負荷抵抗 R を数十〔Ω〕〜数〔kΩ〕まで変化させても I_C の大きさはあまり左右されません．

　ベース電流一定のもとでは，負荷抵抗に対してトランジスタが定電流源として働いているといえます．

　第8.18図のように，エミッタが入出力に共通になっている回路をエミッタ接地回路と呼びます．実際に接地する，しないに関わらず，共通端子を基準電位（0〔V〕）とするので，「接地」と呼ばれます．ベース電流 I_B を入力電流とし，コレクタ電流 I_C を出力電流とすると，エミッタ接地の直流電流増幅率 h_{FE} は，

$$h_{FE} = \frac{I_C}{I_B}$$

と表します．添字の F は forward の頭文字で，前に，前方に，という意味です．F の次の E はエミッタ接地を表します．第8.20図の特性で，$I_B = 20$〔μA〕のとき，

$$h_{FE} = \frac{I_C}{I_B} = \frac{2 \times 10^{-3}}{20 \times 10^{-6}} = 100$$

となります．I_B を変えても h_{FE} はほぼ同じです．トランジスタの品種にもよりますが，h_{FE} は50〜500程度です．エミッタ接地回路では電流利得があります．

　次の第8.21図のように，ベース側に E_{BE} よりはるかに小さな交流信号 v_1 を重ねて入力します．なお，直流の電圧・電流は大文字で表し，交流成分は小文字で表すことにします．以下，同様です．

⑧ 電子回路

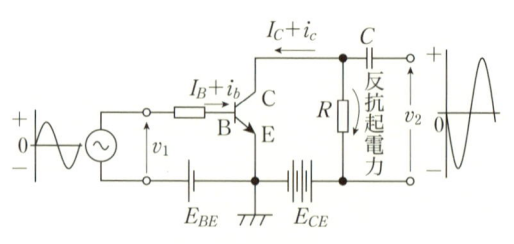

(a) 電圧増幅動作

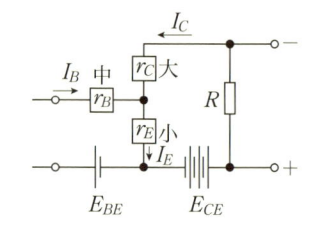

(b) 抵抗モデル

第 8.21 図　交流信号の増幅原理

　交流信号が加わったのでベース電流は $(I_B + i_b)$ となります．これが増幅されてコレクタ電流は $(I_C + i_c)$ となります．出力信号（電圧信号）は，

$$R(I_C + i_c) = RI_C + Ri_c$$

となります．右辺第 1 項は直流信号，第 2 項が交流信号です．第 8.21 図のようにコンデンサ C を入れて交流信号 v_2 を取り出すと，$v_2 = Ri_c$ となります．出力信号を大きくするには R を大きくすればよいわけです．すると，入力電圧に対して出力電圧を何十倍，何百倍とし，電圧利得を得ることができます．ただし，出力電圧の位相は，入力電圧に対して逆になっています．

　エミッタ接地回路では，電流利得と電圧利得があり，そのために電力利得も得られます．主として低周波増幅回路に使用されます．

　次にベース接地回路を示します（第 8.22 図参照）．

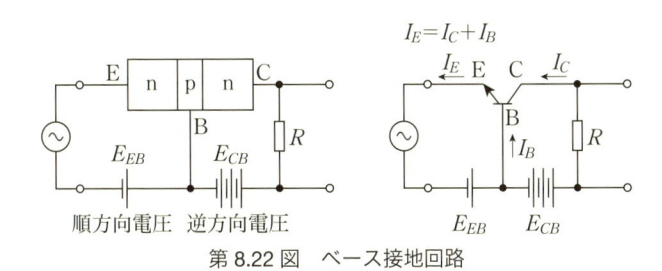

第8.22図　ベース接地回路

B−E間には順バイアスを加え，B−C間には逆バイアスを加えます．直流回路として考えるには，入力の交流信号の部分を短絡して考えます．ベース接地回路でも，ベース電流 I_B でコレクタ電流 I_C を制御するのは同じです．ベース接地回路ではエミッタ電流 I_E が入力電流で，コレクタ電流 I_C が出力電流です．ベース接地直流電流増幅率 h_{FB} は，

$$h_{FB} = \frac{I_C}{I_E} = \frac{I_C}{I_C + I_B} \fallingdotseq \frac{I_C}{I_C} = 1$$

となります．ベース接地回路では電流利得はありません．

しかし，負荷抵抗 R を大きくすれば，出力電圧を大きくすることができるので，電圧利得はあります．また，入力端子からトランジスタを見た抵抗（入力抵抗）が小さく，出力端子からトランジスタを見た抵抗（出力抵抗）が大きいという特徴があります．主として高周波増幅回路に使用されます．

次にコレクタ接地回路を示します（第8.23図参照）．

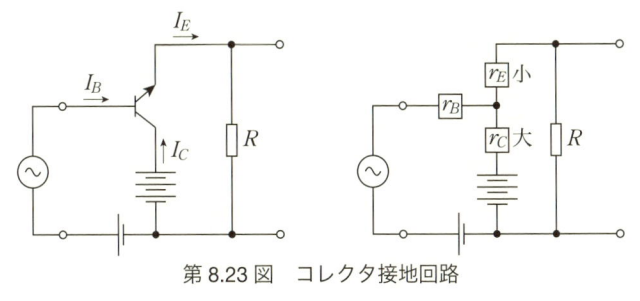

第8.23図　コレクタ接地回路

コレクタ接地回路は第8.24図のようにも描けます．普通は，こちらの図が多く用いられます．

8 電子回路

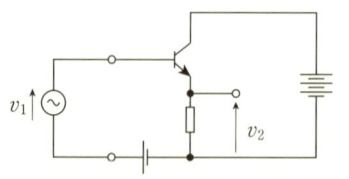

第8.24図 描き換えたコレクタ接地回路

エミッタから出力信号を取り出しているのでエミッタホロワとも呼ばれます．電流利得はありますが電圧利得はありません．特徴としては，非常に大きな入力抵抗があり，出力抵抗は小さくなっています．コレクタ接地回路は増幅のためでなく，インピーダンス変換のために使用されます．

各種の増幅回路の特徴を比較した表を次の第8.3表に示します．

第8.3表

	エミッタ接地回路	ベース接地回路	コレクタ接地回路
電流利得	中（数十倍）	なし（≒1）	大（数十倍）
電圧利得	中（数千倍）	中（数百倍）	なし（≒1）
電力利得	大（数百倍）	中（数百倍）	小（数十倍）
入力抵抗	中（数〔kΩ〕）	小（数十〔Ω〕）	大（数十〜数百〔kΩ〕）
出力抵抗	中（数〔kΩ〕）	大（数百〔kΩ〕）	小（数百〔Ω〕）
位相	反転する	同相	同相

おもに用いられるのはエミッタ接地回路です．電験問題にもnpn形トランジスタのエミッタ接地回路が出題されます．なお，pnp形トランジスタの場合は，バイアス電源の極性を反対にして考えます．

練習問題1

トランジスタの接地方式の異なる基本増幅回路を図1，図2および図3に示す．以下のa〜dに示す回路に関する記述として，正しい組み合わせを答えよ．

a. 図1の回路では，入出力信号の位相差は180〔°〕である．
b. 図2の回路は，エミッタ接地増幅回路である．
c. 図2の回路は，エミッタホロワとも呼ばれる．
d. 図3の回路で，エミッタ電流およびコレクタ電流の変化分の比 $\left|\dfrac{\Delta I_C}{\Delta I_E}\right|$ は，約100である．

図1

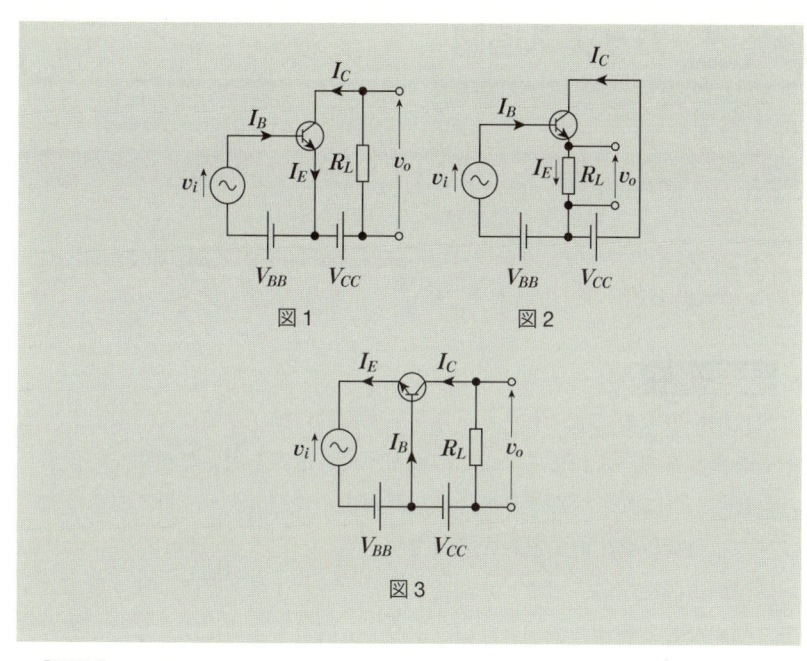

図2

図3

【解答】 a と c

第8章 Lesson 4 バイアス回路

覚えるべき重要ポイント

- 固定バイアスは温度変化に対して不安定です．
- 自己バイアスは安定化しますが，交流分の利得が減少します．
- 電流帰還バイアスは標準的に用いられます．

STEP 1

交流増幅のためには，トランジスタを直流的に動作準備し，その上で交流信号を重ねます．これまでは，二つのバイアス電源を用いて説明してきました．B−E間に加える順バイアスは制御電源の役目，C−E間に加える逆バイアスは負荷駆動用の主電源の役目です．

二つの電源を用いるバイアス回路は，二電源バイアス回路，独立電源バイアス回路などと呼ばれます．自由度が高く，設計も容易です．しかし，経済性，小形化の点で劣るので，実験回路や特殊な場合に採用されるだけです．

(1) 固定バイアス回路

第8.25図のような回路です．点線の部分は交流信号のために必要な部分です．

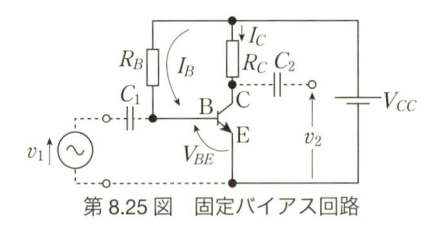

第8.25図 固定バイアス回路

所要のベース電流は，

$$I_B = \frac{I_C}{h_{FE}}$$

として求めます．図から，

$$R_B I_B + V_{BE} = V_{CC}$$

ですから，所要のベース抵抗は，

$$R_B = \frac{V_{CC}-V_{BE}}{I_B}$$

として求められます．なお，V_{BE} はシリコントランジスタでは $0.6 \sim 0.7$〔V〕でほぼ一定です．

C_1，C_2 は結合コンデンサあるいはカップリングコンデンサと呼びます．C_1 は入力信号にバイアス用の直流電圧の影響を及ぼさないために必要です．C_1 を挿入することで，入力信号とバイアスが相互に独立します．C_2 は出力信号として交流分のみを取り出し，直流分をカットするために必要です．

このバイアス回路は最も簡単です．しかし，周囲温度やトランジスタ自体の発熱によって温度が変化すると，トランジスタの特性が変化し，その影響を直接受けます．普通には，同一品番のトランジスタでも h_{FE} のバラツキの幅が大きいものです．固定バイアスでは，トランジスタを交換すると，特性が変わってしまいます．

(2) 自己バイアス回路

固定バイアス回路と比べると，ベース電流の取り出しがコレクタに変更されています．R_B は次のようにして求めます．第 8.26 図から，次の 2 式が成り立ちます．

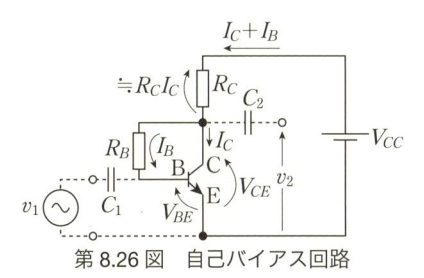

第 8.26 図　自己バイアス回路

$$R_C(I_C+I_B)+V_{CE}=V_{CC} \qquad ①$$
$$R_B I_B + V_{BE} = V_{CE} \qquad ②$$

$I_C \gg I_B$ ですから，①式は次のように近似できます．

$$R_C I_C + V_{CE} = V_{CC} \qquad ③$$

これから V_{CE} を求めると，

$$V_{CE} = V_{CC} - R_C I_C \qquad ④$$

となります．V_{CE} はコレクタ電流で変化します．

②式と④式から，
$$R_B I_B + V_{BE} = V_{CC} - R_C I_C$$
とおいて，
$$R_B = \frac{V_{CC} - R_C I_C - V_{BE}}{I_B} \quad ⑤$$
として得られます．所要のコレクタ電流が決まれば，
$$I_B = \frac{I_C}{h_{FE}}$$
としてベース電流が決まるので，R_B が計算できます．

出力は，$v_2 = V_{CE}$ です．②式より，
$$I_B = \frac{V_{CE} - V_{BE}}{R_B} \quad ⑥$$
となります．何らかの原因で I_C が増加すると，$R_C I_C$ も増加します．
$$R_C I_C + V_{CE} = V_{CC} \cdots\cdots 一定 \quad ③式再掲$$
ですから，I_C が増加すると V_{CE} が減少し，⑥式より，I_B が減少して I_C の増加を抑制します．

何らかの原因で I_C が減少する場合は，逆の動作となり，I_C の減少を抑制します．このように，自己バイアス回路では，直流電圧負帰還（ネガティブフィードバック）が働いているのです．この働きで，バイアスが自動的に安定化されています．これが大きな特徴です．周波数特性も向上します．しかし，交流分にも負帰還がかかって，交流分の利得を低下させるという欠点があります．

(3) 電流帰還バイアス回路

実際に用いられるバイアス回路のほとんどがこの電流帰還バイアス回路を使った方法です．次の第 8.27 図は暗記してください．

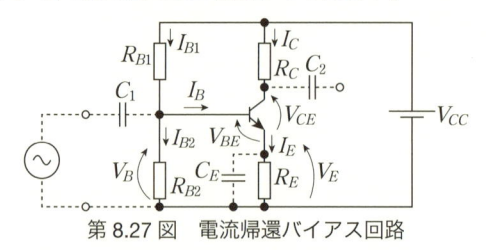

第 8.27 図　電流帰還バイアス回路

ブリーダ抵抗と呼ばれるR_{B1}とR_{B2}の二つの抵抗でV_{CC}を分圧しています．$I_{B1} \gg I_B$となるように電流I_{B1}を流すと，ベース電圧V_BはI_Bによらず一定となります．I_{B1}が大きいほどV_Bを一定にする効果が大きくなります．しかし，バイアス電源V_{CC}の消費電流が増加し，R_{B1}とR_{B2}の消費電力が増加します．

通常は，I_{B2}の大きさをI_Bの10倍以上，30倍以下に選びます．エミッタ抵抗R_Eは直流電流負帰還用の抵抗です．

何らかの原因でI_Cが増加すると，$I_C \fallingdotseq I_E$ですから，V_Eが増加します．

第8.27図より，
$$V_B = V_{BE} + V_E$$
です．ブリーダ抵抗によってV_Bは安定化されています．すると，V_{BE}が減少するしかありません．これまでは，$V_{BE} \fallingdotseq 0.7\,[\mathrm{V}]$としてきました．ベース入力の特性は次の第8.28図のとおりです．

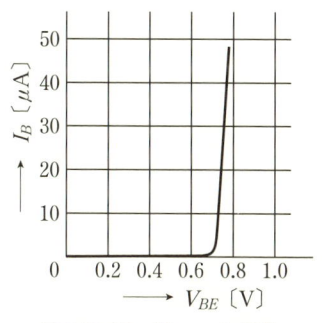

第8.28図　$V_{BE} - I_B$特性

V_{BE}が減少すると，I_Bが減少し，I_Cの増加を抑制します．エミッタ抵抗R_Eが大きいほどV_Eも大きくなって負帰還が強く効きます．あまり強過ぎるとバイアスが不安定になり，また，出力信号にしわ寄せされて，出力波形を大きく取り出せなくなります．

通常，V_Eの値がV_{CC}の$10 \sim 20\,[\%]$程度，あるいは$1 \sim 2\,[\mathrm{V}]$程度になるようにR_Eの値を選びます．

直流電流負帰還が働くと同時に，交流電流の負帰還も働いて交流分の利得が低下します．そこで，コンデンサC_EをR_Eと並列にします．交流分はC_EにバイパスされてR_Eに流れないので，交流電流の負帰還は働きません．コ

ンデンサ C_E をバイパスコンデンサと呼びます．

ブリーダ抵抗を算出してみます．

V_{CC}, I_C, h_{FE}, $V_{BE}(=0.7〔\text{V}〕)$ は既知とします．また，I_{B2} を I_B の何倍にするか，V_E を V_{CC} の何 % にするかは，最初に決めておきます．I_B を最初に求めます．

$$I_B = \frac{I_C}{h_{FE}} \qquad ⑦$$

第 8.27 図から次の式が成り立ちます．

$$I_{B1} = I_{B2} + I_B \qquad ⑧$$
$$R_{B1}I_{B1} + R_{B2}I_{B2} = V_{CC} \qquad ⑨$$
$$R_{B2}I_{B2} = V_{BE} + V_E \qquad ⑩$$

⑨式より，R_{B1} を求めます．

$$R_{B1} = \frac{V_{CC} - R_{B2}I_{B2}}{I_{B1}}$$

これに，⑧，⑩式を代入して，

$$R_{B1} = \frac{V_{CC} - V_{BE} - V_E}{I_{B2} + I_B}$$

となります．

⑩式より，R_{B2} を求めます．

$$R_{B2} = \frac{V_{BE} + V_E}{I_{B2}}$$

となります．

なお，$I_C ≒ I_E$ とおくと，

$$R_E = \frac{V_E}{I_C}$$

と求められます．通常，小信号の増幅では 500〔Ω〕～1〔kΩ〕が適当です．最初に V_E を決める代わりに R_E を決めておいて設計してもよいでしょう．

練習問題 1

図のようなエミッタ接地増幅回路において，$I_C = 2$ [mA] とするためには，バイアス抵抗 R_B をいくらにしなければならないか．ただし，$V_{CC} = 9$ [V]，$V_{BE} = 0.6$ [V]，直流電流増幅率 $h_{FE} = 100$ とする．

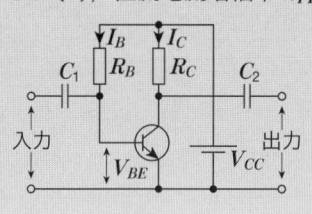

【解答】 420 [kΩ]

【ヒント】 $R_B = \dfrac{V_{CC} - V_{BE}}{I_B} = \dfrac{V_{CC} - V_{BE}}{\dfrac{I_C}{h_{FE}}} = \dfrac{9 - 0.6}{\dfrac{2 \times 10^{-3}}{100}} = 420$ [kΩ]

練習問題 2

図 1，図 2 および図 3 はトランジスタ増幅回路のバイアス回路を示す．次の式①，式②および式③と図番との組み合わせを示せ．

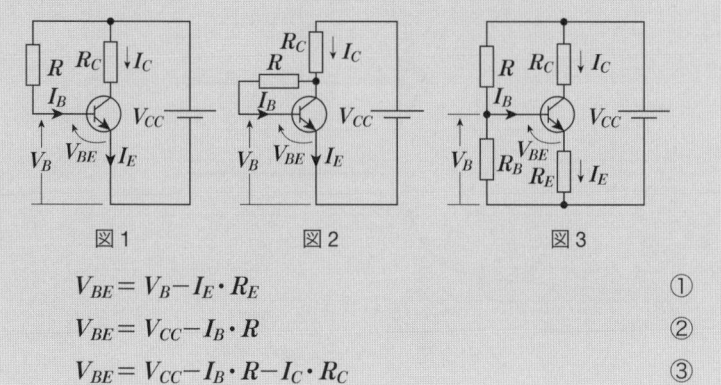

図 1 図 2 図 3

$V_{BE} = V_B - I_E \cdot R_E$ ①
$V_{BE} = V_{CC} - I_B \cdot R$ ②
$V_{BE} = V_{CC} - I_B \cdot R - I_C \cdot R_C$ ③

【解答】 式①は図 3，式②は図 1，式③は図 2

第8章 Lesson 5 トランジスタ増幅回路

覚えるべき重要ポイント

- 増幅回路の設計には二つの方法があります．
  - 特性曲線を用いて設計する方法
  - h パラメータを用いた等価回路から設計する方法
- 利得の計算方法

STEP 1

(1) トランジスタの特性曲線

トランジスタは3本足ですから，変数は三つあります．したがって，特性をグラフ化するには，どれか一つの変数を固定しておいて，ほかの2者の関係を調べることになります．次の第8.29図はその一例です．

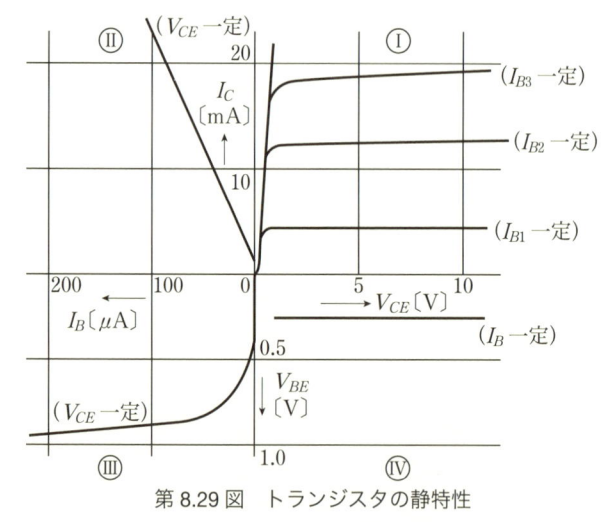

第8.29図 トランジスタの静特性

第Ⅰ象限は，I_B を幾とおりか決めておいて，I_C と V_{CE} の関係を調べたものです．I_B を一定にしておけば，V_{CE} を変化させても I_C はほぼ一定です．なお，V_{CE} を I_C（$\fallingdotseq I_E$）で割ると，コレクタ・エミッタ間の抵抗となります．

第Ⅱ象限は，V_{CE} を一定としておいて，I_C と I_B の関係を調べたものです．

両者は比例関係にあって，その比例定数が直流電流増幅率 h_{FE} です．

第Ⅲ象限は，V_{CE} を一定としておいて，I_B と V_{BE} の関係を調べたものです．曲線は比較的狭い範囲内にあります．

第Ⅳ象限は，I_B を幾とおりか決めておいて，V_{CE} と V_{BE} の関係を調べたものです．ほぼ水平の線になるので，多くの場合省略されます．

特性図としては，周波数や h パラメータに関するものもあります．象限ごとに個別にグラフ表示されたものがメーカのデータシートから入手できます．

(2) **トランジスタの動作点**

直流バイアスを加え，トランジスタが直流的に動作している状態にしておいて，交流小信号を入力して増幅します．トランジスタ増幅回路を考えるには，直流動作と交流動作の2面から考えます．電流帰還バイアスによる増幅回路は次の第8.30図のようになります．

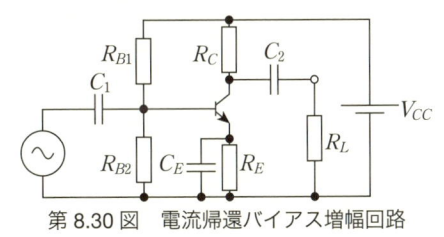

第8.30図　電流帰還バイアス増幅回路

直流動作と交流動作を分けて考えることにします．直流はコンデンサを通らず，また，コンデンサは信号周波数に対してインピーダンスが非常に低く，交流的に短絡されていると考えます．バイアス電源（V_{CC}）のインピーダンスは無視できるので，これも交流的に短絡されていると考えます．直流等価回路と交流等価回路は次の第8.31図のようになります．

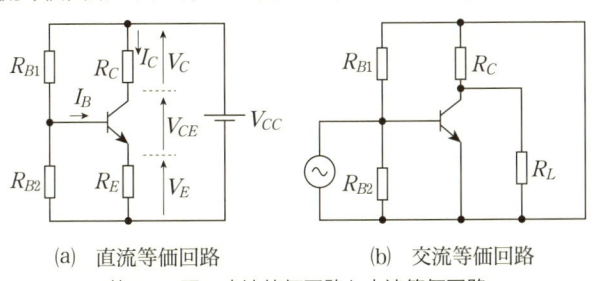

(a) 直流等価回路　　　(b) 交流等価回路

第8.31図　直流等価回路と交流等価回路

交流等価回路は，さらに簡単な回路に描き換えができます（後述）．
直流等価回路から次の式が成り立ちます．

$$V_C + V_{CE} + V_E = V_{CC} \quad \text{⑪}$$

$$V_C = R_C I_C \quad \text{⑫}$$

また，$I_C ≒ I_E$ ですから，

$$V_E = R_E I_E ≒ R_E I_C \quad \text{⑬}$$

とおけます．⑫，⑬式を⑪式に代入して整理すると，

$$(R_C + R_E)I_C + V_{CE} = V_{CC} \quad \text{⑭}$$

となります．この式の変数を I_C と V_{CE} として，変数の最大幅を検討します．使用するトランジスタの $I_C - V_{CE}$ 特性が次の第8.32図のようであるとします．

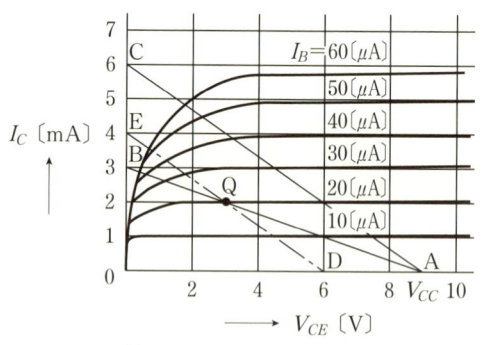

第8.32図　$I_C - V_{CE}$ 特性

I_C の最小値は，$I_B = 0$ のときの $I_C = 0$ です．⑭式に $I_C = 0$ を代入すると，

$$V_{CE} = V_{CC}$$

となります．

すなわち，V_{CE} の最大値は V_{CC} です．……A点

V_{CE} の最小値は 0 です．コレクタとエミッタの短絡状態です．⑭式に $V_{CE} = 0$ を代入すると，

$$(R_C + R_E)I_C = V_{CC}$$

$$I_C = \frac{V_{CC}}{R_C + R_E} = \frac{V_{CC}}{R_{DC}} \cdots\cdots \text{B点}$$

となります．この値が I_C の最大値です．$(R_C + R_E) = R_{DC}$ を直流負荷抵抗と呼びます．

$V_{CC} = 9$ 〔V〕，$R_{DC} = 3$ 〔kΩ〕と仮定すると，

$$\text{B 点} \cdots\cdots I_C = \frac{V_{CC}}{R_{DC}} = \frac{9}{3 \times 10^3} = 3 \text{ [mA]}$$

となります．第 8.32 図に A 点と B 点を書き入れてできる直線 AB を<ruby>直流負荷線<rt>ちょくりゅうふかせん</rt></ruby>と呼びます．バイアス電源 V_{CC} と直流負荷抵抗 R_{DC} が決まると，トランジスタは，その直流負荷線の上で動作することになります．

A 点は V_{CC} の値で一義的に決まってしまいますが，B 点は $(R_C + R_E)$ で決まります．なお，$R_E = 500 \text{ [}\Omega\text{]} \sim 1 \text{ [k}\Omega\text{]}$ が適当であることは先に述べたところです．

B 点が決まると，直流負荷線の負の傾きが決まります．直流負荷線とベース電流の交点はいくつかあります．第 8.32 図から，$I_B = 10 \text{ [}\mu\text{A]}$ から $I_B = 40 \text{ [}\mu\text{A]}$ までが範囲です．しかし，$I_B = 40 \text{ [}\mu\text{A]}$ は特性の立ち上がり部に近すぎます．直流負荷線の傾きは，

$$-\frac{3}{9} = -\frac{1}{3}$$

です．負になっているのは，右下がりの勾配だからです．縦軸を y 軸，横軸を x 軸として，代数的な式で表すと，

$$I_C = -\frac{1}{3} V_{CE} + 3$$

となります．

(3) 交流等価回路，交流負荷線

次に交流等価回路の検討を行います．第 8.31 図(b)の回路を描き改めると次の第 8.33 図のようになります．電験の問題にもよく出題されます．

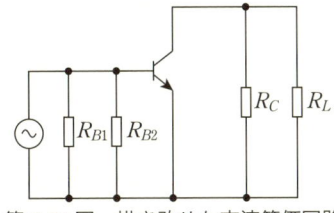

第 8.33 図　描き改めた交流等価回路

交流的に見たトランジスタの負荷抵抗，すなわち，交流負荷抵抗 R_{AC} は，R_L と R_C が並列になっています．また，ベース側もブリーダ抵抗が並列になっています．

$$R_{AC} = \frac{R_L R_C}{R_L + R_C}$$

$R_{DC} = R_C + R_E = 3$〔kΩ〕で，$R_E = 1$〔kΩ〕に選ぶと，$R_C = 2$〔kΩ〕です．ここで，$R_L = 6$〔kΩ〕とすると，

$$R_{AC} = \frac{6 \times 2}{6 + 2} = 1.5 \text{〔kΩ〕}$$

となります．

　交流動作については，トランジスタの負荷抵抗が R_{AC} になるので，直流負荷線のB点に相当する点が異なります．直流負荷線のB点を求めたのと同じように，V_{CE} を0としたときの I_C の値を求めます．

$$I_C = \frac{V_{CC}}{R_{AC}} = \frac{9}{1.5} = 6 \text{〔mA〕} \cdots\cdots \text{C 点}$$

となります．

　この点は第8.32図に書き込んでいます．直線 AC を<ruby>交流負荷線<rt>こうりゅうふかせん</rt></ruby>といいます．交流的には直線 AC 上で動作します．交流負荷線の傾きは，

$$-\frac{I_C}{V_{CC}} = -\frac{6}{9} = -\frac{2}{3} = -\frac{1}{1.5} = -\frac{1}{R_{AC}}$$

となります．交流負荷線の傾きの逆数が交流負荷抵抗を表します．

　代数的な表現では，

$$I_C = -\frac{2}{3}V_{CE} + 6$$

となります．

　トランジスタは直流負荷線の上でしか動作しませんから，交流負荷線と直流負荷線が交差するところまで交流負荷線を平行移動します．平行移動ならば，交流負荷線の傾きは変わりません．すなわち，交流負荷抵抗 $R_{AC} = 1.5$〔kΩ〕は変わりません．

　平行移動に際しては，交点で交流負荷線を2等分するように交点を選びます．そのように平行移動した直線を第8.32図に1点鎖線 DE で示しています．交点がQで EQ = DQ に選んでいます．これは，出力信号の波形をひずませずに，できるだけ大きく振幅させるためです．

　トランジスタの動作点Qは，交流負荷線を2等分するように決めること

が大切です．もし，このような交点が得られなければ，コレクタ抵抗 R_C を変更してやり直します．

なお，このように，特性曲線を使った作図法で設計しているのは，トランジスタが非線形素子だからです．線形素子なら計算のみで設計が終わります．トランジスタの場合，オームの法則が成り立つのは狭い領域に限られます．

動作点 Q のベース電流は 20〔μA〕です．したがって，バイアス回路は $I_B = 20$〔μA〕となるように設計します．また，動作点 Q は $V_{CE} = 3$〔V〕，$I_C = 2$〔mA〕です．

次に，入出力の波形を検討します．

入力信号電流 i_b はベースバイアスの I_B に重なって流れます．

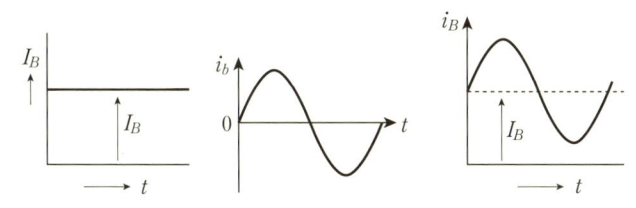

(a) 直流バイアス I_B　(b) 入力信号電流 i_b　(c) 合成ベース電流 i_B

第 8.34 図　ベース電流の波形

i_b の波高値が I_B を上回ると，i_b の負の半波領域で合成電流 i_B が負の値となることがあります．トランジスタはベースが逆バイアスされると動作しません．波形がひずむ（波形の頭がつぶれる）ことになります．この場合は，$I_B = 20$〔μA〕ですから，i_b の波高値は 20〔μA〕が限界です．

$I_B = 20$〔μA〕を中心にして波高値 20〔μA〕の入力信号電流を増幅できます．交流動作の I_B の範囲は 0〜40〔μA〕です．したがって，交流負荷線の SQR の範囲で動作します（D 点と S 点は重なっています）．

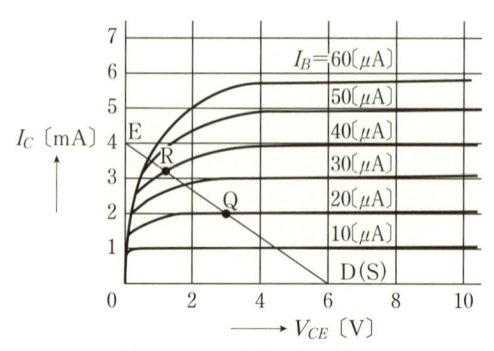

第 8.35 図　交流動作の範囲

R 点は $V_{CE} = 1.2$ 〔V〕, $I_C = 3.2$ 〔mA〕, S 点は $V_{CE} = 6$ 〔V〕, $I_C = 0$ 〔mA〕です．入力信号電圧とベース電流の関係は第 8.36 図のようになります．

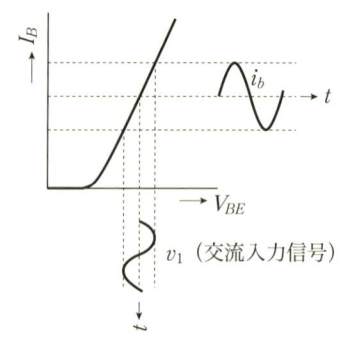

第 8.36 図　入力信号電圧とベース電流

交流出力の波形は第 8.37 図のようになります．

第 8.37 図　交流出力の波形

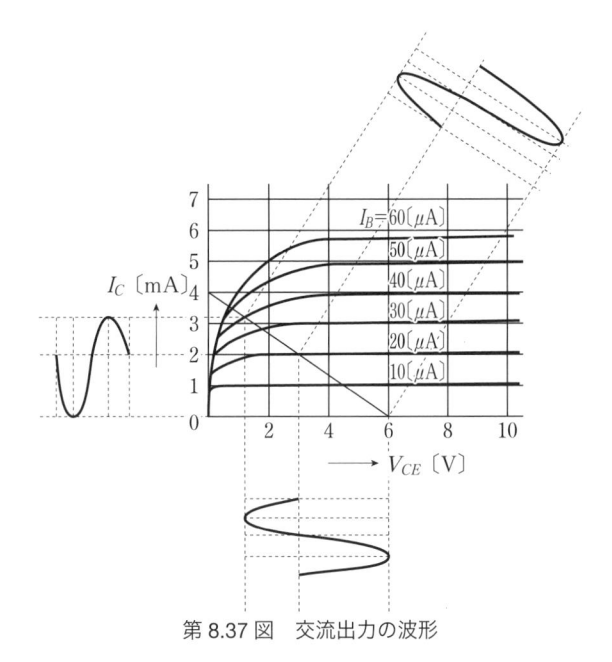

　入力電流 i_b が正弦波であるにも関わらず，出力の電圧，電流ともに正の半波と負の半波が異なり，出力はひずんでしまいました．これは，振幅（増幅度）を大きく取り過ぎたので，曲線の立ち上がり部分も使ったためです．設計を変更する必要があります．

　いま検討している例では，$I_B = 20$ 〔μA〕を中心にして ± 5 〔μA〕を動作範囲にすれば，特性の直線部を利用することになって波形は改善されます．増幅度の不足は，もう一段の増幅を行うようにし，2段増幅回路を設計します．小信号の増幅回路には2段増幅回路をよく用います．

練習問題1

トランジスタ増幅回路を図1に示している．これを交流等価回路としたものを図2に示している．R_1 と R_2 を表す式を示せ．

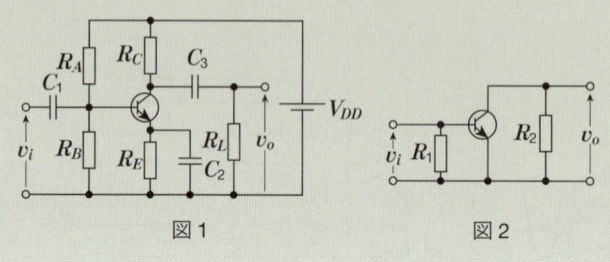

図1　　図2

【解答】　$R_1 = \dfrac{R_A R_B}{R_A + R_B}, \quad R_2 = \dfrac{R_C R_L}{R_C + R_L}$

$R_1 = R_A // R_B, \quad R_2 = R_C // R_L$

練習問題2

トランジスタ増幅回路の交流成分の増幅に関係する図を次に示している．$v_i = 0.1$〔V〕，ベースとエミッタ間の交流分抵抗 $R_{BE} = 2$〔kΩ〕，電流増幅度 $A_i = 100$，$R_L = 5$〔kΩ〕とする．出力電圧 v_0 を求めよ．

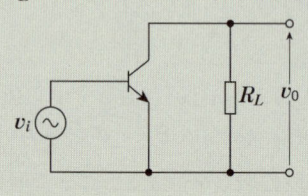

【解答】　$v_0 = 25$〔V〕

【ヒント】　$i_b = \dfrac{v_i}{R_{BE}}, \quad i_c = A_i i_b, \quad v_0 = R_L i_c$

第8章 Lesson 6 等価回路による信号増幅の計算

STEP 0 事前に知っておくべき事項

- 交流信号の増幅は交流等価回路によって計算できます．

覚えるべき重要ポイント

- 増幅度，増幅率，利得
- トランジスタの特性値，hパラメータ
- 等価回路による増幅回路の設計

STEP 1

(1) 増幅度と増幅率

第8.33図の交流等価回路を描き改めて，次の第8.38図(a)とします．

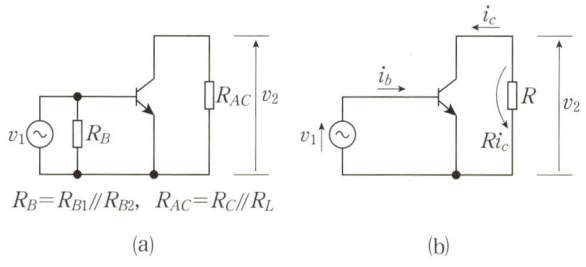

$R_B = R_{B1}/\!/R_{B2}$, $R_{AC} = R_C /\!/ R_L$

(a) (b)

第8.38図　信号増幅回路

図の $/\!/$ は並列合成抵抗を示します．信号電圧によってベースに流れる電流 i_b を考えるには，R_B は直接関係しないので，これを取り除くと図(b)のようになります．なお，$R_{AC} = R$ として記号を簡単にしました．エミッタ接地回路ですから，R の反抗起電力を考えると，出力電圧 v_2 が v_1 に対して位相が反転していることがわかります．

交流信号に対する増幅度を次のように定義します．

電流増幅度　$A_i = \dfrac{i_c}{i_b}$

⑧ 電子回路

電圧増幅度　$A_v = \dfrac{v_2}{v_1} = \dfrac{Ri_c}{v_1}$

直流動作の場合と同様に，ベース電流が一定ならば，コレクタ電流は R に影響されずにほぼ一定となりますから，R を大きくすれば，電圧増幅度も大きくできます．

出力電力は $P_2 = v_2 i_c$，入力電力は $P_1 = v_1 i_b$ ですから，

電力増幅度　$A_p = \dfrac{v_2 i_c}{v_1 i_b} = A_v A_i$

となります．エミッタ接地増幅回路では，これら三者はいずれも1よりはるかに大きな値となります．

図(b)において，$R = 0$（負荷短絡）とすると，$A_v = 0$，$A_p = 0$ となります．しかし，電流増幅度 A_i は一定の値を示します．これを電流増幅率と呼びます．交流動作のエミッタ接地の電流増幅率 h_{fe} は，

$$h_{fe} = \dfrac{i_c}{i_b} = \beta \quad (R = 0)$$

と表されます．普通，記号 β で表すこともあります．

似たような用語で混乱しそうですが，電流増幅度は R がある場合，電流増幅率は $R = 0$ の場合です．直流電流増幅率 h_{FE} や電流増幅率 h_{fe} は動作点によって異なります．しかし，近似的には次式が成り立ちます．

$$h_{FE} \fallingdotseq h_{fe} \fallingdotseq A_i$$

$R = 0$ の場合のベース接地回路の信号増幅は次の第8.39図のとおりです．

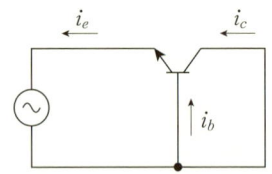

第8.39図　ベース接地増幅回路

ベース接地の電流増幅率 α は，

$$\alpha = \dfrac{i_c}{i_e}$$

となり，

$$i_c + i_b = i_e$$

となって，i_b は非常に小さいので，ベース接地の電流増幅率 α は 1 より少しだけ小さくなります．エミッタ接地の電流増幅率 β の式に代入すると，

$$\beta = \frac{i_c}{i_b} = \frac{i_c}{i_e - i_c} = \frac{\dfrac{i_c}{i_e}}{1 - \dfrac{i_c}{i_e}} = \frac{\alpha}{1-\alpha}$$

と変形できます．すなわち，

$$\beta = \frac{\alpha}{1-\alpha}$$

という関係式が成り立ちます．

(2) 利得

増幅度を利得(ゲイン，gain)として表すことも多いのです．増幅度が 1 以上の場合，利得があると表現します．

通常，利得で表すときは，増幅度の常用対数をとり，その単位をデシベル (decibel) で表します．大きな数値も対数変換して表すと小さな数値になるので，広範囲な幅の数値を取り扱うには便利な方法です．

(注) 常用対数とは

対数 $x = \log_{10} A$ は，

$$A = 10^x$$

を表します．すなわち，ある数 A が 10 の x 乗であることを意味します．常用対数は 10 を底とする対数です．仮に，$A = 1\,000$ とすると，

$$A = 1\,000 = 10^3$$

ですから，

$$\log_{10} A = \log_{10} 1\,000 = 3$$

となります．4 桁の数が 1 桁で表せました．

なお，対数には常用対数と別に自然対数もあります．主要な対数の公式を次に掲げます．対数の底は省略します．

$\log A^n = n \times \log A$

$\log(A \times B) = \log A + \log B$

$\log\left(\dfrac{A}{B}\right) = \log A - \log B$

各利得は次のように定義されます．

⑧ 電子回路

電力利得　　$G_p = 10\log_{10}A_p = 10\log_{10}\dfrac{P_2}{P_1}$ 〔dB〕

電圧利得　　$G_v = 20\log_{10}A_v = 20\log_{10}\dfrac{v_2}{v_1}$ 〔dB〕

電流利得　　$G_i = 20\log_{10}A_i = 20\log_{10}\dfrac{i_c}{i_b}$ 〔dB〕

　　　　　　　　　　　　　　　…エミッタ接地の場合

　電子回路では数段の増幅を行うのが一般的です．次の第 8.40 図のように 3 段の増幅を行うとします．

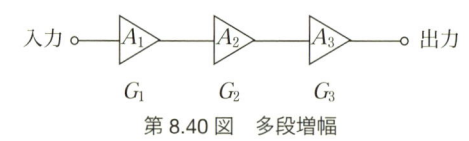

入力 ○─▷A_1─▷A_2─▷A_3─○ 出力
　　　　G_1　　G_2　　G_3

　　　　第 8.40 図　多段増幅

　電力増幅度 $A_1 = 10$，$A_2 = 50$，$A_3 = 100$ とします．合成した増幅度 A は，
　　　$A = A_1 \times A_2 \times A_3 = 10 \times 50 \times 100 = 50\,000$
となります．各段の利得を，
　　　$G_1 = 10\log_{10}10 = 10$〔dB〕
　　　$G_2 = 10\log_{10}50 = 17$〔dB〕
　　　$G_3 = 10\log_{10}100 = 20$〔dB〕
と表し，合成利得を G と表せば，
　　　$G = 10\log_{10}A = 10\log_{10}(A_1 A_2 A_3)$
　　　　$= 10(\log_{10}A_1 + \log_{10}A_2 + \log_{10}A_3)$
　　　　$= 10\log_{10}A_1 + 10\log_{10}A_2 + 10\log_{10}A_3$
　　　　$= G_1 + G_2 + G_3$
となるので，
　　　$G = 10 + 17 + 20 = 47$〔dB〕
と求められます．増幅度の積の形式をデシベルで表すと，各段のデシベルの和となります．

(3) トランジスタの特性数値
　第 8.41 図に示すトランジスタの静特性図の第Ⅰ象限に交流動作の動作点 Q を取ります．

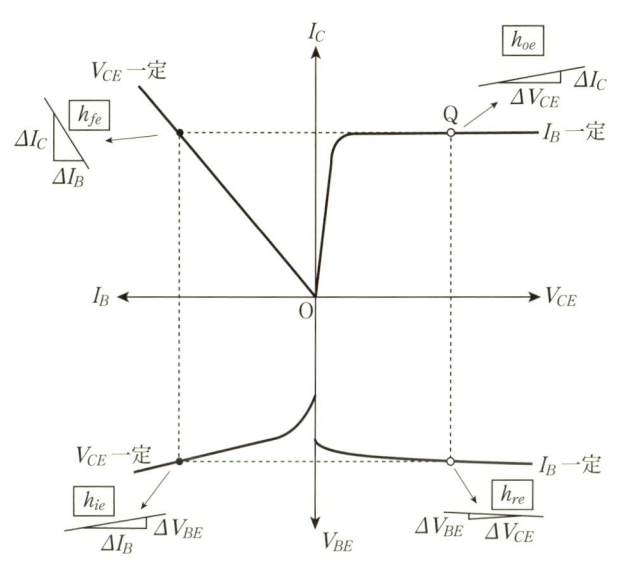

第 8.41 図　トランジスタの静特性図と h パラメータ

　直流動作の特性を表す静特性図ですが，動作点 Q およびこれに対応する各象限で，微小変化幅を取れば，交流動作の特性数値と等価です．

　第 I 象限の動作点の微小部分について曲線の傾き h_{oe} を求めます．

$$h_{oe} = \frac{\Delta I_C}{\Delta V_{CE}} = \frac{i_c}{v_{ce}} \ [\mathrm{S}] \quad \cdots\cdots 出力アドミタンス$$

　出力電流を出力電圧で割る形式になっているので，曲線の傾きはトランジスタの出力のアドミタンスを表しています．単位はジーメンスと読み，単位記号 S です．h_{oe} の添字 o は出力，output を表します．h_{oe} の逆数は出力インピーダンスを表すことになり，出力抵抗と表現することもあります．

　第 II 象限の微小部分について曲線の傾き h_{fe} を求めます．

$$h_{fe} = \frac{\Delta I_C}{\Delta I_B} = \frac{i_c}{i_b} \quad \cdots\cdots 電流増幅率$$

　これは，すでに学んだところです．電流増幅率は β で表すこともあります．

　第 III 象限の微小部分について曲線の傾き h_{ie} を求めます．

$$h_{ie} = \frac{\Delta V_{BE}}{\Delta I_B} = \frac{v_{be}}{i_b} \ [\Omega] \quad \cdots\cdots 入力インピーダンス$$

　これは，入力抵抗と表現することもあります．

h_{ie} の添字 i は入力，input を表しています．

第IV象限の微小部分について曲線の傾き h_{re} を求めます．

$$h_{re} = \frac{\Delta V_{BE}}{\Delta V_{CE}} = \frac{v_{be}}{v_{ce}} \cdots\cdots 電圧帰還率$$

傾き h_{re} は電圧帰還率と呼びます．入力電圧を出力電圧で割る形式になっています．通常，非常に小さな値となるので省略されます．h_{re} の添字 r は reverse を表しています．

トランジスタの小信号増幅の主要特性は，h_{oe}，h_{fe}，h_{ie} および h_{re} で表されるわけです．これらを h パラメータといいます．単位が S，Ω，無次元と混合（hybrid）しているからです．第8.4表にまとめておきます．

第8.4表

h：hybrid（混合物）…ディメンションが混じっている	
h_{ie}	input resistance　入力抵抗〔Ω〕
h_{re}	reverse voltage ratio　逆方向電圧比…電圧帰還率
h_{fe}	forward current ratio　順方向電流比…電流増幅率
h_{oe}	output admittance　出力アドミタンス〔S〕
末尾の e はエミッタ共通回路における値であることを示す	

練習問題1

あるエミッタ接地トランジスタの静特性を図に示す．この特性より，ベース電流 $I_B = 40$〔μA〕，コレクタ・エミッタ間の電圧 $V_{CE} = 6$〔V〕における電流増幅率 β（または h_{fe}）および出力抵抗 r_o を求めよ．

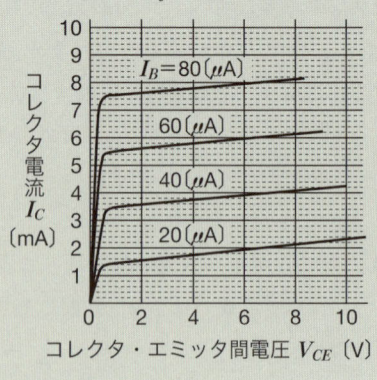

【解答】　$\beta = 100$，　$r_o = 10$〔kΩ〕

【ヒント】 $V_{CE}=6\pm2$〔V〕の範囲で $I_C=4\pm0.2$〔mA〕, $h_{oe}=\dfrac{\Delta I_C}{\Delta V_{CE}}$,

$r_o=\dfrac{1}{h_{oe}}$

STEP 2

h パラメータを使った簡易等価回路から増幅回路を設計する方法を説明します．

トランジスタは非線形素子です．しかし，交流負荷線の動作点 Q の前後の直線性のよい領域を使うならば，線形素子として扱えます．トランジスタの交流動作の記号と h パラメータを第 8.42 図に改めて示します．

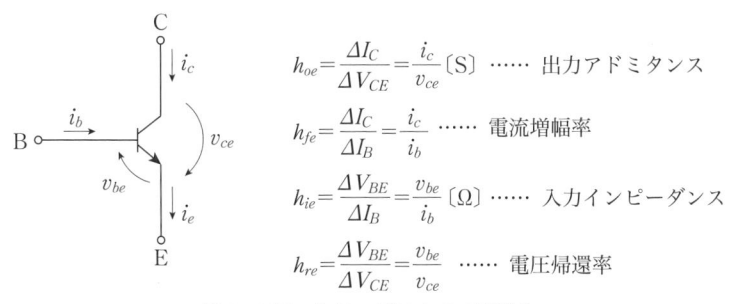

$h_{oe}=\dfrac{\Delta I_C}{\Delta V_{CE}}=\dfrac{i_c}{v_{ce}}$〔S〕……出力アドミタンス

$h_{fe}=\dfrac{\Delta I_C}{\Delta I_B}=\dfrac{i_c}{i_b}$ ……電流増幅率

$h_{ie}=\dfrac{\Delta V_{BE}}{\Delta I_B}=\dfrac{v_{be}}{i_b}$〔Ω〕……入力インピーダンス

$h_{re}=\dfrac{\Delta V_{BE}}{\Delta V_{CE}}=\dfrac{v_{be}}{v_{ce}}$ ……電圧帰還率

第 8.42 図　トランジスタの交流動作

h パラメータの内 h_{ie} 以外を次のように変形します．

$$\dfrac{v_{ce}}{i_c}=\dfrac{1}{h_{oe}},\ \ i_c=h_{fe}i_b,\ \ v_{be}=h_{re}v_{ce}$$

これらの関係をエミッタ接地増幅回路に当てはめると次の第 8.43 図が描けます．入力と出力の 4 端子で表せるので，4 端子回路と呼びます．

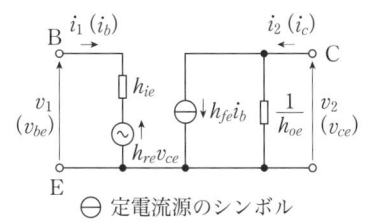

⊖ 定電流源のシンボル

第 8.43 図　トランジスタの 4 端子等価回路

入力電圧および出力電流は次の式で表せます．
$$v_1 = h_{ie}i_1 + h_{re}v_2$$
$$i_2 = h_{fe}i_1 + h_{oe}v_2$$

h パラメータの一例は次のようになります．

$h_{ie} = 1.5$ 〔kΩ〕,　$h_{re} = 1.5 \times 10^{-4}$,　$h_{fe} = 140$,　$h_{oe} = 10 \times 10^{-6}$ 〔S〕

h_{re} および h_{oe} は非常に小さい値です．したがって，等価回路中の $h_{re}v_{ce}$〔V〕と $\dfrac{1}{h_{oe}}$〔Ω〕を無視できて，次の第 8.44 図の簡易等価回路が描けます．

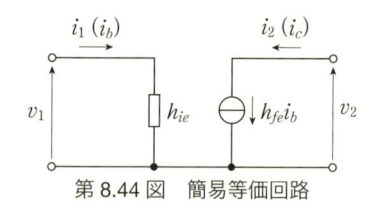

第 8.44 図　簡易等価回路

これから，次の近似式が成り立ちます．
$$v_1 = h_{ie}i_1$$
$$i_2 = h_{fe}i_1$$

エミッタ接地の標準的な増幅回路を，簡易等価回路を使って表すと次の第 8.45 図のようになります．

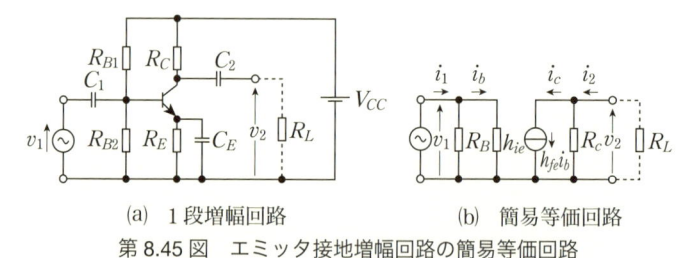

(a)　1 段増幅回路　　　　(b)　簡易等価回路

第 8.45 図　エミッタ接地増幅回路の簡易等価回路

入力信号で，より多くのベース電流を流すために，R_B は h_{ie} よりも比較的大きく設定されるので，R_B を無視することもできます．出力端子に負荷抵抗 R_L が接続されていないとすれば，$i_2 = i_c$ とおいて，各増幅度を次のように求められます．

電流増幅度　$A_i = \dfrac{i_2}{i_1} = \dfrac{i_c}{i_b} = \dfrac{h_{fe}i_b}{i_b} = h_{fe}$

238

電圧増幅度 $A_v = \dfrac{v_2}{v_1} = \dfrac{-Ri_c}{h_{ie}i_b} = -\dfrac{h_{fe}i_b}{h_{ie}i_b}R_C$

$= -\dfrac{h_{fe}}{h_{ie}}R_C$

電圧増幅度に負符号が付いているのは，入出力の位相が反転することを表しています．

電力増幅度 $A_p = \dfrac{P_2}{P_1} = \dfrac{v_2 i_2}{v_1 i_1} = |A_V|\cdot|A_i| = \dfrac{h_{fe}}{h_{ie}}R_C \cdot h_{fe}$

$= \dfrac{h_{fe}^2}{h_{ie}}R_C$

練習問題 2

図の回路は，エミッタ接地の交流小信号に注目した回路である．$h_{ie} = 3.5 \times 10^3$ 〔Ω〕，$h_{fe} = 140$ とする．入力電圧 v_b 〔V〕および入力電流 i_b 〔A〕を求めよ．

【解答】 $v_b = 0.15$ 〔V〕，$i_b = 4.29 \times 10^{-5}$ 〔A〕

【ヒント】

$i_b = \dfrac{i_c}{h_{fe}}, \quad v_b = h_{ie}i_b$

第8章 Lesson 7　FET 増幅回路

覚えるべき重要ポイント
- FET の種類と使い方
- FET のバイアス回路
- FET の交流等価回路

STEP 1

バイポーラトランジスタは正孔と電子の2種類のキャリヤで動作します．正孔または電子のいずれかのキャリヤで動作するトランジスタをユニポーラトランジスタ（unipolar transistor）といいます．uni- は単一という意味です．

バイポーラトランジスタは電流制御素子でした．ユニポーラトランジスタは電界によって制御する電圧制御素子です．この意味で，電界効果トランジスタ（field-effect transistor）といいます．一般に頭文字をとって FET と呼ばれます．

電界によってキャリヤの流れを制御する方法として，接合形と絶縁ゲート形の2種類があります．

(1) 接合形 FET（JFET）

構造モデルを第 8.46 図に示します．

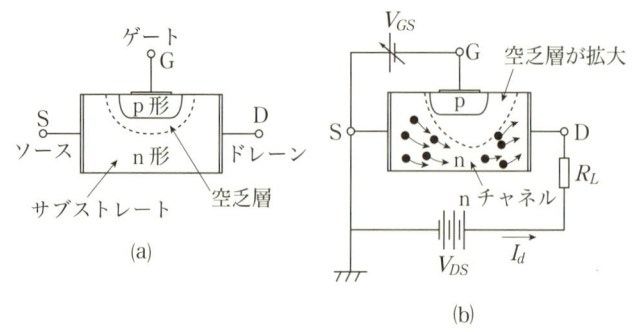

第 8.46 図　n チャネル接合形 FET の構造モデル

n 形半導体の基板（サブストレート）に p 形の島があります．pn 接合部の周辺では拡散のために空乏層ができています．図示のように電極を取り付

け，それぞれをゲート（gate，記号 G），ソース（source，記号 S），ドレーン（drain，記号 D）といいます．

図(b)のように電圧を加えます．キャリヤ電子はソースからドレーンに向けて移動します．ゲート電圧 V_{GS} は逆バイアスです．ゲートとドレーン間の pn 接合に対しても逆バイアスが加わっているので，空乏層が拡大し，キャリヤ電子の通るチャネル（水路，通路）が狭まっています．すなわち，n チャネルの抵抗が大きくなったのと同じ効果があります．

ゲート開放，$V_{GS}=0$ では，チャネルが最も広く，I_D は最大となります．JFET はノーマリ・オン形（無制御で ON 状態）素子です．後に説明する MOSFET も含め，図記号を第 8.47 図に示します．

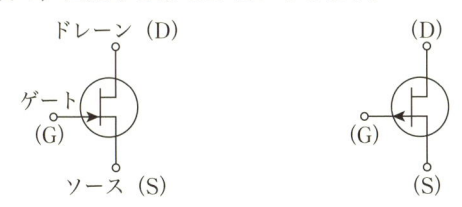

(a) 接合形 FET（n チャネル） (b) 接合形 FET（p チャネル）

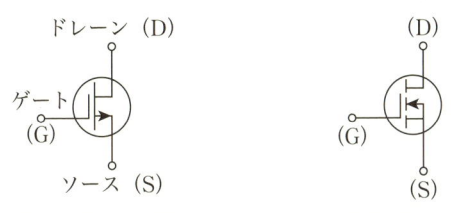

(c) MOS 形 FET（N MOS） (d) パワー MOSFET（P MOS）

第 8.47 図　FET の図記号

JFET の特性例を第 8.48 図に示します．

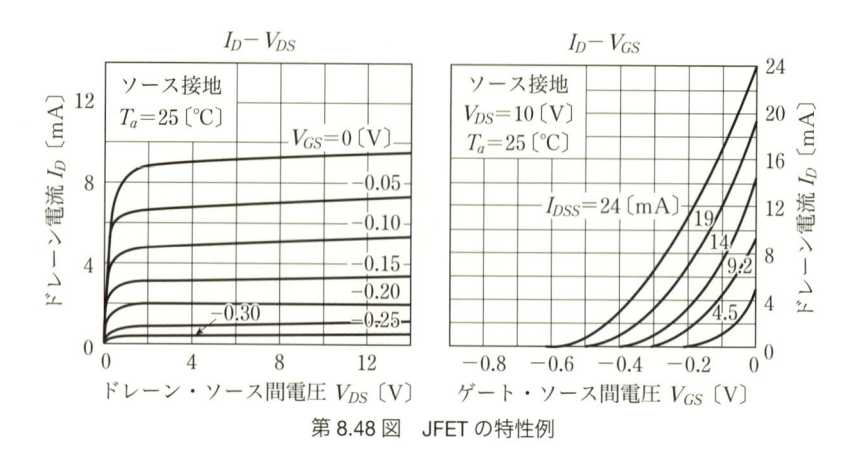

第 8.48 図　JFET の特性例

$I_D - V_{DS}$ 特性を出力特性と呼びます。$I_D - V_{GS}$ 特性を伝達特性と呼びます。ゲート電圧 V_{GS} の負電位がある値になるとチャネル幅がゼロとなって、I_D はゼロとなります。この状態をピンチオフの状態といいます。このときの V_{GS} の値をピンチオフ電圧と呼びます。記号 V_p で表すことにします。

$V_{GS} = 0$ で、I_D が最大となったときの電流を飽和電流といい、記号 I_{DSS} で表すことにします。伝達特性がいくつも描かれているのは、同一品種でも I_{DSS} のバラツキが多いからです。図示のような伝達特性の動作モードをディプリーション形 (depletion type) と呼びます。ディプリーションとは、消耗、使い果たす、という意味です。

なお、JFET では、ゲートに正電圧を加えると、過大な順方向電流が流れるので、必ず負バイアスのみで使用します。

(2) 絶縁ゲート形 FET（IGFET, MOSFET）

構造モデルを第 8.49 図に示します。

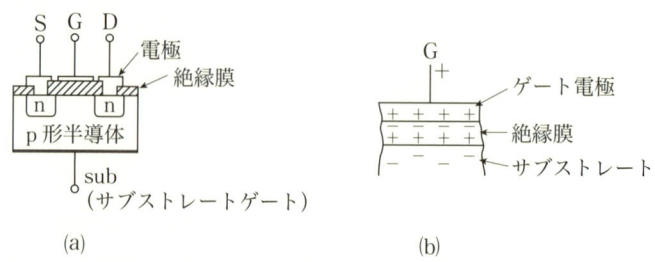

第 8.49 図　n チャネル MOSFET の構造モデル

p形半導体基板（サブストレート）の表面に，多くの不純物を拡散したn形の島を二つつくります．ゲート電極は絶縁膜を介して設けられています．絶縁膜はシリコンの酸化膜（SiO_2）です．図では酸化膜を厚く描いていますが，実際は0.1ミクロン程度の薄膜です．サブストレートもゲートの役目をするので電極を取り付けます．

ゲートの金属電極（metal），絶縁物のシリコン酸化物（oxide），半導体（semiconductor）の三層構造になっているところから，MOSFETと呼ばれます．この三層構造はコンデンサを形成しています．

ゲート電極を，絶縁膜を介して設けるため，G−S間の直流抵抗，すなわち，入力抵抗はJFETよりもさらに大きく，数百万〔MΩ〕以上です．しかし，薄膜であるため高電圧で容易に絶縁破壊されます．帯電している人の指先が触れただけでも破壊されるので，取り扱いに注意が必要です．

MOSFETは絶縁ゲートを用いるので，正，負のバイアスを加えることができます．静電誘導によって，半導体側にはゲート電圧と逆極性のバイアスを加えたのと同じ働きをします．図(b)には，ゲートに正バイアスを加えた場合を図示しています．静電誘導により，サブストレートに電子が誘導されてチャネルを形成します．

MOSFETは，ゲート電極下の構造とゲートバイアスの加え方により，ノーマリ・オン形のディプリーション形と，ノーマリ・オフ形（無制御でOF状態）のエンハンスメント形（enhancement）があります．エンハンスメントとは，増進，増強という意味です．

nチャネルエンハンスメント形MOSFETの構造モデルを第8.50図に示します．

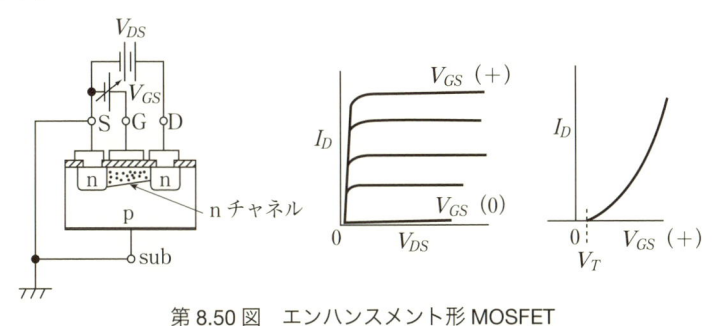

第8.50図　エンハンスメント形MOSFET

図示の極性で電圧を加えます。ゲート電圧 $V_{GS}=0$ では，ドレーン側の pn 接合は逆バイアスとなって I_D は流れません。$V_{GS}=0$, $I_D=0$ です。ゲート電極に加える正電圧を大きくしていくと，ゲート電極下の p 形半導体表面に静電誘導による電子が誘導されます。その結果，p 形から n 形に反転した層（反転層）が形成されます。この反転層が n チャネルとなってソースとドレーン間に電流が流れはじめます。

反転層を形成するのに必要な最低限のゲート電圧 V_{GS} を**しきい電圧**（スレッショルド電圧，Threshold voltage，記号 V_T で表すことにします）といいます。この値は 0.5〜2〔V〕程度です。V_{GS} を大きくするほど，チャネルは拡がります。

FET の種類と特徴をまとめた表を第 8.5 表に示します。

第 8.5 表
(a) 種類

JFET（接合形）	ディプリーション形	p チャネル, n チャネル
MOSFET（絶縁ゲート形）	ディプリーション形	p チャネル
	エンハンスメント形	n チャネル

(b) 特徴

種類	特徴	用途
JFET	入力インピーダンスが高い 低雑音 ゲートには逆方向電圧のみ MOS 形に比較して静電気に強い	直流増幅 VHF 増幅 チョッパ 可変抵抗
MOSFET	入力インピーダンスが JFET よりさらに高い ゲートには正方向，逆方向いずれの電圧も可 静電気で破壊されやすい 集積回路（IC）に適している	高周波増幅 混合 発振器 広帯域増幅器 チョッパ

練習問題 1

FET に関する次の記述中の空白箇所に適当な用語を記入しなさい．

FET は，動作の主体が [(1)] のみなのでユニポーラトランジスタとも呼ばれ，接合形 FET と MOSFET の 2 種類がある．直流的には G−S 間に電流が流れない，すなわち，[(2)] が非常に大きいという特徴がある．

接合形 FET では，G−S 間の pn 接合に [(3)] 電圧 V_{GS} を加え，V_{GS} の大きさで [(4)] の厚さを変える．これによって [(5)] の断面積を変えてドレーンからソースに流れる電流 I_D を制御する．接合形 FET の動作は [(6)] 形の動作モードで，$V_{GS} = 0$ のときに I_D は最大となる．

エンハンスメント形 MOSFET は，V_{GS} を加えることによってゲート電極下に [(7)] が形成されて，これがチャネルとなる．I_D を流しはじめるのに必要な V_{GS} を [(8)] 電圧という．

【解答】 (1) 多数キャリヤ，(2) 入力抵抗，(3) 逆バイアス
(4) 空乏層，(5) チャネル，(6) ディプリーション
(7) 反転層，(8) しきい

STEP 2

(1) JFET のバイアス回路

増幅回路によく使われる n チャネルのソース接地回路の自己バイアス回路を第 8.51 図に示します．

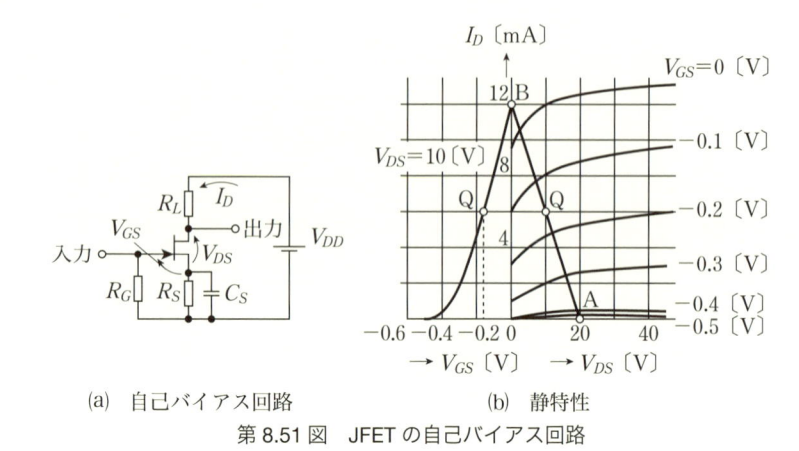

(a) 自己バイアス回路　　　　　　(b) 静特性
第8.51図　JFETの自己バイアス回路

　直流的には，ゲートにはごくわずかの漏れ電流が流れるだけなので，R_Gの電圧降下は無視でき，バイアス回路としては$R_G=0$と考えられます．ただし，交流小信号の増幅を考える際にはR_Gが入力抵抗となるので，無視できません．R_Gはゲート電位を零電位に保つ働きをしています．図(a)から次の2式が成り立ちます．

$$I_D R_S + V_{GS} = 0$$
$$I_D R_S + V_{DS} + I_D R_L = V_{DD}$$

整理すると，

$$V_{GS} = -I_D R_S \qquad\qquad ⑮$$
$$V_{DD} - V_{DS} = I_D(R_L + R_S) \qquad\qquad ⑯$$

となります．⑮式から，ソース抵抗R_Sの電圧降下をゲートバイアスに利用していることがわかります．

　⑮式と$I_D - V_{GS}$特性のカーブから，I_Dが何らかの原因で増加しようとすると，V_{GS}の負電位が高まりI_Dの増加を抑制します．I_Dが減少しようとすると，負電位が低下してI_Dの減少を抑制します．つまり，負帰還動作が行われて動作点が安定します．C_Sは交流信号に対して負帰還動作が働くのを防止するために入れてあります．

　図(b)の特性例を用いてJFETのバイアスを設計します．

　最初に，バイアス電圧$V_{DD}=20$〔V〕，$V_{DS}=10$〔V〕（V_{DD}の1/2）で使用すると決めておきます．図(a)から，$I_D=0$のときにはD−S間に$V_{DS}=20$

〔V〕が加わります．図(b)において A 点が決まります．

一般に $R_L \gg R_S$ ですから R_S を無視すると，$V_{DS}=0$ のとき，$I_D \fallingdotseq \dfrac{V_{DD}}{R_L}$ となります．$R_L=1.6$ 〔kΩ〕程度に選ぶと，$V_{DS}=0$ のとき，$I_D \fallingdotseq 12.5$ 〔mA〕となります．作図を簡単にするため，$I_D=12$ 〔mA〕とします．B 点が決まります．直線 AB を負荷直線といいます．無信号時の $V_{DS}=10$ 〔V〕から Q 点が決まります．動作点 Q は負荷直線の中央に選びます．

動作点 Q の V_{GS} は約 -0.16 〔V〕，$I_D=6$ 〔mA〕です．⑮式より，

$$R_S = -\dfrac{V_{GS}}{I_D} = \dfrac{0.16}{6 \times 10^{-3}} \fallingdotseq 26.7 \text{ 〔Ω〕}$$

となります．なお，⑯式より，

$$R_L = \dfrac{V_{DD}-V_{DS}}{I_D} - R_S = \dfrac{20-10}{6 \times 10^{-3}} - 26.7 \fallingdotseq 1.6 \text{ 〔kΩ〕}$$

となっています．

R_G の値は，交流入力信号の入力抵抗になるので，1〔MΩ〕程度に選んでおきます．

(2) MOSFET のバイアス回路

エンハンスメント形の n チャネル MOSFET の電流帰還バイアス回路を第 8.52 図に示します．

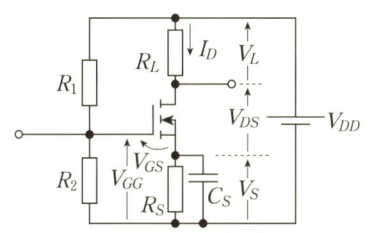

第 8.52 図　エンハンスメント形のバイアス回路

第 8.52 図から，次の式が成り立ちます．

$$V_{GG} = \dfrac{R_2}{R_1+R_2} V_{DD}$$

$$V_{DS} = V_{DD}-(R_L+R_S)I_D$$

$$V_{GS} = V_{GG}-R_S I_D$$

MOSFETの静特性図から適当な動作点を選んで各抵抗の値を決めます．およそ，R_Lは数〔kΩ〕，R_1，R_2は500〔kΩ〕～2〔MΩ〕程度に選ばれます．R_Sは大きいほど安定度が向上します．しかし，R_Sでの電圧降下が大きくなると，相対的にV_{DS}が減少し，出力の低下となります．

電圧の比を，
$$V_L : V_{DS} : V_S = 1 : 1 : (0.1～0.5)$$
程度に選ぶと適当です．

(3) 小信号の増幅

JFETの静特性は第8.51図(b)に，エンハンスメント形のMOSFETの静特性は第8.50図に示しました．特に区別する場合，$V_{GS}-I_D$のグラフを伝達特性，$V_{DS}-I_D$のグラフを出力特性と呼びます．伝達特性のグラフは2乗関数の形をしています．JFETの場合は次式で表されます．

$$I_D = I_{DSS}\left(1 - \frac{V_{GS}}{V_P}\right)^2$$

エンハンスメント形のMOSFETの場合は次式で表されます．

$$I_D = K(V_{GS} - V_T)^2$$

ただし，Kは構造で決まる比例定数です．

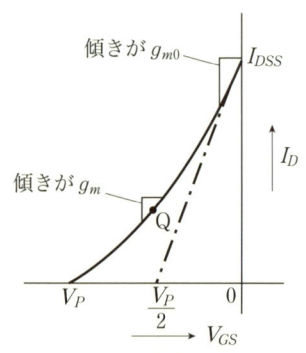

第8.53図 JFETの相互コンダクタンス

これらの2乗特性はFETの大きな特徴です．信号増幅では，V_{GS}は入力側の変数，I_Dは出力側の変数です．

$\Delta I_D / \Delta V_{GS}$の比の値は，伝達特性を数値で表すもので，伝達特性グラフの傾きを意味します．ただし，V_{DS}は一定とします．電流を電圧で割る形式で

すから，コンダクタンスを意味し，単位はジーメンス，単位記号Sです．入出力間のコンダクタンスという意味で，$\Delta I_D/\Delta V_{GS}$ を相互コンダクタンスといい，記号 g_m で表します．

$$g_m = \left(\frac{\Delta I_D}{\Delta V_{GS}}\right)_{V_{DS}=\text{const.}}$$

微分形式で求めると，

$$g_m = \left(\frac{dI_D}{dV_{GS}}\right)_{V_{DS}=\text{const.}} = -2\frac{I_{DSS}}{V_P}\left(1-\frac{V_{GS}}{V_P}\right)$$

となります．絶対値をとることにし，変形すると，

$$g_m = \frac{I_{DSS}}{\frac{V_P}{2}}\left(1-\frac{V_{GS}}{V_P}\right) \qquad ⑰$$

となります．ここで，$V_{GS}=0$ のときの相互コンダクタンスを g_{m0} と表すと，伝達特性グラフの $V_{GS}=0$ の点に引いた接線の傾きを表します．

$$g_{m0} = \frac{I_{DSS}}{\frac{V_P}{2}}$$

これを⑰式に代入すると，

$$g_m = g_{m0}\left(1-\frac{V_{GS}}{V_P}\right) \text{〔S〕}$$

と表されます．これは，バイポーラトランジスタの h_{fe} に相当します．

伝達特性を表す相互コンダクタンスは I_D と V_{GS} との微小変化率を表すので，交流小信号の伝達特性を表すものと考えられます．交流小信号を小文字で表すことにすれば，

$$i_d = g_m v_{gs} \qquad ⑱$$

と考えられます．ただし，D-S間の電圧は一定とします．

交流小信号の増幅は負荷直線上で行われるので，V_{DS} も変化します．出力特性グラフ上で V_{GS} を一定とするときの，V_{DS}/I_D の微小変化率を求めたものをドレーン抵抗 r_d といいます．

$$r_d = \left(\frac{\Delta V_{DS}}{\Delta I_D}\right)_{V_{GS}=\text{const.}} \quad [\Omega]$$

交流小信号の増幅では，

$$i_d = \frac{1}{r_d} v_{ds} \tag{⑲}$$

と表せます．ただし，G-S間の電圧は一定とします．

負荷直線上の動作点での交流動作のドレーン電流は⑱式と⑲式を重ね合わせたものとなり，

$$i_d = g_m v_{gs} + \frac{1}{r_d} v_{ds} \tag{⑳}$$

となります．

この式の意味から，ソース接地の交流等価回路が次の第8.54図のように描けます．

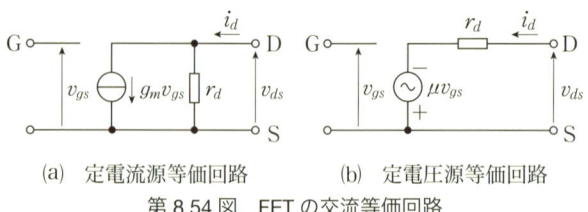

(a) 定電流源等価回路　　(b) 定電圧源等価回路

第8.54図　FETの交流等価回路

G-S間の抵抗は非常に大きく，$i_g = 0$ としてよいので，3端子形式で表せます．図(a)は⑳式から定電流電源として表した等価回路，図(b)は定電圧源として表した等価回路です．図(b)の場合，

$$i_d = \frac{\mu v_{gs} + v_{ds}}{r_d}$$

または，

$$v_{ds} = -\mu v_{gs} + r_d i_d$$

と表せます．

μ は電圧増幅率と呼ばれ，

$$\mu = g_m r_d$$

の関係があります．

g_m，r_d および μ は FET の3定数と呼ばれています．小信号増幅用の

FETのおよその値は，$g_m = 1$〜数十 [mS]，$r_d =$ 数十〜100 [kΩ] 程度です．

練習問題 2

FETのソース接地増幅回路がある．負荷抵抗 $R_L = 5$ [kΩ] で，FETの定数をドレーン抵抗 $r_d = 20$ [kΩ]，増幅率 $\mu = 60$ とすると，増幅回路の電圧増幅度 A_v はいくらか．

【解答】 $A_v = 12$

【ヒント】 増幅率 μ が与えられているので，定電圧源の等価回路を描きます．

$$i_d = \frac{\mu v_{gs}}{r_d + R_L}, \quad v_o = -R_L i_d = -\frac{R_L}{r_d + R_L}\mu v_{gs}, \quad A_v = \left|\frac{v_o}{v_i}\right|$$

第8章
Lesson 8 演算増幅器（オペアンプ）

覚えるべき重要ポイント

- 演算増幅器の特長
- 入力端子間には仮想短絡が成り立ちます．
- 反転増幅回路の利得計算と特長
- 非反転増幅回路の利得計算と特長

STEP 1

　オペアンプとは演算増幅器（operational amplifier）の略称です．集積回路の技術を使って，数十個のトランジスタ，FETおよび抵抗，コンデンサなどを組み込んで高利得の増幅器をパッケージ化しています．内部はブラックボックスとして扱い，外部に抵抗やコンデンサを外付けすることで，増幅器，加算器，微分・積分器，対数・指数変換器，比較器，フィルタ，電圧・電流変換器などが容易に実現できます．

　オペアンプの図記号は次の第8.55図のとおりです．

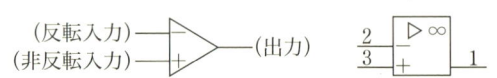

(反転入力)────┐
　　　　　　　｜＞─（出力）　　　2 ┌▷∞┐
(非反転入力)──┘　　　　　　　　 3 │＋ │ 1
　　　　　　　　　　　　　　　　　 └───┘

(a) 従来用いられていた図記号　(b) 新JISの図記号

第8.55図　オペアンプの図記号

　以前には図(a)の記号が用いられましたが，現在は図(b)で表すことになっています．入力の＋（非反転入力），－（反転入力）の意味は，－端子に v_1 を入力したとき，出力は位相が反転した逆相出力 $-Av_1$ となることを意味します．なお，A は電圧増幅度です．そして，＋端子に v_2 を入力したとき，出力は同相出力 Av_2 となることを意味します．

　オペアンプは基本的に差動増幅器です．二つの入力の差を増幅します．したがって，第8.56図のように片方の入力端子を開放した使い方はしません．オペアンプの内部等価回路は次の第8.57図のとおりです．

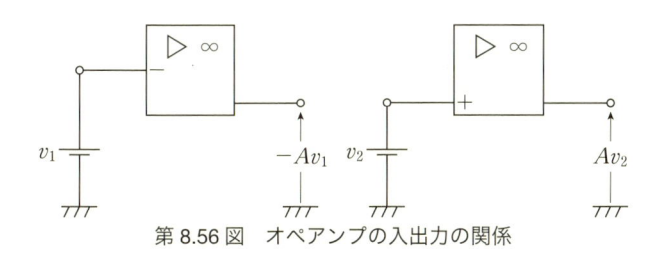

第 8.56 図　オペアンプの入出力の関係

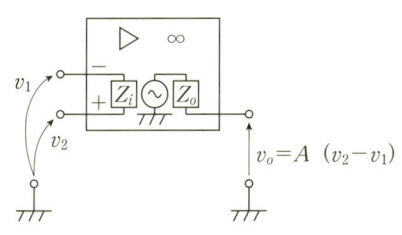

Z_i：入力インピーダンス
Z_o：出力インピーダンス
A：電圧増幅度
第 8.57 図　オペアンプの等価回路

同時に 2 入力を加えた場合，出力 v_o は次のように表されます．

$$v_o = A(v_2 - v_1) = -Av_i \tag{㉑}$$

$$v_i = v_1 - v_2 \tag{㉒}$$

v_i が差動入力で，増幅度 A 倍した出力 v_o が得られます．

オペアンプは次のような特徴を持っています．

(1) 反転入力端子と非反転入力端子を持っている．
(2) 増幅度 A が極めて大きく，実用上は無限大（∞）とみなせる．
(3) 入力インピーダンス Z_i が極めて大きく，実用上は ∞ とみなせる．
(4) 出力インピーダンス Z_o が極めて小さく，実用上は 0 とみなせる．
(5) 使用できる周波数帯域が直流から高周波まで幅広い．

すなわち，ほぼ理想的な増幅器といえます．しかし，増幅度 A が ∞ という点では，第 8.56 図，第 8.57 図の使い方はできません．なお，第 8.57 図は比較器（コンパレータ）として使えます．

8 電子回路

練習問題 1
オペアンプの特長を三つ以上あげよ．

【解答】 本文の(1)〜(5)までをあげる．

STEP-2

オペアンプによる増幅回路は2種類あります．オペアンプの増幅度は無限大ですから，線形増幅のためには負帰還（ネガティブフィードバック）を行います．最初に反転増幅回路について説明します．これは，単に反転（逆相）増幅器とも呼ばれます．

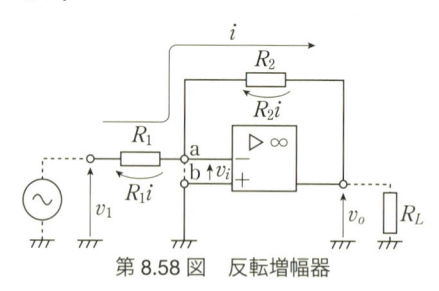

第8.58図 反転増幅器

出力信号を反転入力端子に加えれば，負帰還を施したことになります．第8.58図のように2個の外付け抵抗を用いて入力 v_1 と出力 v_o の負帰還を加えます．差動入力は図示の v_i です．㉑式から，
$$|v_o| = A|v_i|$$
ですから，
$$|v_i| = \frac{|v_o|}{A}$$
となります．v_o は有限の値ですから $A \to \infty$ とすると，$v_i = 0$ となります．a－b端子間の電位差が0になるということは，a－b端子間が短絡されているのと同じです．

負帰還をかけているオペアンプの入力端子間の電位差は常に0となります．この状態を仮想短絡（バーチャル・ショート）と呼びます．第8.58図のa－b端子間を点線で結んでいるのは仮想短絡を表しています．b端子を接地しているので，a端子も仮想接地点となります．

なお，仮想短絡は電位的に同電位であるという意味で，a−b 端子間が導線で結ばれていて電位差が0になっているわけではありません．したがって，仮想短絡間には電流が流れません．

オペアンプの入力インピーダンスは無限大ですから，電流 i は反転入力端子には流れ込まず，仮想接地点にも流れ込まず，図示のように R_1 と R_2 を通って流れます．仮想接地点に留意すると次式が成り立ちます．

$$v_1 = R_1 i$$
$$v_o = -R_2 i \quad (\because \quad v_o + R_2 i = 0)$$

これらから，

$$i = \frac{v_1}{R_1}$$

$$v_o = -\frac{R_2}{R_1} v_1$$

となります．負符号は出力位相が入力に対して反転していることを表します．反転増幅回路としての利得 G は，

$$G = \frac{v_o}{v_1} = -\frac{R_2}{R_1}$$

となります．

増幅回路としての利得 G は，外付け抵抗 R_1，R_2 の比だけで決まってしまいます．

入力電圧 v_1 を加えて電流 i が流れ込んでいます．入力 v_1 側から見た反転増幅回路の入力インピーダンス Z_{in} は，

$$Z_{in} = \frac{v_1}{i} = R_1$$

となります．

出力 v_o 側から見た反転増幅回路の出力インピーダンス Z_{out} は，負荷抵抗 R_L の代わりに電圧源を接続し，入力信号をゼロとしたときの出力端子の電圧と電流の比で得られます．$Z_{out} = 0$ となります．

反転増幅回路では，オペアンプ自体の持つ入力インピーダンスが無限大であるという特徴が活かされないので，R_1 はあまり小さくできない．

次に非反転増幅回路（第8.59図）を説明します．これは，単に非反転（正

相）増幅器とも呼ばれます．

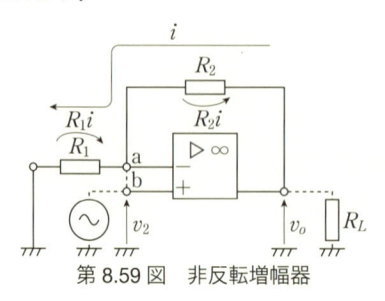

第 8.59 図　非反転増幅器

入力 v_2 が非反転端子に加えられているので，出力は入力と同相です．この場合も仮想短絡が成り立ちます．ただし，この回路では a 端子の仮想接地が成り立ちません．オペアンプの入力インピーダンスが無限大であるため，入力端子には電流が流れません．R_1 の左端が接地されているので，電流 i は図示のように流れます．このことから次式が成り立ちます．

$$i = \frac{v_o}{R_1 + R_2}$$

仮想短絡から次式が成り立ちます．

$$v_2 = R_1 i$$

これから，

$$i = \frac{v_2}{R_1}$$

とおいて，

$$i = \frac{v_o}{R_1 + R_2} = \frac{v_2}{R_1}$$

となり，利得を求めると，

$$G = \frac{v_o}{v_2} = \left(1 + \frac{R_2}{R_1}\right)$$

となります．

非反転増幅回路では，入力インピーダンス Z_{in} は無限大で，出力インピーダンスは，$Z_{out} = 0$ となります．これらの特長を活かして，センサ信号の初段増幅回路などに多く用いられます．

第 8.59 図において，$R_1 \to \infty$，$R_2 \to 0$ とすると，

$$G = \frac{v_o}{v_2} = \left(1 + \frac{0}{\infty}\right) = 1$$

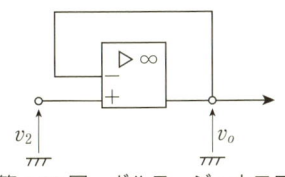

となって，$v_o = v_2$ となります．

第 8.60 図　ボルテージ・ホロワ

　増幅作用がないものの，正相で，入力インピーダンス Z_{in} は無限大で，出力インピーダンスは 0 です．この回路をボルテージホロワと呼びます（第 8.60 図参照）．複数の電子回路を接続するとき，回路相互間で互いの入出力の影響を避けたいときに応用します．

練習問題 2

　図に示す演算増幅器を使用した直流回路において，二つの入力端子の端子間電圧 V_i 〔V〕と出力電圧 V_2 〔V〕の値はそれぞれいくらか．

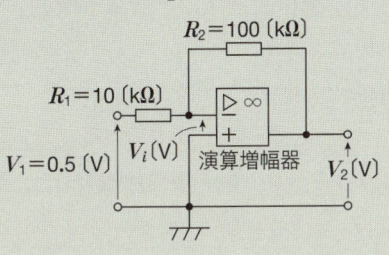

【解答】　$V_i = 0$ 〔V〕，$V_2 = -5$ 〔V〕

【ヒント】　$V_2 = -\dfrac{R_2}{R_1} V_1$

⑧ 電子回路

STEP-3 総合問題

【問題1】 図のようなトランジスタ増幅器がある．次の(a)および(b)に答えよ．

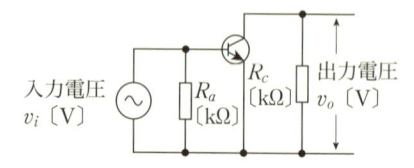

(a) 次の文章は，トランジスタ増幅器について述べたものである．

図の回路は，[(ア)]形のトランジスタの[(イ)]を接地した増幅回路を，交流信号に注目して示している．入力電圧と出力電圧の瞬時値をそれぞれ v_i [V] および v_o [V] とすると，この回路では v_i に対して v_o は，位相が[(ウ)]ずれる．このときの入力電圧と出力電圧の実効値をそれぞれ V_i [V] および V_o [V] とすると，電圧利得は[(エ)][dB] の式で表される．

上記の記述中の空白箇所に当てはまる語句，式または数値を記入せよ．

(b) 図示された増幅回路が $R_a = 25$ [kΩ]，$R_c = 20$ [kΩ] で，入力電圧を加えたとき，この回路の電圧利得〔dB〕の値を求めよ．ただし，トランジスタの電流増幅率 $h_{fe} = 120$，ベース－エミッタ間抵抗 $h_{ie} = 2$ [kΩ]，$\log_{10} 2 = 0.301$，$\log_{10} 3 = 0.477$ とする．

【問題2】 図1のようなトランジスタ増幅回路がある．次の(a)および(b)に答えよ．

(a) 図1の回路を交流信号に注目し，交流回路として考える．この場合，この回路を図2のような等価な回路に置き換えることができる．このとき，等価な抵抗 R_1, R_2 を表す式を書け．

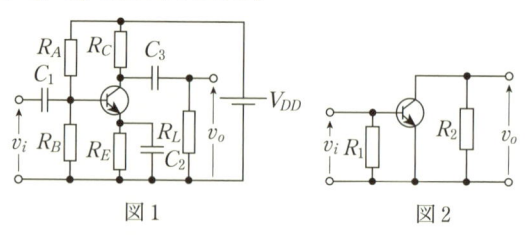

図1　　　　図2

(b) 図2の回路で，電圧増幅度の大きさを求めよ．ただし，トランジスタの

入力抵抗 $h_{ie} = 6$ [kΩ],電流増幅率 $h_{fe} = 140$ である.また,図1の回路において,各抵抗は $R_A = 100$ [kΩ],$R_B = 25$ [kΩ],$R_C = 8$ [kΩ],$R_E = 2.2$ [kΩ],$R_L = 15$ [kΩ] とする.なお,出力アドミタンス h_{oe} および電圧帰還率 h_{re} は無視できるものとする.

【問題3】 図のような FET 増幅器がある.次の(a)および(b)に答えよ.

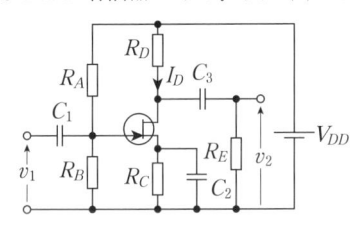

(a) 図の増幅器のトランジスタは,接合形の ［(ア)] チャネル FET であり,結合コンデンサは,コンデンサ ［(イ)] である.また,抵抗 ［(ウ)] は,温度変化に対する安定性を高める役割を果たしている.
　上記の空白箇所に適当な記号を記入せよ.

(b) ドレーン電流 $I_D = 6$ [mA],直流電圧源 $V_{DD} = 24$ [V] とし,ゲート・ソース間電圧 $V_{GS} = -1.4$ [V] で動作させる場合,抵抗 R_A,R_B の比 $\dfrac{R_A}{R_B}$ の値を求めよ.ただし,抵抗 $R_C = 1.6$ [kΩ] とする.

【問題4】 図1は,MOS 形 FET の増幅回路を示し,図2は,その FET の静特性を示す.$R_1 = 10$ [kΩ],$R_2 = 20$ [kΩ],$R_L = 4$ [kΩ],$V_{DD} = 12$ [V] とするとき,次の(a)および(b)に答えよ.

図1

図2

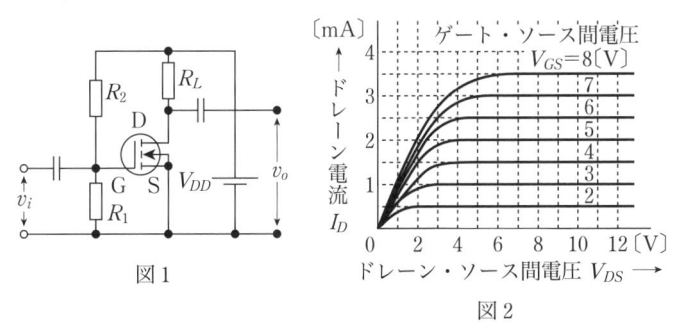

(a) ゲート・ソース間電圧 V_{GS} [V] を求めよ．

(b) 入力電圧 v_i の最大値が 1 [V] のときの出力交流電圧 v_o を，図 2 の静特性から求めた場合，v_o [V] の最大値を求めよ．

【問題 5】 図 1 および図 2 は演算増幅器を用いた直流増幅回路である．次の (a) および (b) に答えよ．

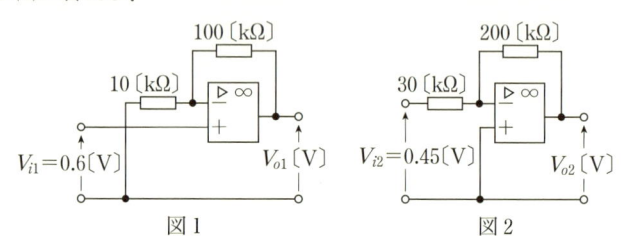

図 1　　　図 2

(a) それぞれの出力電圧 V_{o1} [V] および V_{o2} [V] を求めよ．

(b) 図 1 の回路において，10 [kΩ] の抵抗を開放し，100 [kΩ] の抵抗を短絡すると，出力電圧 V_{o1} [V] はいくらになるか．

第 9 章
電子の運動

第9章
Lesson 1　導体中の電子の移動

STEP 0　事前に知っておくべき事項

- 導体の電気伝導は自由電子の移動

覚えるべき重要ポイント

- 導体中の電子のドリフト速度は極端に遅い.

STEP 1

　半導体の電気伝導については，第8章のLesson 1で説明しました．金属導体の場合は，キャリヤとなる自由電子のみを考えればよいのです．

　第9.1図のように導体中の自由電子の速度を v_n〔m/s〕とし，電界の強さの大きさを E〔V/m〕とすると，速度は電界に比例し，

$$v_n = \mu_n E \text{〔m/s〕}$$

と表されます．これは自由電子の平均的な移動速度を表し，ドリフト速度(流動速度)といいます．

　μ_n は比例定数で，

$$\mu_n = \frac{v_n}{E} \text{〔m}^2/(\text{V}\cdot\text{s})\text{〕}$$

です．つまり，1〔V/m〕の電界によってキャリヤが得る速度です．これを移動度といいます．

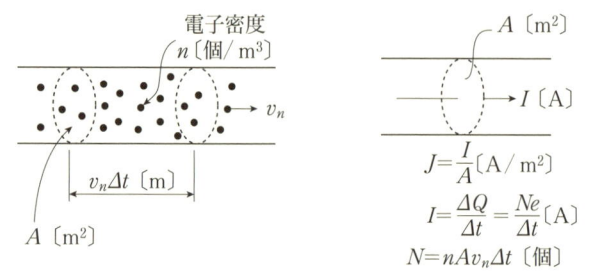

電子密度 n〔個/m³〕

$v_n \Delta t$〔m〕

A〔m²〕

A〔m²〕

I〔A〕

$J = \dfrac{I}{A}$〔A/m²〕

$I = \dfrac{\Delta Q}{\Delta t} = \dfrac{Ne}{\Delta t}$〔A〕

$N = nAv_n \Delta t$〔個〕

第9.1図　自由電子の移動

キャリヤが移動すれば電流を生じます．自由電子の移動による電流密度を J〔A/m²〕とすると，
$$J = nev_n \text{〔A/m²〕}$$
となります．ここで，n は自由電子の濃度〔m⁻³〕です．濃度は体積密度と同じで，単位体積当たりの自由電子の個数を表します．e は電子の電荷量（-1.6×10^{-19}〔C〕）です．

導電率 σ は，
$$\sigma = \frac{J}{E} = en\mu_n \text{〔S/m〕}$$
となります．抵抗率 ρ〔Ω・m〕は，この逆数です．

導体を銅とすると，これは1価の原子です．単位体積当たりの銅原子の個数がわかれば，自由電子の個数も同じです．単位体積当たりの自由電子の濃度を計算すると，約 8.5×10^{28}〔m⁻³〕という大きさです．半導体などのキャリヤ濃度からすると桁違いに大きな値です．

$n = 8.5\times10^{28}$〔m⁻³〕，$e = 1.6\times10^{-19}$〔C〕とすると，
$$J = nev_n = 8.5\times10^{28}\times1.6\times10^{-19}v_n$$
$$= 1.36\times10^{10}v_n \text{〔A/m²〕}$$
となります．

いま，断面積2〔mm²〕の銅線に20〔A〕の電流が流れているものとして v_n を求めます．
$$\frac{20}{2\times10^{-6}} = 1.36\times10^{10}v_n$$
とおいて，
$$v_n = \frac{20}{2\times10^{-6}\times1.36\times10^{10}} \fallingdotseq 7.4\times10^{-4} \text{〔m/s〕}$$
となります．

これは，秒速0.74〔mm〕という速さで，電気は光の速さで伝わるといわれます．この違いは，自由電子が移動する速さと，電界が伝わる速さの違いです．例えば，水道の蛇口に長いホースをつないだとします．ホースの端を蛇口と同じ高さにしておきます．中に水がない状態で蛇口を開けると，ホースの端に水が出てくるのに時間がかかります．

9 電子の運動

　一度，ホースに水を通し，ホース内に水が充満しているとします．その状態から蛇口を開けると，ホースの端からはすぐに水が出てきます．もちろん，最初に出てきた水は，蛇口を出たばかりの水ではありません．しかし，見かけ上は，蛇口を開けるとすぐに水が出たわけです．

　銅線の中には多くの自由電子があり，ランダムに動き回っているだけで，一方向への移動はありません．ループにした銅線の途中に電池などを入れて電界を加えると，電界の向きと逆向きに電子が移動しようとします．銅線の長さ方向に，電界の作用は光の速度で伝わります．同時に，銅線の長さ方向すべてに電子の移動が生じます．電子の移動速度は非常に遅いものの，電界の伝わる速さは光速です．

　なお，電解液中の電気伝導はイオンによって行われ，イオンのドリフト速度は導体中の電子よりもさらに一桁以上遅くなります．

> **練習問題 1**
> 　断面積 2 (mm^2) の銅線に 20 (A) の電流が流れているものとして v_n を求めると，$v_n = 7.4 \times 10^{-4}$ (m/s) であった．断面積 8 (mm^2) の銅線に 50 (A) の電流が流れている場合は，何倍の速度になるか．

【解答】　0.625 倍

【ヒント】　$v_n \propto \dfrac{I}{A}$ なので，

$$\dfrac{\frac{50}{20}}{\frac{8}{2}} v_n = \dfrac{5}{8} v_n = 0.625 v_n$$

STEP 2

　電子管などのように，空間にある電子を利用するには，固体から電子を放出させる必要があります．

(1) 熱電子放出

　金属を高温にすると，金属導体内の自由電子が熱によって運動速度を増し，表面の引力に打ち勝って飛び出します．これを**熱電子放出**といいます．一般に，1 000 $(℃)$ 以上でないと熱電子放出ははじまりません．熱電子放出に

用いられる物質は，タングステン，トリウム・タングステン，タンタル，酸化物被膜放出体などです．

(2) 冷陰極放出

陰極の温度が低くても，10^8〔V/m〕以上の電界を加えると，電子は陰極表面から飛び出します．これを，冷陰極放出または電界放出といいます．アーク放電などもこの例です．冷陰極蛍光灯や液晶バックライトにも応用されています．

(3) 光電子放出

光は光子と呼ばれるエネルギーを持っており，光が陰極に照射されると陰極物質の原子の持つ電子にエネルギーが与えられ，電子の運動エネルギーが増して陰極から放出されます．放出される電子を光電子といいます．陰極物質に対応したある波長以下の光でなければ光電子は発生しません．アルカリ金属などが陰極材に使われます．光電セルや太陽電池もこれを応用したものです．

(4) 二次電子放出

金属，その酸化物，ハロゲン化物などの表面に電子を衝突させると，物質内部の電子がそのエネルギーを受けて表面から飛び出す現象があります．これを二次電子放出といいます．照射して衝突する電子を一次電子，飛び出す電子を二次電子といいます．実際には，衝突して反射する電子と飛び出す電子を区別できないので，両方の和を二次電子と呼んでいます．この現象は電子増倍管に応用されています．

以上のほかに，放射性物質の出す放射線にも電子放出によるものがあります．しかし，工学的な電子源としては利用されません．

練習問題 2

電子放出の種類について説明せよ．

【解答】 本文参照

第9章 Lesson 2 電界中の電子の運動

STEP 0 事前に知っておくべき事項

- 電界中の電荷に働く力

$$F = qE \text{ (N)}$$

- 力学公式

  力 　　$F = m\alpha$ (N)

  エネルギー　$W = Fd$ (J)

  エネルギー　$W = \dfrac{1}{2}mv^2$ (J)

覚えるべき重要ポイント

- 電子の得るエネルギー

$$W = \frac{1}{2}mv_A^2 = Fd = eEd = eV \text{ (J)}$$

STEP 1

電子の運動

第1章で学んだように,電界の強さが E (V/m) である点Pに q (C) の電荷を置いたとき, q (C) の電荷に働く力 F は次式で表されます.

$$F = qE \text{ (N)}$$

帯電体を電子1個とすれば,電子1個の持つ電気量 $e = -1.6 \times 10^{-19}$ (C) に置き換えて,

$$F = eE \text{ (N)}$$

と表せます.

第9.2図のように,間隔 d (m) の平行平板電極間に V (V) の電位差を加えると,内部の平等電界 E は,

$$E = \frac{V}{d} \text{ (V/m)}$$

となります．電子は負電荷を持っているので，電界と逆向きの力が働きます．電子を固定していない限り，電子は電界と逆向きに運動します．

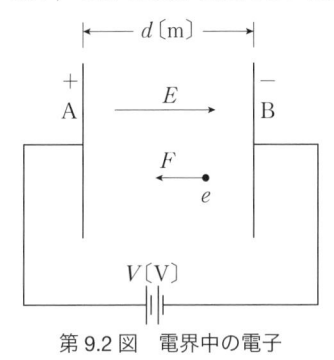

第9.2図　電界中の電子

質量 m〔kg〕の物体に力 F〔N〕を加えて運動させたときの加速度を α〔m/s²〕とすると，

$$F = m\alpha \text{〔N〕}$$

という関係式が成り立ちます．これは，物理の力学公式として有名なものです．

電気的な力と力学的な力が平衡しているとして，

$$eE = m\alpha$$

とおいて，これから加速度を求めると，

$$\alpha = \frac{eE}{m} = \frac{eV}{md} \text{〔m/s²〕}$$

となります．なお，電子に働く重力の加速度は無視します．

電子は平等電界から力を受けて，加速度 α の等加速度運動をします．したがって，時間とともに運動速度を速めていきます．

いま，電子が電極Bから初速度 v_0 で発射されたとすると，t〔s〕後の速度 v〔m/s〕は，

$$v = v_0 + \alpha t \text{〔m/s〕}$$

となります．この電子が $t = 0$ から $t = t$〔s〕の間に移動する距離 x〔m〕は，平均速度に時間を掛けて，

$$x = \frac{v_0 + v}{2} t = \frac{v_0 + v_0 + \alpha t}{2} t = v_0 t + \frac{1}{2} \alpha t^2$$

$$= v_0 t + \frac{eV}{2md} t^2 \text{ [m]}$$

となります．

初速度 $v_0 = 0$ ならば，簡単になって，

$$x = \frac{eV}{2md} t^2 \text{ [m]}$$

となります．以後は，初速度 $v_0 = 0$ として進めていきます．

電子が電極 B から初速度 $v_0 = 0$ で出発し，電極 A に達したときの速度を v_A とすると，電子の得るエネルギー W に関して次式が成り立ちます．

$$W = \frac{1}{2} m v_A^2 = Fd = eEd = eV \text{ [J]}$$

$$\therefore \quad v_A = \sqrt{\frac{2eV}{m}} \text{ [m/s]}$$

電位差 $V = 1$ [V] とすると，$W = eV$ から，

$$W = e \times 1 = 1.6 \times 10^{-19} \text{ [J]}$$

と定数になります．原子や電子の分野では，これをエネルギーの単位にとり，

1 [eV] $= 1.6 \times 10^{-19}$ [J]

として，エネルギーを表します．単位の [eV] はエレクトロン・ボルトと読みます．1 [eV] とは，電子が 1 [V] の電位差のもとで加速されて得るエネルギーです．電子を 1 000 [V] の電位差で加速すれば，1 000 [eV] のエネルギーを得るわけです．

オシロスコープの電子銃は，直流高電圧で電子を連続的に加速して電子ビームを発射する装置です．

第 9.3 図のように，平等電界に対して直角に初速度 v_0 で発射された電子は，x 軸方向への初速度を維持しながら y 軸方向に向きを変えられ，放物線状に飛びます．オシロスコープの静電偏向の原理です．

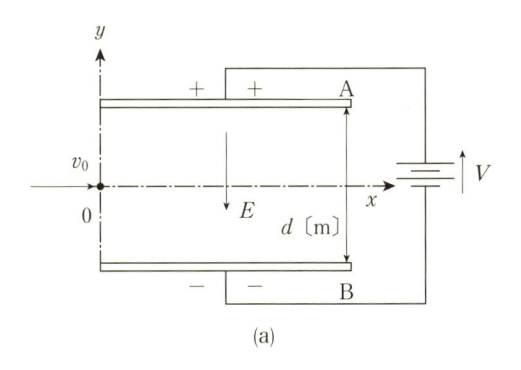

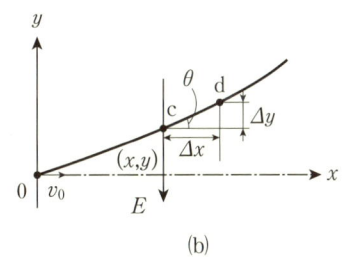

Lesson 2　電界中の電子の運動

第 9.3 図　静電偏向

練習問題 1

真空中において，電子の運動エネルギーが 400 [eV] のときの速さが 1.19×10^7 [m/s] であった．電子の運動エネルギーが 100 [eV] のときの速さ [m/s] の値を求めよ．ただし，電子の相対性理論効果は無視する．

【解答】　5.95×10^6 [m/s]

【ヒント】　$W = \dfrac{1}{2}mv^2$,　$v = \sqrt{\dfrac{2W}{m}}$,　$v \propto \sqrt{W}$

第9章 Lesson 3 磁界中の電子の運動

STEP 0　事前に知っておくべき事項

- 磁界中の電流に働く力

    $F = IBl$ 〔N〕

    力の向きはフレミングの左手の法則

- 力学公式

    遠心力　$F = \dfrac{mv_0^2}{r}$ 〔N〕

覚えるべき重要ポイント

- 電子の円軌道の半径

    $r = \dfrac{mv_0}{eB}$ 〔m〕

- 円運動の周期

    $T = \dfrac{2\pi m}{eB}$ 〔s〕

STEP 1

第9.4図(a)のように、平等磁界中（磁束密度 B 〔T〕）に初速度 v_0 で電子が発射されたとします。

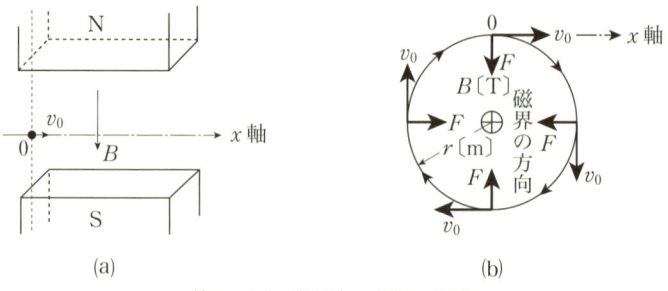

第9.4図　磁界中の電子の運動

電流の定義は，ある断面を単位時間当たりに通過した電荷量です．
$$I = \frac{\Delta q}{\Delta t} \,\text{[A]}$$
速度の定義は，単位時間当たりの移動距離です．
$$v = \frac{\Delta l}{\Delta t} \,\text{[m/s]}$$
から，
$$\Delta l = v\Delta t \,\text{[m]}$$
となります．
　これらの式から，Δl の区間に働く力は，
$$F = IB\Delta l = \frac{\Delta q}{\Delta t} \cdot B \cdot v\Delta t = \Delta q \cdot Bv \,\text{[N]}$$
となります．
　電子1個の運動を考えて，$\Delta q = e$，電子の速度を v_0 とすると，
$$F = ev_0 B \,\text{[N]}$$
となります．
　電子は負電荷ですから，電流の向きとしては v_0 と逆向きと考えてフレミングの左手の法則を適用します．図(b)の平面で考えると，進行方向に対して常に右向きの力を受けることになり，電子軌道は円運動することになります．力は円の中心に向いているので向心力として働きます．
　初速度 v_0 は維持されるので等速円運動となり，遠心力と向心力が平衡します．電子の質量を m とすると，
$$\frac{mv_0^2}{r} = ev_0 B$$
となるので，
$$r = \frac{mv_0}{eB} \,\text{[m]}$$
となります．
　円運動の角速度を ω [rad/s] とすると，
$$v_0 = \omega r$$
の関係式が成り立ちます．

⑨ 電子の運動

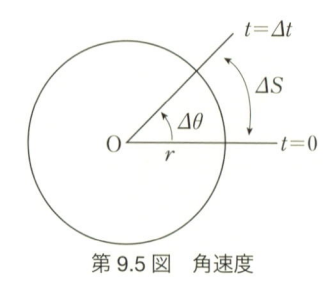

第9.5図 角速度

角速度 ω〔rad/s〕は，第9.5図において，

$$\omega = \frac{\Delta \theta}{\Delta t} = \frac{\frac{\Delta S}{r}}{\Delta t} = \frac{1}{r} \cdot \frac{\Delta S}{\Delta t} = \frac{v_0}{r}$$

となります．円運動の周期を T〔s〕とすると，$\omega T = 2\pi$ ですから，

$$T = \frac{2\pi}{\omega} = 2\pi \frac{r}{v_0} = \frac{2\pi}{v_0} \cdot \frac{mv_0}{eB}$$

$$= \frac{2\pi m}{eB} \text{〔s〕}$$

となります．

磁束密度 B〔T〕が大きいほど，r と T は小さくなります．

磁界中の電子の運動は電磁偏向に応用されます．

練習問題 1

図に示すように，間隔 d の平行電極板において，一定磁束密度 B の磁束が紙面に垂直に一様に加えられている．下面の電極から垂直に初速度 v_0 で対極に向かった電子が対極に達するための条件式を示せ．ただし，電子の電荷を $-e$，質量を m とする．

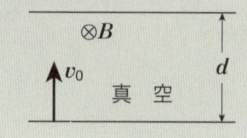

【解答】 $d < \dfrac{mv_0}{eB}$

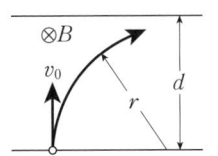

【ヒント】

9 電子の運動

STEP-3 総合問題

【問題1】 図のように，磁束密度 B の平等磁界に垂直に初速度 v_0 で陽イオンを射出した．陽イオンの電荷は q，質量は m_1 である．陽イオンは磁界の影響を受けて図示のように円運動をし，y 軸上の P 点に達した．なお，y 軸より左の領域には，磁界はないものとする．次に，同様にして別の陽イオンを初速度 v_0 で射出した．この陽イオンの電荷は q，質量は m_2 である．この陽イオンは y 軸上の Q 点に達した．次の(a)および(b)に答えよ．

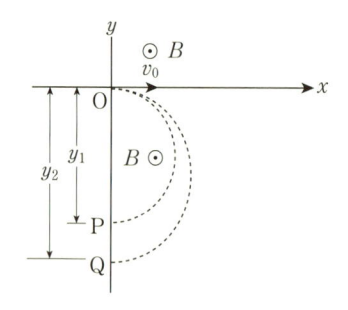

(a) OP 間の距離を y_1 とする．y_1 を表す式を示せ．
(b) OQ 間の距離を y_2 とする．質量 m_2 は m_1 の何倍か．

【問題2】 電子を静止状態から光速度の 1/2 まで加速するのに要するエネルギーは 6.39×10^4 [eV] である．ただし，相対論的効果は考えないものとする．次の(a)および(b)に答えよ．

(a) 電子の比電荷 [C/kg] はいくらか．なお，比電荷は電子の電荷と質量の比である．
(b) 加速に要した電位差 [V] はいくらか．

第10章
現象，効果

第10章
Lesson 1　現象と効果

覚えるべき重要ポイント

- 各現象，効果の内容を理解する．

STEP 1

(1) 磁気ヒステリシス現象

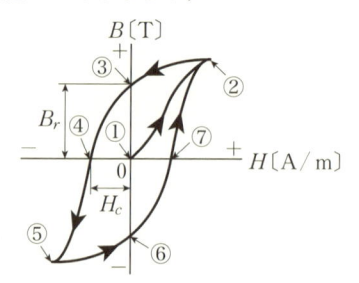

残留磁気のない強磁性体を磁界内に置いて磁化します．磁界 H 〔A/m〕を0から徐々に増加させると，強磁性体内の磁束密度 B 〔T〕は第10.1図の①から②のように変化します．②の付近からは磁界 H を強めても磁気飽和して磁束密度 B は変化しなくなります．

第10.1図　ヒステリシス曲線

②の点から磁界 H を減少させて $H=0$ とすると，磁束密度 B は②から③へと変化し，$H=0$ で $B=B_r$ 〔T〕となります．この B_r を残留磁気といいます．

磁界 H の向きを反転させ，磁界の大きさを増加させると，③から④へと変化し，$H=H_c$ 〔A/m〕になって $B=0$ となります．この H_c を保磁力といいます．

磁界の大きさをさらに増加させると④から⑤のように変化し，磁束密度の向きも反転して磁気飽和領域に入ります．⑤の点から磁界の強さを小さくしていくと，⑤から⑥へと変化します．磁界の向きを反転させて大きさを増加させると，⑥から⑦を経て再び②の点に変化します．

①から②の変化は，残留磁気のない初回の磁化の場合のみです．

同様の磁化の仕方を繰り返すたびに図示のようなループを描いて変化します．この曲線はヒステリシス曲線と呼ばれています．なお，このようなループを描くのは，強磁性体の磁化の構造に起因することがわかっています．

残留磁気 B_r が大きく，保磁力 H_c が小さい材質は電磁石に適し，B_r と H_c がともに大きい材質は永久磁石に適します．

1回のループを描くに要する単位体積当たりのエネルギー W_h〔J/m³〕は，ループの占める面積に等しくなります．このエネルギーは強磁性体の磁化に与えられたものですが，最終的に熱となって放出されます．f〔Hz〕の交流で磁化した場合，毎秒の熱損失 P は fW_h〔J/m³〕となります．

$$P = fW_h \text{〔J/m}^3\text{〕}$$

これを強磁性体のヒステリシス損といいます（J＝W・s）．

(2) ホール効果

第10.2図のように，p形半導体の x 軸の対面に電流 I〔A〕を流し，z 軸の対面に磁束密度 B〔T〕の磁界を加えると，y 軸の対面間に電界 E〔V/m〕が生じます．

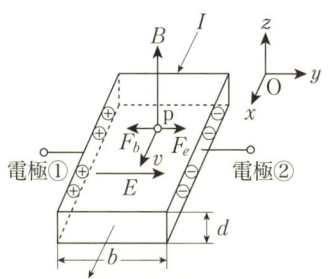

キャリヤが正電荷（正孔）の場合
第10.2図　ホール効果

y 軸の対面に電極を付けると電位差を検出できます．

p形半導体の多数キャリヤは正孔です．電流の向きに正孔 p が移動すると磁界によって $-y$ 軸方向に偏ります．相対的に $+y$ 軸の部分の電子が過剰になって図示の極性で電荷が現れます．このような現象をホール効果といいます．

電極①-②間に発生する電位差をホール電圧 V_H といいます．

$$V_H = R_H \frac{IB}{d} \text{ (V)}$$

という関係式があります．比例定数 R_H 〔m³/C〕はホール定数といいます．n形半導体の場合は，電位差の向きが逆になります．なお，導体（金属）の場合もホール効果は現れますが，ホール定数の値は半導体が桁違いに大きいので，ホール効果を応用するには半導体が用いられます．

ホール電圧は磁束密度に比例するので，磁束密度の測定や磁束計に応用されます．また，ホール電圧は電流に比例するので，直流電流の測定にも応用されます．

(3) 超伝導現象

ある種の物質の温度を下げていくと，臨界温度と呼ばれるその物質固有の温度以下で電気抵抗が零になる現象です．もともと電気抵抗の低い銀，金，銅などでは超伝導現象は起こらず，水銀，鉛，タンタルなどの抵抗の大きい物質に超伝導現象が起こります．

超伝導状態では次の特徴があります．
・完全導電性
・完全反磁性
・ジョセフソン効果

完全反磁性はマイスナー効果と呼ばれます．超伝導状態になっている常磁性体の内部に磁束が入らなくなる現象です．ジョセフソン効果は超伝導体に生じるトンネル効果です．

超伝導状態では，臨界温度 T_c，臨界磁界 H_c，臨界電流密度 J_c の三つの臨界値があり，いずれかの臨界値を超過すると常伝導体への転移を生じます．これをクエンチといいます．

超伝導現象が発見されて以来，極低温を得るために高価な液体ヘリウムによる冷却が使われていました．冷却温度は 4.2 〔K〕（-269〔℃〕）です．なお，絶対零度 0〔K〕は -273〔℃〕です．

その後，YBaCuO（イットリウム・バリウム・銅・酸素）系の酸化物系の線材が開発されて以来，90～100〔K〕で超伝導が得られるようになり，安価な液体窒素による冷却が可能となりました．液体窒素の沸点である 77〔K〕以上の温度で超伝導体となるものを高温超伝導体と呼び，現在は 120〔K〕

以上の線材が開発されています．

　超伝導現象の応用分野は，開発中のものを含めると相当に多く，代表的なものは次のものです．

　　大電力送電ケーブル，同期発電機，変圧器，電力貯蔵設備，
　　系統安定化用インダクタンス，限流器，MRI，
　　磁気浮上鉄道（超電導リニアモータカー）

(4) **ゼーベック効果**

　異なった種類の金属線でループをつくり，二つの接合点の温度を異なる温度にすると，ループ内に起電力を生じて電流が流れる現象です（第10.3図参照）．

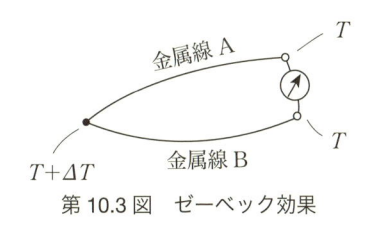

第10.3図　ゼーベック効果

　起電力 V の大きさは，
$$V = \alpha \Delta T$$
と表され，V を**熱起電力**，α をゼーベック係数といいます．熱起電力は温度差 ΔT に比例します．

　2種類の金属線を接合したものを**熱電対**（サーモカップル）と呼びます．これは，温度計および自動制御用の測温体として広く用いられています．熱電対としては次のものが多く使われています．

　　銅・コンスタンタン，鉄・コンスタンタン，クロメル・アルメル，白金・白金ロジウム

(5) **ペルチエ効果**

　ゼーベック効果と逆の現象です．異なった種類の金属でループをつくり，これに電流を流すと接合部において熱の発生または吸収が起こります．熱量 Q は，
$$Q = \beta I$$
と表され，電流 I に比例し，比例定数 β はペルチエ係数と呼ばれます．

電流の向きを反転させると、熱の発生、吸収も反転します。ペルチエ効果は電子冷却に応用され、さまざまな冷却素子がつくられています。おもに、電子装置の冷却に使われます。

(6) 抵抗温度係数

第3章では、オームの法則は周知のこととして解説していません。

$$V = RI$$

と書いて、電圧は電流に比例し、その比例定数が抵抗です。ただし、抵抗は温度で変化します。これは、特殊な現象というわけではありませんが、ここに解説しておきます。

金属原子は常温でも陽イオンと自由電子に分かれています。金属原子は結晶構造で、陽イオンは整列した状態で熱振動しています。自由電子はランダムな熱運動をしています。

金属導体に電界を加えると、電子は電界と逆の向きに移動しますが、陽イオンと次々に衝突するため、これが電子の流れに対する抵抗力として働き、電子は一定の速度で移動するようになります(第9章、Lesson 1を参照してください)。

導電率 σ は次のとおりでした。

$$\sigma = \frac{J}{E} \ \mathrm{[S/m]}$$

第10.4図のように導体の断面積を S〔m²〕、導体の長さを l〔m〕とし、導体の両端に電圧 V〔V〕が加えられて電流 I〔A〕が流れているものとします。

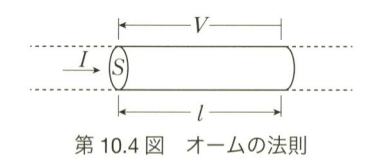

第10.4図 オームの法則

$$\sigma = \frac{\frac{I}{S}}{\frac{V}{l}} = \frac{I}{V} \cdot \frac{l}{S}$$

となって、これから、

$$V = \frac{l}{\sigma S} I \ [\text{V}]$$

となります．オームの法則との対比から，

$$R = \frac{1}{\sigma}\frac{l}{S} = \rho \frac{l}{S} \ [\Omega]$$

と表されます．ρ $[\Omega \cdot \text{m}]$ は抵抗率です．硬銅線では $\rho = 1.78 \times 10^{-8}$ $[\Omega \cdot \text{m}]$ 程度です．

　第10.5図のように金属導体の温度が上昇すると，金属原子の結晶格子の熱振動が活発になり電子の移動が妨げられます．これが抵抗（抵抗率）の増加となって現れます．金属導体の場合，0～200 $[℃]$ の範囲の温度に対して直線的に増加します．

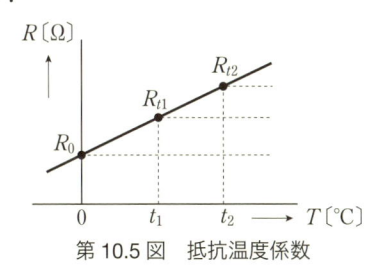

第10.5図　抵抗温度係数

抵抗温度係数 α は次のように定義されます．

$$\alpha = \frac{\text{ある温度より1}[℃]\text{上昇した場合の抵抗の増加分}}{\text{ある温度の抵抗値}} \ [\text{K}^{-1}]$$

　直線的な増加であれば，図示の直線の傾きは一定です．1 $[℃]$ の温度上昇による抵抗の増加分はどこでも同じです．しかし，温度の基準をどこにとるかによって，分母の値が変わるので，α の値も変わってきます．一般に20 $[℃]$ における抵抗温度係数を用います．

　図から，0 $[℃]$ における抵抗温度係数 α_0 は，

$$\alpha_0 = \frac{\dfrac{R_{t1} - R_0}{t_1}}{R_0}$$

と表されるので，これから，

$$R_{t1} = R_0(1 + \alpha_0 t_1) \quad\quad ①$$

となります．なお，金属体の抵抗温度係数 α_0 はおよそ $\frac{1}{273}$ なので，$t_1 = -273$ 〔℃〕とすると，$R_{t1} = 0$ となります．これが超伝導現象です．

同様にして，
$$R_{t2} = R_0(1 + \alpha_0 t_2) \qquad ②$$
となります．

t_1〔℃〕における抵抗温度係数 α_1 は，
$$\alpha_1 = \frac{\frac{R_{t2} - R_{t1}}{t_2 - t_1}}{R_{t1}}$$

と表されるので，
$$R_{t2} = R_{t1}\{1 + \alpha_1(t_2 - t_1)\} \qquad ③$$
となります．

③式を用いて R_{t2} と R_{t1} の差を求めると，
$$R_{t2} - R_{t1} = R_{t1}\{1 + \alpha_1(t_2 - t_1)\} - R_{t1}$$
$$= R_{t1}\alpha_1(t_2 - t_1)$$
となります．これから温度上昇を求めると，
$$t_2 - t_1 = \frac{1}{\alpha_1}\left(\frac{R_{t2}}{R_{t1}} - 1\right) \qquad ④$$

となります．温度 t_1 における抵抗温度係数 α_1 がわかっているなら，温度 t_1 における抵抗 R_{t1} を測定し，温度が上昇した後の抵抗 R_{t2} を測定すれば，温度上昇が算出できるのです．

この方法は，「抵抗法」と呼ばれ，電気機械の巻線の温度上昇の測定に用いられます．特に抵抗温度係数の大きい白金やサーミスタを使った温度計にも応用されます．

標準抵抗器や電気計器などには抵抗温度係数がほぼゼロであるマンガニンが用いられます．これは，マンガン（Mn），ニッケル（Ni），銅（Cu）の合金です．

一般に金属導体の抵抗は温度上昇に伴い大きくなるので，抵抗温度係数は正（＋）です．しかし，炭素，電解液，絶縁物，半導体などは負の抵抗温度係数です．これらは，温度が高くなってキャリヤが増加する働きが，キャリ

ヤの移動を妨げる働きを上回っているからです．

　本章に関しては，練習問題および総合問題を省略します．

第1章　静電気

【問題1】(4)

ある点の電界の強さは，その点に単位正電荷を置いたものとして，単位正電荷に働く力（大きさと向き）で定義されています．直線上の単位正電荷に働く力を，点Aの電荷による力 F_A と点Bの電荷による力 F_B に分けて考えます．

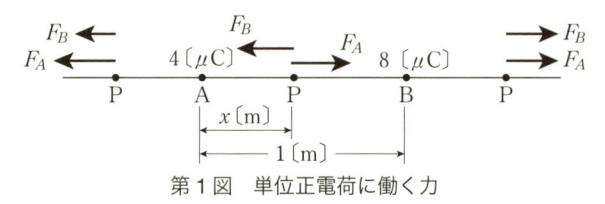

第1図　単位正電荷に働く力

Aより左の領域，A－B間の領域，Bより右の領域と区分すると，F_A と F_B が打ち消し合って零となる点，すなわち，電界の強さが零となる点はA－B間の領域にあります．その点PがAから x [m] とします．

$$F_A = F_B$$

$$\frac{1}{4\pi\varepsilon_0} \cdot \frac{4\times 10^{-6}\times 1}{x^2} = \frac{1}{4\pi\varepsilon_0} \cdot \frac{8\times 10^{-6}\times 1}{(1-x)^2}$$

とおいて，この式を整理します．

$$\frac{4}{x^2} = \frac{8}{(1-x)^2}$$

となります．これから x を求めます．

$$\frac{8}{2x^2} = \frac{8}{(1-x)^2}$$

$$2x^2 = (1-x)^2$$

$$2x^2 = 1 - 2x + x^2$$

$$x^2 + 2x - 1 = 0$$

根の公式を使って，

$$x = \frac{-2\pm\sqrt{4+4}}{2} = \frac{-2\pm 2\sqrt{2}}{2} = -1\pm\sqrt{2}$$

となります．$x>0$ でなければならないから，根号の前の符号は ＋ をとります．

$$x = \sqrt{2} - 1 \fallingdotseq 0.414 \text{ [m]} \qquad \text{(答)}$$

(参考) 根の公式

$$ax^2 + bx + c = 0 \cdots\cdots x = \frac{-b \pm \sqrt{b^2 - 4ac}}{2a}$$

【問題2】 (1)

導体球の静電容量の求め方は本文で説明しています．

$$C = \frac{Q}{V} = 4\pi\varepsilon_0 a \text{ [F]}$$

$$= 4\pi \times \frac{1}{4\pi \times 9 \times 10^9} \times 0.36 = 4 \times 10^{-11} \text{ [F]} \qquad \text{(答)}$$

空気の絶縁耐力 E_0 を単位換算しておきます．

$$E_0 = 30 \text{ [kV/cm]} = 30 \times 10^3 \text{ [V/cm]}$$

$$= 30 \times 10^3 \times 100 \text{ [V/m]} = 3 \times 10^6 \text{ [V/m]}$$

導体球に最大の電荷量 Q [C] を与えたときの球表面の電界の強さが E_0 に等しいとおいて，

$$\frac{1}{4\pi\varepsilon_0} \cdot \frac{Q}{a^2} = 3 \times 10^6$$

$$Q = 3 \times 10^6 \times 4\pi\varepsilon_0 \times a^2 = 3 \times 10^6 \times \frac{1}{9 \times 10^9} \times 0.36^2$$

$$= 4.32 \times 10^{-5} \text{ [C]} \qquad \text{(答)}$$

となります．これより電荷が大きいと，球表面の空気が絶縁破壊してコロナを発生します．なお，このときの導体球の最大電位を求めると，

$$V = \frac{Q}{C} = \frac{4.32 \times 10^{-5}}{4 \times 10^{-11}} = 1\,080 \text{ [kV]}$$

となります．

【問題3】 (3)

図1は二つのコンデンサが並列接続されています．合成静電容量 C_a は次のようになります．

285

$$C_a = \frac{\varepsilon_0 S}{d} + \frac{\varepsilon_0 \varepsilon_s S}{d} = C_0 + \varepsilon_s C_0 = (1+\varepsilon_s)C_0$$

ただし，$C_0 = \dfrac{\varepsilon_0 S}{d}$

誘電体の挿入されているコンデンサに蓄えられているエネルギーW_aは次のようになります．

$$W_a = \frac{1}{2} \times \frac{\varepsilon_0 \varepsilon_s S}{d} \times E^2 = \frac{1}{2} \varepsilon_s C_0 E^2$$

図2は二つのコンデンサが直列接続されています．合成静電容量C_bは次のようになります．

$$C_b = \frac{C_0 \times \varepsilon_s C_0}{C_0 + \varepsilon_s C_0} = \frac{\varepsilon_s}{1+\varepsilon_s} C_0$$

誘電体の挿入されているコンデンサに加わる電圧Vは次のようになります．

$$V = \frac{C_0}{C_0 + \varepsilon_s C_0} E = \frac{1}{1+\varepsilon_s} E$$

したがって，蓄えられているエネルギーW_bは次のようになります．

$$W_b = \frac{1}{2} \times \varepsilon_s C_0 \times \left(\frac{1}{1+\varepsilon_s} E\right)^2 = \frac{1}{2} \varepsilon_s C_0 E^2 \times \frac{1}{(1+\varepsilon_s)^2}$$

比を求めます．

$$\frac{C_a}{C_b} = \frac{(1+\varepsilon_s)C_0}{\dfrac{\varepsilon_s}{1+\varepsilon_s} C_0} = \frac{(1+\varepsilon_s)^2}{\varepsilon_s} = \frac{(1+3)^2}{3}$$

$$= \frac{16}{3} \qquad\qquad \text{(答)}$$

$$\frac{W_a}{W_b} = \frac{1}{\dfrac{1}{(1+\varepsilon_s)^2}} = (1+\varepsilon_s)^2 = (1+3)^2$$

$$= 16 \qquad\qquad \text{(答)}$$

【問題4】 (a)―(3), (b)―(2)

各コンデンサが充電されているときの電荷 Q を求めます．
$$Q = Q_1 + Q_2 = C_1 V_1 + C_2 V_2$$

S_2 を閉じると，合成静電容量は (C_1+C_2) となります．電圧の高い C_1 から電荷の一部が C_2 に移動し，両コンデンサの電圧 V が等しくなります．

$$V = \frac{Q}{C_1+C_2} = \frac{C_1 V_1 + C_2 V_2}{C_1+C_2}$$

$$V = \frac{10\times10^{-6}\times40 + 20\times10^{-6}\times24}{10\times10^{-6} + 20\times10^{-6}} \fallingdotseq 29.333 \fallingdotseq 29 \text{〔V〕} \quad \text{(答)}$$

最初のエネルギー W_0 を求めます．
$$W_0 = \frac{1}{2} C_1 V_1^2 + \frac{1}{2} C_2 V_2^2$$

S_2 を閉じたときのエネルギー W を求めます．
$$W = \frac{1}{2}(C_1+C_2)V^2$$

W_0 と W の差が抵抗で消費されたエネルギー ΔW です．
$$\Delta W = W_0 - W = \frac{1}{2}C_1 V_1^2 + \frac{1}{2}C_2 V_2^2 - \frac{1}{2}(C_1+C_2)\left(\frac{C_1 V_1 + C_2 V_2}{C_1+C_2}\right)^2$$

この式を整理すると次のようになります．
$$\Delta W = \frac{1}{2} \cdot \frac{C_1 C_2}{C_1+C_2}(V_1 - V_2)^2$$

数値計算します．
$$\Delta W = \frac{1}{2} \times \frac{10\times10^{-6}\times20\times10^{-6}}{10\times10^{-6}+20\times10^{-6}} \times (40-24)^2 \fallingdotseq 8.5\times10^{-4} \text{〔J〕} \quad \text{(答)}$$

抵抗 R は計算式に含まれていません．$R=0$ でも同様の結果となります．電荷は保存されますが，電荷の移動を伴う場合には，エネルギーは保存されません．

【問題5】 (a)―(5), (b)―(4)

この問題では，電荷 $\pm Q$ は保存されて一定です．中身が変わると，変化するものは何かを考える問題です．図1の静電容量 C_0 を求めておきます．

$$C_0 = \frac{\varepsilon_0 S}{d} \quad (S \text{ は極板面積})$$

したがって，
$$Q = C_0 V_0$$
と表せます．

図2について，
$$C_1 = \frac{\varepsilon_0 S}{\dfrac{d}{2}} = 2C_0$$

$$V_1 = \frac{Q}{C_1} = \frac{C_0 V_0}{2C_0} = \frac{V_0}{2}$$

となります．

図3について，誘電体の静電容量を求めると，
$$\frac{\varepsilon_0 \varepsilon_s S}{\dfrac{d}{2}} = 2\varepsilon_s C_0$$

となりますから，
$$C_2 = \frac{2C_0 \times 2\varepsilon_s C_0}{2C_0 + 2\varepsilon_s C_0} = \frac{2\varepsilon_s}{1+\varepsilon_s} C_0$$

$$V_2 = \frac{Q}{C_2} = \frac{C_0 V_0}{\dfrac{2\varepsilon_s C_0}{1+\varepsilon_s}} = \frac{1+\varepsilon_s}{2\varepsilon_s} V_0$$

となります．図では，金属板と誘電体板が電極板の中間に挿入されていますが，電極板に密着しているとしても同じです．

$$\frac{C_2}{C_1} = \frac{\dfrac{2\varepsilon_s}{1+\varepsilon_s} C_0}{2C_0} = \frac{\varepsilon_s}{1+\varepsilon_s} = \frac{\sqrt{3}}{2}$$

とおいて，ε_s を求めます．
$$\varepsilon_s = \frac{\sqrt{3}}{2-\sqrt{3}} = \frac{\sqrt{3}(2+\sqrt{3})}{(2-\sqrt{3})(2+\sqrt{3})} = \frac{2\sqrt{3}+3}{2^2-(\sqrt{3})^2}$$

$$= 2\sqrt{3} + 3 \qquad \text{(答)}$$

次に，$\dfrac{V_2}{V_0}$ を求めます．

$$\frac{V_2}{V_0} = \frac{\dfrac{1+\varepsilon_s}{2\varepsilon_s}V_0}{V_0} = \frac{1+\varepsilon_s}{2\varepsilon_s} = \frac{1+2\sqrt{3}+3}{2(2\sqrt{3}+3)} = \frac{\sqrt{3}+2}{2\sqrt{3}+3}$$

$$= \frac{(\sqrt{3}+2)(2\sqrt{3}-3)}{(2\sqrt{3}+3)(2\sqrt{3}-3)} = \frac{\sqrt{3}}{3} = \frac{1}{\sqrt{3}} \qquad \text{(答)}$$

図3について，各部の電界と電位のグラフを描けば，理解が深まります．

第2章　磁　気

【問題1】　(a)—(2)，(b)—(4)

(a)　点Pにおける I_A のつくる磁界 H_A と，I_B のつくる磁界 H_B をベクトル合成します．この場合は，単なる代数和で求められます．

$$H = H_A - H_B = \frac{I_A}{2\pi \times 2d} - \frac{I_B}{2\pi d} = \frac{1}{2\pi d}\left(\frac{I_A}{2} - I_B\right)$$

$$= \frac{1}{2\pi \times 0.5}\left(\frac{40}{2} - 10\right) = \frac{10}{\pi} \ \text{(A/m)} \qquad \text{(答)}$$

(b)　$I_C = 0$ 〔A〕のときのA−B間に働く単位長さ当たりの電磁力 F_{AB} を求めておきます．

$$F_{AB} = \frac{\mu_0}{2\pi} \cdot \frac{I_A I_B}{d} = \frac{2I_A I_B}{d} \times 10^{-7} \ \text{(N/m)}$$

I_C に働く単位長さ当たりの力 F_C を求めます．

$$F_C = I_C B = I_C \times \mu_0 H = I_C \times 4\pi \times 10^{-7} \times \frac{1}{2\pi d}\left(\frac{I_A}{2} - I_B\right)$$

$$= \frac{2I_C}{d}\left(\frac{I_A}{2} - I_B\right) \times 10^{-7} = \frac{I_C}{d}(I_A - 2I_B) \times 10^{-7} \ \text{(N/m)}$$

題意より，

$$F_C = \frac{1}{2}F_{AB}$$

とおいて，

$$\frac{I_C}{d}(I_A - 2I_B) \times 10^{-7} = \frac{1}{2} \cdot \frac{2I_A I_B}{d} \times 10^{-7}$$

$$I_C = \frac{I_A I_B}{I_A - 2I_B} = \frac{40 \times 10}{40 - 2 \times 10} = 20 \text{ (A)} \tag{答}$$

【問題2】 (a) 0.6 [V], (b) 0.036 [J/s]

$$e = vBl = 5 \times 0.2 \times 0.6 = 0.6 \text{ [V]} \qquad \text{(a)の(答)}$$

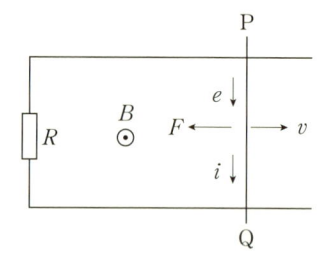

第2図 誘導起電力の向き

e の向きは第2図のとおりです．したがって，図示の向きに電流 i が抵抗に向けて流れます．この電流に働く電磁力 F は図示の向きに働きます．したがって，v の向きに移動させるには電磁力 F に対抗する逆向きの力，すなわち，外力を加える必要があります．

外力の単位時間当たりの仕事とは，仕事率です．電気工学では電力 p を指します．単位は，J/s＝W です．

$$p = Fv = iBlv = \frac{e}{R}Blv = \frac{0.6}{10} \times 0.2 \times 0.6 \times 5 = 0.036 \text{ [J/s]}$$

(b)の(答)

なお，次のようにしてもよいでしょう．

$$p = \frac{e^2}{R} = \frac{0.6^2}{10} = 0.036 \text{ [W]} \quad \cdots\cdots \text{抵抗 } R \text{ の消費電力}$$

加えた外力のエネルギーが抵抗で消費されていることを示しています．

【問題3】 (a) $ab\omega B$ [V], (b) $ab\omega B\cos\omega t$ [V]

円運動の知識が必要です．

第3図

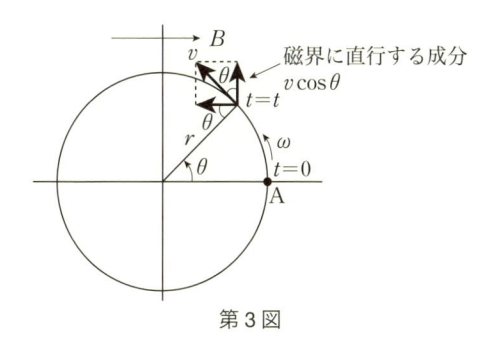

角速度の定義から,
$$\omega = \frac{\theta}{t} \ \text{[rad/s]}$$
ですから,
$$\theta = \omega t \ \text{[rad]}$$
また,
$$v = \omega r \ \text{[m/s]}$$
の関係があります．問題の図では，$r = \dfrac{b}{2}$ です．速度 v の磁界に直交する成分は,
$$v\cos\theta = v\cos\omega t$$
となります．一辺 a の誘導起電力は,
$$e = v\cos\omega t \times B \times a = \omega \times \frac{b}{2} \times \cos\omega t \times B \times a$$
$$= \frac{ab}{2}\omega B\cos\omega t \ \text{[V]}$$

コイル全体としては，2辺分として,
$$e = ab\omega B\cos\omega t \ \text{[V]} \qquad\qquad\qquad \text{(b)の(答)}$$
となります．回転をはじめる瞬間，$t=0$ では，$\cos\omega t = \cos 0 = 1$ ですから,
$$e = ab\omega B \ \text{[V]} \qquad\qquad\qquad\qquad \text{(a)の(答)}$$
となります．

【問題4】 (a) $e_1 = 30$ [V], $e_2 = 90$ [V], (b) 15 [J]

自己インダクタンスは巻数の2乗に比例します．両コイルは同じ環状鉄心を共有していますから，

$$L_1 = \frac{N_1^2}{N_2^2} L_2 = \left(\frac{N_1}{N_2}\right)^2 L_2 = \left(\frac{100}{300}\right)^2 \times 2.7 = 0.3 \text{ [H]}$$

となります．相互インダクタンスを求めます．磁束がすべて他方のコイルに鎖交するので，結合係数は1.0です．

$$M = \sqrt{L_1 L_2} = \sqrt{0.3 \times 2.7} = 0.9 \text{ [H]}$$

それぞれの起電力を求めます．

$$e_1 = L_1 \frac{\Delta i_1}{\Delta t} = 0.3 \times \frac{10}{0.1} = 30 \text{ [V]}$$

$$e_2 = M \frac{\Delta i_1}{\Delta t} = 0.9 \times \frac{10}{0.1} = 90 \text{ [V]} \qquad \text{(a)の(答)}$$

巻数比3の変圧器の働きをしているわけです．

図2は差動接続を示しています．合成インダクタンス L を求めます．

$$L = L_1 + L_2 - 2M = 0.3 + 2.7 - 2 \times 0.9 = 1.2 \text{ [H]}$$

したがって，エネルギー W は次のようになります．

$$W = \frac{1}{2} L I^2 = \frac{1}{2} \times 1.2 \times 5^2 = 15 \text{ [J]} \qquad \text{(b)の(答)}$$

第3章 直流回路

【問題1】 (a) 16 [V], (b) 8 [V]

△－Y換算，テブナンの定理，最大電力の定理を用います．30 [Ω] の抵抗の部分が△結線になっているので，これをY結線に変換すると第4図のようになります．

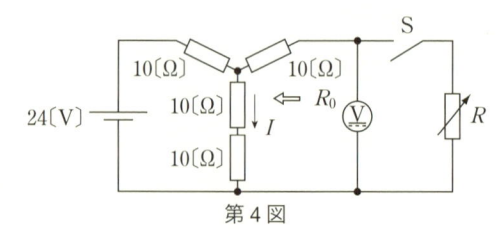

第4図

スイッチSを開いている状態では図示の電流Iが流れます．

$$I = \frac{24}{10+10+10} = 0.8 \text{〔A〕}$$

となります．電圧計につながるYの一辺の10〔Ω〕の抵抗には電流が流れません．したがって，電圧計の指示値VはYの中性点の電圧を示します．

$$V = 20 \times 0.8 = 16 \text{〔V〕} \hspace{2cm} \text{(a)の(答)}$$

となります．

可変抵抗Rから電源側の内部抵抗R_0を見るときは，電圧源を短絡除去するので，第5図のようになります．

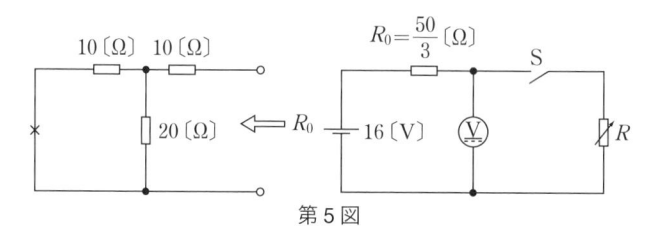

第5図

$$R_0 = \frac{10 \times 20}{10+20} + 10 = \frac{50}{3} \text{〔Ω〕}$$

最大電力の定理から，

$$R = R_0 = \frac{50}{3} \text{〔Ω〕}$$

となります．電圧計の指示値V_0は計算するまでもなく，

$$V_0 = \frac{V}{2} = 8 \text{〔V〕} \hspace{2cm} \text{(b)の(答)}$$

となります．最大電力Pは次のようになります．

$$P = \frac{V_0^2}{R} = \frac{8^2}{\frac{50}{3}} = 3.84 \text{〔W〕} \hspace{2cm} \text{(b)の(答)}$$

【問題2】 (a) 1.8〔A〕, (b) 点P_1は19.2〔V〕, 点P_2は69.2〔V〕, (c) 346〔W〕
重ね合わせの理を用います．単独回路は次の第6図のとおりです．

総合問題の解答・解説

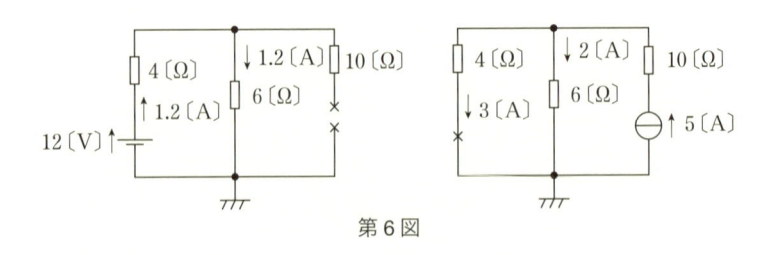

第6図

重ね合わせた結果は次の第7図のようになります.

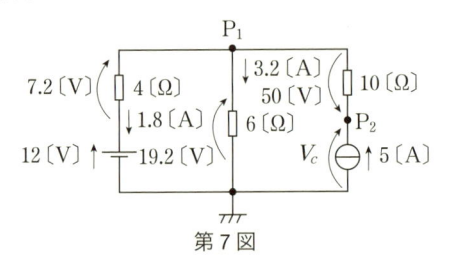

第7図

4〔Ω〕の抵抗に流れる電流は 1.8〔A〕です. ……(a)の(答)

第4図には反抗起電力も書き込んであります. 点P_1の電位は,

$$6 \times 3.2 = 19.2 \text{〔V〕}$$ ……(b)の(答)

となります. 点P_2の電位は,

$$19.2 + 50 - V_c = 0$$

とおいて,

$$V_c = 19.2 + 50 = 69.2 \text{〔V〕}$$ ……(b)の(答)

となります. 定電流源の端子電圧は 69.2〔V〕です.

定電流源の供給する電力は,

$$V_c \times 5 = 69.2 \times 5 = 346 \text{〔W〕}$$ ……(c)の(答)

となります. なお, 各抵抗における消費電力の和を求めると 324.4〔W〕になります. 12〔V〕の起電力には 1.8〔A〕の電流が流れ込んでいます. これは, 起電力が充電されている状態です.

$$\text{充電電力} = 12 \times 1.8 = 21.6 \text{〔W〕}$$

各抵抗における消費電力の和に充電電力を加えたものが定電流源の供給している電力です.

【問題 3】 (a) 2.8〔V〕, (b) 0.56〔A〕

問題の図を描き改めると第 8 図のようなブリッジ回路になります．このブリッジは平衡していません．

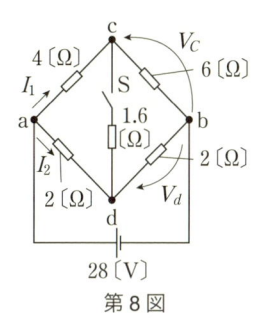

第 8 図

枝路電流から図示の V_c を求めることにします．

$$V_c = \frac{28}{4+6} \times 6 = 16.8 \text{〔V〕}$$

同様に，図示の V_d を求めます．

$$V_d = \frac{28}{2+2} \times 2 = 14 \text{〔V〕}$$

cd 間の電圧 V_{cd} は次のようになります．

$$V_{cd} = V_c - V_d = 16.8 - 14 = 2.8 \text{〔V〕} \qquad\qquad \text{(a)の(答)}$$

スイッチを閉じたときの 1.6〔Ω〕の抵抗に流れる電流 I を求めるにはテブナンの定理を用います．開放電圧 V_{cd} はすでに求めています．

cd 端子から見た電源側の抵抗 R_0 を求めるには，起電力を短絡除去しますから，次の第 9 図(a)のように見えます．

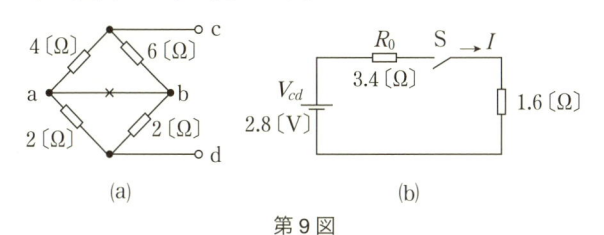

第 9 図

$$R_0 = \frac{4 \times 6}{4+6} + \frac{2 \times 2}{2+2} = 3.4 \text{〔Ω〕}$$

となります．

$$I = \frac{V_{cd}}{R_0 + 1.6} = \frac{2.8}{3.4 + 1.6} = 0.56 \text{ (A)} \qquad \text{(b)の(答)}$$

【問題4】 (a) $\frac{1}{3}E$ 〔V〕, (b) $\frac{E}{2(r_1+r_2)}$ 〔A〕

テブナンの定理を用います．

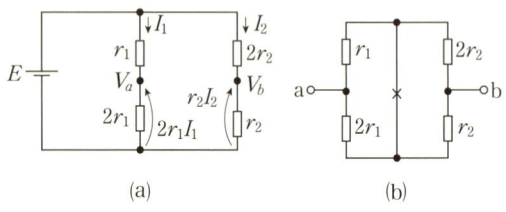

第10図

スイッチを開いているときは，第10図(a)のようです．前問と同様に，

$$V_a = 2r_1 I_1 = 2r_1 \times \frac{E}{r_1 + 2r_1} = \frac{2}{3}E$$

$$V_b = r_2 I_2 = r_2 \times \frac{E}{2r_2 + r_2} = \frac{1}{3}E$$

したがって，

$$V_{ab} = V_a - V_b = \frac{1}{3}E \text{ (V)} \qquad \text{(a)の(答)}$$

となります．ab端子から見た合成内部抵抗 R_0 は，第10図(b)から，

$$R_0 = \frac{2r_1^2}{r_1 + 2r_1} + \frac{2r_2^2}{2r_2 + r_2} = \frac{2}{3}(r_1 + r_2)$$

となります．スイッチを閉じたときの電流 I は，

$$I = \frac{V_{ab}}{R_0 + r_m}$$

で求められます．

ここで，r_m は電流計の内部抵抗です．題意より，$r_m = 0$ ですから，

$$I = \frac{V_{ab}}{R_0} = \frac{1}{3}E \times \frac{3}{2(r_1 + r_2)} = \frac{E}{2(r_1 + r_2)} \text{ (A)} \qquad \text{(b)の(答)}$$

【問題 5】 (a) -0.5 〔V〕, (b) 4 〔Ω〕

重ね合わせの理を用います．

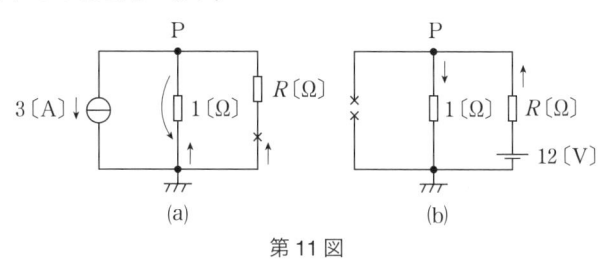

第 11 図

単独電源として電流を求めます．点 P の対地電位は，1〔Ω〕の抵抗の反抗起電力として計算できます．第 11 図(a)より，1〔Ω〕の抵抗に流れる電流は，

$$\frac{R}{1+R}\times 3 = \frac{3R}{1+R} \quad \cdots\cdots \text{下から上向き}$$

第 11 図(b)より，1〔Ω〕の抵抗に流れる電流は，

$$\frac{12}{1+R} \quad \cdots\cdots \text{上から下向き}$$

となります．点 P の対地電位が正であるとして，合成電流 I は次のようになります．

$$I = \frac{12}{1+R} - \frac{3R}{1+R} = \frac{12-3R}{1+R}$$

点 P の対地電圧 V_p は，1〔Ω〕の抵抗の反抗起電力として，

$$V_p = I \times 1 = \frac{12-3R}{1+R}$$

となります．$R=5$〔Ω〕とすると，

$$V_p = \frac{12-3R}{1+R} = \frac{12-15}{1+5} = -0.5 \ 〔V〕 \qquad\qquad \text{(a)の(答)}$$

対地電圧 V_p の計算式から，分子が零になれば，対地電圧が零になります．

$12-3R=0$

$R=4$〔Ω〕 (b)の(答)

この場合は，3〔A〕の電流が回路の外周を循環していて，1〔Ω〕の抵抗に電流が流れない状態です．

第4章　単相交流回路

【問題1】　(a) — (2), (b) — (5)

v の最大値 V_m は 30 [V] です。i_1 の最大値 I_{1m} は，

$$I_{1m} = \frac{V_m}{R_1} = \frac{30}{10} = 3 \text{ [A]}$$

であって，i_1 は v と同位相です．次のように表されます．

$$i_1 = 3\sin\left(\omega t + \frac{\pi}{3}\right)$$

i_2 の流れる回路のインピーダンスは，

$$\dot{Z}_2 = R_2 + j\omega L = 5 + j5\sqrt{3} \text{ [}\Omega\text{]}$$

$$Z_2 = \sqrt{5^2 + (5\sqrt{3})^2} = \sqrt{100} = 10 \text{ [}\Omega\text{]}$$

インピーダンス角 θ_2 を求めます．

$$\theta_2 = \tan^{-1}\frac{5\sqrt{3}}{5} = \tan^{-1}\sqrt{3} = \frac{\pi}{3} \text{ [rad]}$$

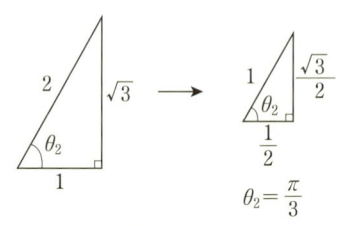

第12図

したがって，

$$I_{2m} = \frac{V_m}{Z_2} = \frac{30}{10} = 3 \text{ [A]}$$

となり，その実効値 I_2 は

$$I_2 = \frac{I_{2m}}{\sqrt{2}} = \frac{3}{\sqrt{2}} \text{ [A]} \qquad\qquad \text{(a)の(答)}$$

となります．位相は v より $\frac{\pi}{3}$ [rad] 遅れます．

$$i_2 = 3\sin\left(\omega t + \frac{\pi}{3} - \frac{\pi}{3}\right) = 3\sin\omega t$$

と表せます．回転ベクトルは第13図のようになります．

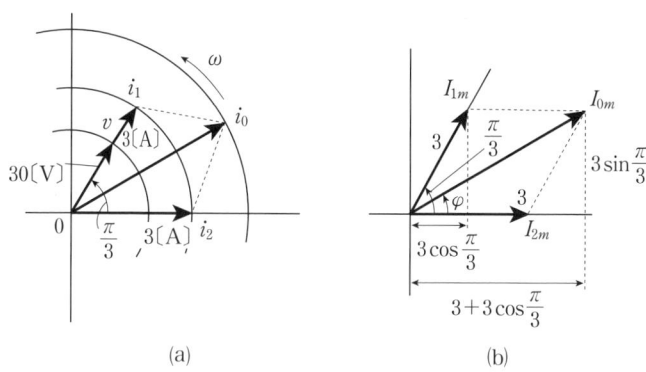

第13図

I_{0m} を求めます．第13図より，

$$I_{0m} = \sqrt{\left(3+3\cos\frac{\pi}{3}\right)^2 + \left(3\sin\frac{\pi}{3}\right)^2} = \sqrt{27}$$
$$= 3\sqrt{3}\ \text{〔A〕}$$

となります．位相角 φ は次のとおりです．

$$\varphi = \tan^{-1}\frac{3\sin\dfrac{\pi}{3}}{3+3\cos\dfrac{\pi}{3}} = \tan^{-1}\frac{1}{\sqrt{3}} = \frac{\pi}{6}$$

したがって，i_0 は次のように表せます．

$$i_0 = 3\sqrt{3}\sin\left(\omega t + \frac{\pi}{6}\right)\ \text{〔A〕} \qquad\qquad\text{(b)の(答)}$$

【問題2】 (a) 9.95〔μF〕, (b) 16〔W〕

任意の角周波数 ω における並列回路のアドミタンスは次式で表されます．

$$\dot{Y} = \frac{1}{R_2} + \frac{1}{j\omega L} + \frac{1}{\dfrac{1}{j\omega C}} = \frac{1}{R_2} + j\left(\omega C - \frac{1}{\omega L}\right)$$

全インピーダンスは次のように表せます．

$$\dot{Z} = R_1 + \frac{1}{\dot{Y}}$$

回路電流が最小となるためには，全インピーダンスが最大となればよい．したがって，アドミタンスが最小となればよい．並列共振の状態になれば，アドミタンスの虚数部が零となって，アドミタンスは最小となります．題意からすると，400〔Hz〕で並列共振しています．

$$\omega C = \frac{1}{\omega L}$$

とおいて，

$$C = \frac{1}{\omega \times \omega L}$$

となります．50〔Hz〕の誘導リアクタンスが5〔Ω〕ですから，400〔Hz〕における誘導リアクタンスは8×5＝40〔Ω〕となります．

$$C = \frac{1}{\omega \times \omega L} = \frac{1}{2\pi \times 400 \times 40} \fallingdotseq 9.95 \,〔\mu F〕 \qquad \text{(a)の(答)}$$

共振状態の全インピーダンスは，

$$\dot{Z} = R_1 + \frac{1}{\frac{1}{R_2}} = R_1 + R_2 = 5 + 20 = 25 \,〔\Omega〕$$

となります．純抵抗回路となって，電圧・電流は同相です．消費電力は次のようになります．

$$P = \frac{V^2}{R} = \frac{20^2}{25} = 16 \,〔W〕 \qquad \text{(b)の(答)}$$

【問題3】 (3)

ab間の電位差がないということは，ブリッジ回路（マクスウエルブリッジ）として見たとき，ブリッジが平衡しています．

$$(R_1 + j\omega L_1)R_4 = (R_3 + j\omega L_2)R_2$$
$$R_1 R_4 + j\omega L_1 R_4 = R_3 R_2 + j\omega L_2 R_2$$

両辺の実数部の相等および虚数部の相等から，

$$\frac{R_1}{R_2} = \frac{R_3}{R_4} \text{ または } \frac{R_1}{R_3} = \frac{R_2}{R_4}, \quad \frac{L_1}{L_2} = \frac{R_2}{R_4}$$

となります．これから，

$$\frac{R_1}{R_3} = \frac{R_2}{R_4} = \frac{L_1}{L_2} \tag{答}$$

と書けます．

【問題4】 (a) $R = 9$ 〔Ω〕, $X_L = 12$ 〔Ω〕, (b) 18.75 〔Ω〕

電力量計の指示から電力 P を求めます．30分間（1/2時間）の電力量が示されています．

$$P \times \frac{1}{2} = 882 \text{ 〔Wh〕}$$

とおいて，

$$P = 882 \times 2 = 1\,764 \text{ 〔W〕}$$

となります．電力を消費するのは抵抗だけですから，

$$P = I^2 R$$

$$R = \frac{P}{I^2} = \frac{1\,764}{14^2} = 9 \text{ 〔Ω〕} \tag{(a)の答}$$

また，

$$Z = \frac{V}{I} = \frac{210}{14} = 15 \text{ 〔Ω〕}$$

$$X_L = \sqrt{Z^2 - R^2} = \sqrt{15^2 - 9^2} = 12 \text{ 〔Ω〕} \tag{(a)の答}$$

となります．なお，$P = VI\cos\theta$ から力率を求めて解く方法もあります．

$$\cos\theta = \frac{R}{Z} = \frac{9}{15} = 0.6$$

ですから，電流の無効分は，

$$I\sin\theta = I\sqrt{1-\cos^2\theta} = 14 \times 0.8 = 11.2 \text{ 〔A〕}$$

となります．この無効分を X_C で吸収してやればよいので，

$$\frac{V}{X_C} = 11.2$$

301

$$X_C = \frac{210}{11.2} = 18.75 \ [\Omega] \qquad\qquad \text{(b)の(答)}$$

【問題5】 図(a)：35.8〔A〕，図(b)：40〔A〕

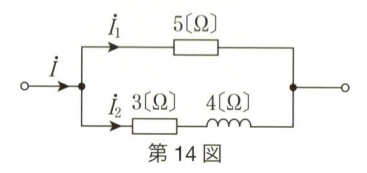

第14図

第14図のように電流の記号を決めます．第14図(a)について解きます．

$$\dot{I}_1 = \frac{100}{5} = 20 \ [\text{A}]$$

$$\dot{I}_2 = \frac{100}{3+j4} = \frac{100(3-j4)}{(3+j4)(3-j4)} = \frac{100(3-j4)}{25} = 12-j16 \ [\text{A}]$$

$$\dot{I} = \dot{I}_1 + \dot{I}_2 = 32-j16 \ [\text{A}]$$

$$|\dot{I}| = \sqrt{32^2+16^2} \fallingdotseq 35.8 \ [\text{A}] \qquad\qquad \text{(答)}$$

図(a)の回路インピーダンスは，

$$\dot{Z} = \frac{\dot{V}}{\dot{I}} = \frac{100}{32-j16} = \frac{100(32+j16)}{(32-j16)(32+j16)} = \frac{3\,200+j1\,600}{1\,280}$$

$$= 2.5+j1.25 \ [\Omega]$$

となります．力率を100〔%〕にするには，$X_C = 1.25 \ [\Omega]$ を挿入していることになります．すると，

$$\dot{Z} = 2.5 \ [\Omega]$$

となるので，電流は次のようになります．

$$\dot{I} = \frac{100}{2.5} = 40 \ [\text{A}] \qquad\qquad \text{(答)}$$

【問題6】 (a) 12.4〔A〕，(b) 1 040〔W〕

基本波電流の分布は次の第15図のようになります．

第15図

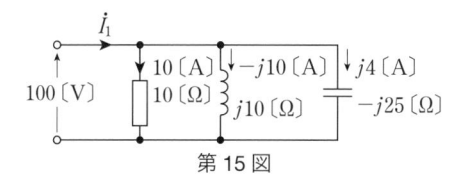

全電流 $\dot{I}_1$ は次のように表せます．
$$\dot{I}_1 = 10-j10+j4 = 10-j6 \text{ [A]}$$
実効値は次のようになります．
$$I_1 = \sqrt{10^2+6^2} \fallingdotseq 11.7 \text{ [A]}$$

第5調波電流の分布は次のようになります．リアクタンスの値は第5調波に対する値に変更しています．

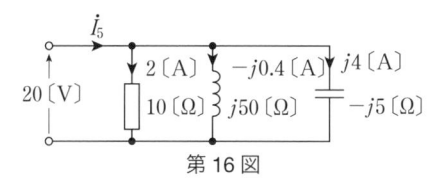

第16図

$$\dot{I}_5 = 2-j0.4+j4 = 2+j3.6 \text{ [A]}$$
実効値は次のようになります．
$$I_5 = \sqrt{2^2+3.6^2} \fallingdotseq 4.12 \text{ [A]}$$
したがって，ひずみ波電流の実効値としては次のようになります．
$$I = \sqrt{11.7^2+4.12^2} \fallingdotseq 12.4 \text{ [A]} \qquad \text{(a)の(答)}$$
消費電力は抵抗でのみ発生するので，
$$P = 10^2 \times 10 + 2^2 \times 10 = 1\,040 \text{ [W]} \qquad \text{(b)の(答)}$$
となります．なお，ひずみ波電圧の実効値は，
$$V = \sqrt{100^2+20^2} \fallingdotseq 102 \text{ [V]}$$
となるので，等価力率は次のように求められます．
$$\cos\theta = \frac{P}{VI} = \frac{1\,040}{102 \times 12.4} \fallingdotseq 0.82$$

第5章　三相交流回路

【問題1】 (a) 4〔Ω〕, 17〔mH〕, (b) 127〔μF〕

皮相電力 W を求めると,
$$W = \sqrt{P^2 + Q^2} = \sqrt{3.6^2 + 4.8^2} = 6 \text{〔kV·A〕}$$
となります。$W = \sqrt{3}\, VI$ から,
$$I = \frac{W}{\sqrt{3}\, V} = \frac{6 \times 10^3}{\sqrt{3} \times 200} = \frac{30}{\sqrt{3}} \text{〔A〕}$$
となります。
$$P = 3I^2 R, \quad Q = 3I^2 X = 3I^2 \omega L$$
から,
$$R = \frac{3.6 \times 10^3}{3 \times \left(\dfrac{30}{\sqrt{3}}\right)^2} = 4 \text{〔Ω〕} \tag{答}$$

$$L = \frac{4.8 \times 10^3}{3 \times \left(\dfrac{30}{\sqrt{3}}\right)^2 \times 2\pi \times 50} \fallingdotseq 17 \text{〔mH〕} \tag{答}$$

となります。この回路の力率と無効率を求めておきます。
$$\cos\theta = \frac{P}{W} = \frac{3.6}{6} = 0.6$$

$$\sin\theta = \frac{Q}{W} = \frac{4.8}{6} = 0.8$$

△結線のコンデンサ回路の容量リアクタンスをY結線の一相分のリアクタンスに換算すると,
$$\frac{1}{3} \cdot \frac{1}{\omega C} \text{〔Ω〕}$$

となるので、静電容量としては、$3C$ となります。Y結線の等価単相回路は第17図のようになります。

304

第 17 図

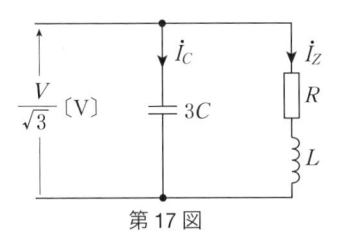

図の $\dot{I}_Z$ は次のように表せます．

$$\dot{I}_Z = I(\cos\theta - j\sin\theta) = \frac{30}{\sqrt{3}}(0.6 - j0.8) \text{ [A]}$$

この電流の遅れ無効電流をコンデンサで吸収してやれば力率は 1.0 となります．

$$I_C = \omega 3C \frac{V}{\sqrt{3}} = 2\pi \times 50 \times 3C \times \frac{200}{\sqrt{3}} = \frac{30}{\sqrt{3}} \times 0.8$$

とおいて，

$$C = \frac{30 \times 0.8}{100\pi \times 3 \times 200} \fallingdotseq 1.27 \times 10^{-4} = 127 \text{ [}\mu\text{F]} \quad\text{(答)}$$

となります．

【問題 2】 (a) $\dfrac{14}{\sqrt{3}} \fallingdotseq 8.08$ [A]，(b) 1 764 [W]，$\cos\theta = 0.6$（遅れ）

△ 結線のインピーダンス回路を Y 変換して等価単相回路を描くと次の第 18 図のようになります．

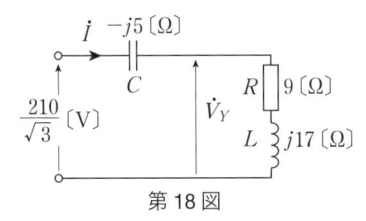

第 18 図

電流 $\dot{I}$ を求めます．

305

$$\dot{I} = \frac{\dfrac{210}{\sqrt{3}}}{-j5+9+j17} = \frac{\dfrac{210}{\sqrt{3}}}{9+j12} \ \text{[A]}$$

$$\therefore \ I = |\dot{I}| = \frac{\dfrac{210}{\sqrt{3}}}{\sqrt{9^2+12^2}} = \frac{14}{\sqrt{3}} \ \text{[A]} \tag{(a)の(答)}$$

消費電力は次のようになります．

$$P = 3I^2R = 3 \times \left(\frac{14}{\sqrt{3}}\right)^2 \times 9 = 1\,764 \ \text{[W]} \tag{(b)の(答)}$$

力率は次のようになります．

$$\cos\theta = \frac{P}{\sqrt{3}\,VI} = \frac{1\,764}{\sqrt{3} \times 210 \times \dfrac{14}{\sqrt{3}}} = 0.6 \ (遅れ) \tag{(b)の(答)}$$

なお，合成インピーダンスのインピーダンス角からも求められます．参考のため，第 19 図にベクトル図を示します．

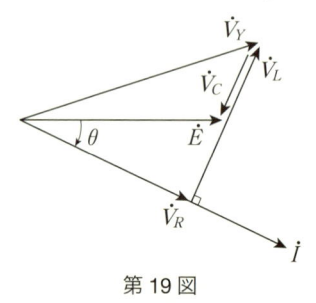

第 19 図

【問題 3】 22.9 [A]，$\cos\theta \fallingdotseq 0.88$

題意から，電力計算をテーマにした問題です．電源を Y 結線と仮定して第 20 図のように電流の記号を定めます．

第 20 図

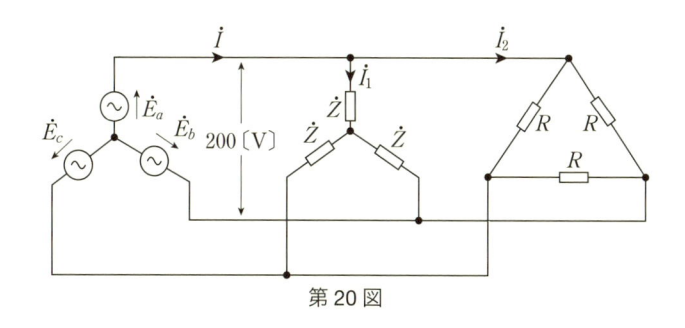

　Y 結線負荷の電流 I_1 の大きさは，その負荷電力から，

$$I_1 = \frac{5 \times 10^3}{\sqrt{3} \times 200 \times 0.8} = \frac{125}{4\sqrt{3}} \text{ [A]}$$

となります．a 相電圧基準で，

$$\dot{I}_1 = I_1(\cos\theta_1 - j\sin\theta_1) = \frac{125}{4\sqrt{3}}(0.8 - j\sqrt{1-0.8^2})$$

$$= \frac{25}{\sqrt{3}} - j\frac{75}{4\sqrt{3}} \text{ [A]}$$

と表せます．

　△結線負荷は抵抗負荷ですから力率は 1.0 です．電流 I_2 の大きさは，その負荷電力から，

$$I_2 = \frac{2 \times 10^3}{\sqrt{3} \times 200 \times 1} = \frac{10}{\sqrt{3}} \text{ [A]}$$

となります．もちろん，a 相電圧と同相です．

　問題の線電流 $\dot{I}$ は次のようになります．

$$\dot{I} = \dot{I}_1 + \dot{I}_2 = \frac{25}{\sqrt{3}} - j\frac{75}{4\sqrt{3}} + \frac{10}{\sqrt{3}} = \frac{35}{\sqrt{3}} - j\frac{75}{4\sqrt{3}} \text{ [A]}$$

　作図では次の第 21 図のようになります．

● 総合問題の解答・解説

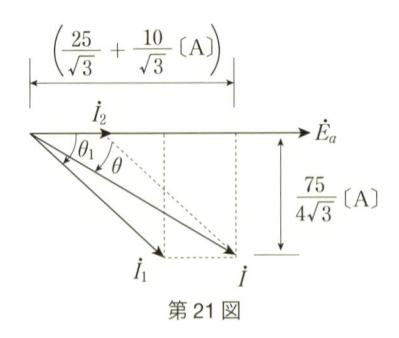

第21図

これから,

$$|\dot{I}| = \sqrt{\left(\frac{35}{\sqrt{3}}\right)^2 + \left(\frac{75}{4\sqrt{3}}\right)^2} \fallingdotseq \frac{1}{\sqrt{3}} \times 39.7 \fallingdotseq 22.9 \text{ [A]} \quad \text{(答)}$$

負荷の総合力率は,

$$\cos\theta = \frac{\dfrac{35}{\sqrt{3}}}{\dfrac{1}{\sqrt{3}} \times 39.7} \fallingdotseq 0.88 \quad \text{(答)}$$

【問題4】 (a) 3 820 [W], (b) 7 [A], 0 [°] (同相)

図1のY結線負荷の等価単相回路から,

$$|\dot{Z}| = \sqrt{(5\sqrt{3})^2 + 5^2} = \sqrt{100} = 10 \text{ [Ω]}$$

$$\cos\theta = \frac{5\sqrt{3}}{10} = \frac{\sqrt{3}}{2}$$

∴ $\theta = 30°$

$$|\dot{I}_a| = \frac{|\dot{E}_a|}{|\dot{Z}|} = \frac{\dfrac{210}{\sqrt{3}}}{10} = \frac{21}{\sqrt{3}} = \frac{\sqrt{3} \times \sqrt{3} \times 7}{\sqrt{3}} = 7\sqrt{3} \text{ [A]}$$

となります.

$$P = \sqrt{3}\, VI\cos\theta = \sqrt{3} \times 210 \times 7\sqrt{3} \times \frac{\sqrt{3}}{2} \fallingdotseq 3\,820 \text{ [W]} \quad \text{(答)}$$

図2の△結線負荷が図1と等価なら,相電流は線電流の $\dfrac{1}{\sqrt{3}}$ となるので,

$$|\dot{I}_d| = \frac{|\dot{I}_a|}{\sqrt{3}} = \frac{7\sqrt{3}}{\sqrt{3}} = 7 \text{ (A)} \qquad \text{(答)}$$

となります．同一インピーダンスの△-Y変換は各相を $\frac{1}{3}$ にします．逆に，Y-△変換するには各相を3倍にします．

$$\dot{Z}_d = 3(5\sqrt{3} + j5)$$

となります．インピーダンス角 $\theta = 30°$ は同じです．問題の図2に示された $\dot{I}_d$ は，線間電圧 $\dot{V}_{ab}$ より $\theta = 30°$ だけ遅れ位相です．電圧と電流の関係を a 相について示すと第22図のようになります．

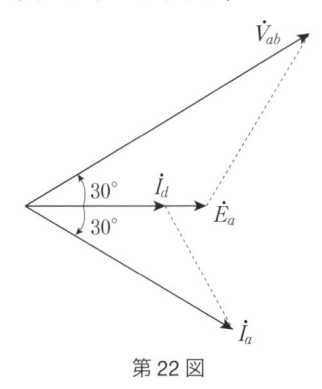

第22図

$\dot{I}_d$ の $\dot{E}_a$ に対する位相は 0°（同相）です． （答）

第6章 過渡現象

【問題1】 (a) 2.5 〔s〕, (b) 14.4 〔J〕

RL直列回路の充電時の電流の式は次のとおりです．

$$i = \frac{E}{R}\left(1 - \varepsilon^{-\frac{R}{L}t}\right) \text{ (A)}$$

時定数は次の式で表されます．

$$\tau = \frac{L}{R} \text{ (s)}$$

電流の式を見ると，定常値に漸近した後も，$t \to \infty$ とならないと定常状態に達しないことになります．実際的には τ の5倍の時間が経過すれば，過渡現象が終わっているとして差し支えありません．

$$5\tau = 5 \times \frac{L}{R} = 5 \times \frac{5}{10} = 2.5 \text{ (s)} \tag{答}$$

ちなみに，$\varepsilon^{-5} \fallingdotseq 6.7 \times 10^{-3}$ です．

充電時にインダクタンスに蓄えられたエネルギーは，放電時に抵抗でジュール熱として消費されます．

$$\frac{1}{2}L\left(\frac{E}{R}\right)^2 = \frac{1}{2} \times 5 \times \left(\frac{24}{10}\right)^2 = 14.4 \text{ (J)} \tag{答}$$

【問題2】(5)

第6.2図を参照してください．$t=0$ で v_i の E が印加された瞬間には，インダクタンスは電流を阻止しようとして，全電圧を分担し，抵抗の端子電圧は 0 (V) です．電流が増加しつつある間に，v_R は上昇します．時定数 $\tau \ll T_0$ ですから，T_0 に達するまでにインダクタンスの充電は終わり，$i \fallingdotseq 0$，$v_L \fallingdotseq 0$，$v_R \fallingdotseq E$ となります．

$t = T_0$ で入力パルス $v_i = 0$ となります．パルス電源の内部インピーダンスはゼロですから，入力側が短絡されたと同様で，インダクタンスに蓄えられた電磁エネルギーは抵抗 R を通して電源に返還されます．

第6.4図を参照してください．放電電流の向きは充電時と同じで，大きさは次第に減少し，v_R も低下していきます．

このような変化をたどるのは(5)の図です． (答)

【問題3】(1)

第6.6図を参照してください．最初，コンデンサには初期電荷がないので，$t=0$ で v_i の E が印加された瞬間には，コンデンサを充電するために大きな電流が流れます．電流を制限するのは抵抗です．

コンデンサの充電につれて，コンデンサ端子電圧が上昇し，その分，抵抗の端子電圧 v_R は低下していきます．時定数 $\tau \ll T_0$ ですから，T_0 に達するまでにコンデンサの充電は終わり，$i \fallingdotseq 0$，$v_C \fallingdotseq E$，$v_R \fallingdotseq 0$ となります．

$t = T_0$ で入力パルス $v_i = 0$ となります．パルス電源の内部インピーダンスはゼロですから，入力側が短絡されたと同様で，コンデンサに蓄えられた静電エネルギーは抵抗 R を通して電源に返還されます．

第6.8図を参照してください．放電電流の向きは充電時と逆で，v_Rの向きも反転します．放電電流の大きさは次第に減少し，v_Rも低下していきます．
このような変化をたどるのは(1)の図です．　　　　　　　　　　　　(答)

時定数τの小さいRC直列回路のv_R波形は，(1)の図のように入力v_iの波形を微分した波形となります．この目的に用いるRC直列回路を微分回路といいます．

時定数τを大きくすると，RC直列回路のv_C波形は，入力v_iの波形を積分した波形となります．この目的に用いるRC直列回路を積分回路といいます．

RL直列回路でも微分回路（v_Lを取り出す），積分回路（v_Rを取り出す）とすることは可能ですが，回路構成の容易なRC直列回路を用います．

【問題4】　①側：3〔ms〕，②側：1〔ms〕

RC直列回路の時定数τは，
$$\tau = CR \text{〔s〕}$$
です．①側に閉じた場合は次のようになります．
$$\tau = 10 \times 10^{-6} \times (200+100) = 3 \text{〔ms〕} \quad \text{(答)}$$
②側に閉じた場合は次のようになります．
$$\tau = 10 \times 10^{-6} \times 100 = 1 \text{〔ms〕} \quad \text{(答)}$$

第7章　電気計測

【問題1】　(a)　384〔W〕，(b)　8〔A〕

電流の波高値をI_mとすると，可動コイル形電流計で測った平均値Iは，
$$I = \frac{1}{2} I_m$$
ですから，
$$I_m = 2I = 2 \times \frac{8}{\sqrt{2}} = 8\sqrt{2} \text{〔A〕}$$
となります．電力は1周期間（$2T$）の平均値でいいますから，
$$P = \frac{1}{2T} \times I_m^2 R \times T = \frac{1}{2} \times (8\sqrt{2})^2 \times 6 = 384 \text{〔W〕} \quad \text{(答)}$$

となります．熱電形電流計は実効値 I_e を指示します．

$$I_e = \sqrt{\frac{1}{2T} \times I_m^2 \times T} = \frac{I_m}{\sqrt{2}} = \frac{8\sqrt{2}}{\sqrt{2}} = 8 \,[\text{A}] \qquad \text{(答)}$$

なお，

$$P = I_e^2 R = 8^2 \times 6 = 384 \,[\text{W}]$$

となって，先の P に一致します．

【問題 2】 $R_1 \fallingdotseq 3.94 \,[\Omega]$, $R_2 = 46.1 \,[\Omega]$

電流測定の場合，第 23 図(a)のようになります．

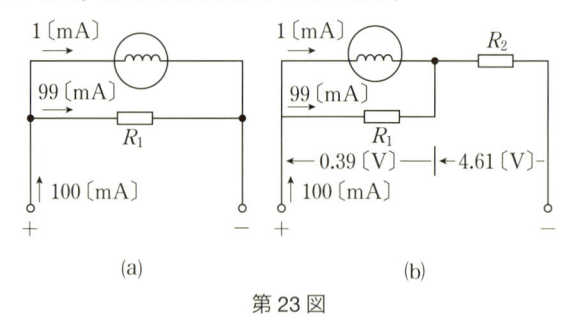

第 23 図

この電流計は，$1 \times 10^{-3} \times 390 = 0.39 \,[\text{V}]$ の直流電圧計でもあります．100 [mA] の電流を測定する際は，図示のような電流分布になりますから，

$$99 \times 10^{-3} R_1 = 0.39 \,[\text{V}]$$

とおいて，

$$R_1 = \frac{0.39}{99 \times 10^{-3}} \fallingdotseq 3.9394 \fallingdotseq 3.94 \,[\Omega] \qquad \text{(答)}$$

となります．

5 [V] の電圧を測定する際は第 23 図(b)のような電圧分布になります．

$$100 \times 10^{-3} R_2 = 4.61 \,[\text{V}]$$

とおいて，

$$R_2 = \frac{4.61}{100 \times 10^{-3}} = 46.1 \,[\Omega] \qquad \text{(答)}$$

となります．

【問題 3】　1 080〔W〕，$\cos\theta ≒ 0.6$

本文の第7.15図の回路図とは，電流計の記号番号の順が異なっていることに注意してください．計算方法は本文を参照してください．数値計算では，電源に近い方の電流から計算します．

$$P = \frac{100}{2}(15.75^2 - 1.2^2 - 15^2) = 50 \times 21.6225$$
$$≒ 1\,081 ≒ 1\,080 \,\text{〔W〕} \tag{答}$$

$$\cos\theta = \frac{P}{VI} = \frac{1\,081}{100 \times 1.2 \times 15} ≒ 0.6 \tag{答}$$

【問題 4】　(a)　1.12〔kW〕，(b)　$W_1 = 0.56$〔kW〕，$W_2 = 0$

問題の図1は，第7.18図(a)と同じです．したがって，それぞれの電力計の指示は次のようになります．

$$W_1 = V_{ab}I_a\cos(30° + \theta)$$
$$W_2 = V_{cb}I_c\cos(30° - \theta)$$

一方の指示が零となるのは，力率角 $\theta = 60°$ の場合です．

$$W_1 = V_{ab}I_a\cos(30° + 60°) = V_{ab}I_a\cos 90° = 0 \,\text{〔kW〕}$$
$$W_2 = V_{cb}I_c\cos(30° - 60°) = V_{cb}I_c\cos(-30°) = 1.12 \,\text{〔kW〕}$$

となっています．なお，$\cos(-30°) = \cos 30° = \frac{\sqrt{3}}{2}$ です．

線間電圧を V，線電流を I と表せば，

$$W_1 = VI\cos 90° = 0$$
$$W_2 = VI\cos(-30°) = 1.12 \,\text{〔kW〕}$$

と書けます．

三相電力 P は，

$$P = W_1 + W_2 = 1.12 \,\text{〔kW〕} \tag{答}$$

となります．

図2の場合，二つの電力計の電圧コイルが直列となって a，c 間の電圧を均等分担します．基準端子 ± (問題の図には省略されている) に注意すると，W_1 は $\frac{1}{2}\dot{V}_{ac}$ と $\dot{I}_a$ の間の電力を測定し，W_2 は $\frac{1}{2}\dot{V}_{ca}$ と $\dot{I}_c$ の間の電力を測定

していることがわかります．

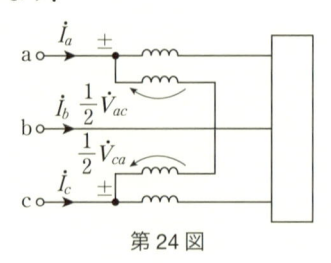

第 24 図

力率角 $\theta = 60°$ としてベクトル図を描くと次の第 25 図のようになります．

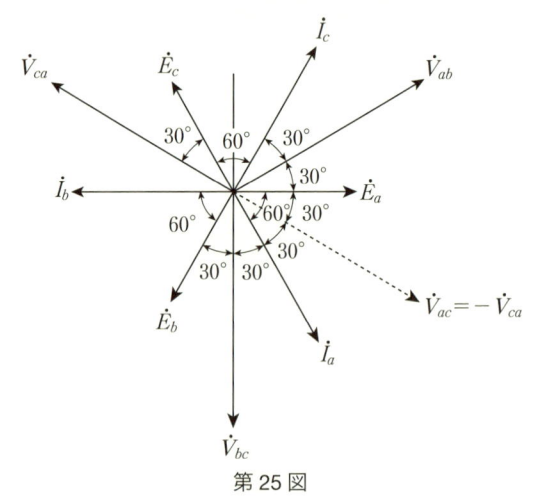

第 25 図

電力を計算します．

$$W_1 = \frac{1}{2} V_{ac} I_a \cos 30° = \frac{1}{2} VI \cos 30°$$

$$= \frac{1}{2} \times 1.12 = 0.56 \qquad \text{(答)}$$

$$W_2 = \frac{1}{2} V_{ca} I_c \cos 90° = \frac{1}{2} VI \cos 90° = 0 \qquad \text{(答)}$$

【問題5】 (a) 0.75〔kW〕, (b) 1 800〔kW〕
計器用変成器二次側の電力は，

$$P = \frac{3\,600p}{K_p t} = \frac{3\,600 \times 625}{50\,000 \times 60} = 0.75 \,(\text{kW}) \qquad \text{(答)}$$

となります．一次側の電力は，

$$0.75 \times \frac{6\,600}{110} \times \frac{200}{5} = 1\,800 \,(\text{kW}) \qquad \text{(答)}$$

となります．

【問題6】 (ア) CRT または陰極線管，ブラウン管でもよい．(イ) 水平，(ウ) 掃引，(エ) 垂直，(オ) 同期

第8章 電子回路

【問題1】 (a) (ア) npn，(イ) エミッタ，(ウ) 180°，(エ) $20\log_{10}(V_o/V_i)$，
(b) 61.58〔dB〕

(a) 上記のとおり．

(b) 問題で，h パラメータが与えられていることから第26図の簡易等価回路で解きます．

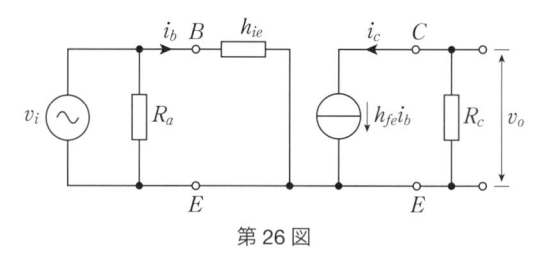

第26図

次の手順で解いていきます．

$$i_b = \frac{v_i}{h_{ie}}$$

$$i_c = h_{fe} i_b = \frac{h_{fe}}{h_{ie}} v_i \quad \cdots\cdots 定電流源$$

$$v_o = -R_c i_c = -\frac{h_{fe}}{h_{ie}} R_c v_i$$

$$A_v = \left| \frac{v_o}{v_i} \right| = \frac{h_{fe}}{h_{ie}} R_c = \frac{120}{2 \times 10^3} \times 20 \times 10^3 = 1\,200$$

$$G_v = 20\log_{10}1\,200 = 20\log_{10}(2^2 \times 3 \times 10^2)$$
$$= 20(\log_{10}2^2 + \log_{10}3 + \log_{10}10^2)$$
$$= 20(2\log_{10}2 + \log_{10}3 + 2\log_{10}10)$$
$$= 20(0.602 + 0.477 + 2) = 61.58\,[\text{dB}] \quad\quad\text{(答)}$$

【問題2】 (a) $R_1 = \dfrac{R_A R_B}{R_A + R_B}$, $R_2 = \dfrac{R_C R_L}{R_C + R_L}$, (b) 122

交流信号に対しては，コンデンサのインピーダンスをゼロとし，バイアス電源も短絡除去します（第8.31図および第8.33図を参照）．

$$R_1 = \dfrac{R_A R_B}{R_A + R_B}, \quad R_2 = \dfrac{R_C R_L}{R_C + R_L} \quad\quad\text{(a)の(答)}$$

R_2 の値は後半で必要です．ここで数値計算しておきます．

$$R_2 = \dfrac{8 \times 15}{8 + 15} \fallingdotseq 5.217\,[\text{k}\Omega]$$

電圧増幅度は前問と同様で，

$$A_v = \left|\dfrac{v_o}{v_i}\right| = \dfrac{h_{fe}}{h_{ie}}R_C$$

の式の R_C を R_2 に置き換えたものになります．

$$A_v = \dfrac{h_{fe}}{h_{ie}}R_2 = \dfrac{140}{6 \times 10^3} \times 5.217 \times 10^3 \fallingdotseq 122 \quad\quad\text{(b)の(答)}$$

【問題3】 (a) (ア) n, (イ) C_1, C_3, (ウ) R_A, R_B, (b) 1.93

(a) 上記のとおり．
(b) FETの入力インピーダンスは非常に大きく，ゲートには電流が流れません．ソース電圧 V_S は，

$$V_S = R_C I_D = 1.6 \times 10^3 \times 6 \times 10^{-3} = 9.6\,[\text{V}]$$

となります．第27図から次式が成り立ちます．

$$V_G = V_S + V_{GS} = 9.6 + (-1.4) = 8.2\,[\text{V}] \quad\quad ①$$

$$V_G = \dfrac{R_B}{R_A + R_B}V_{DD} \quad\quad ②$$

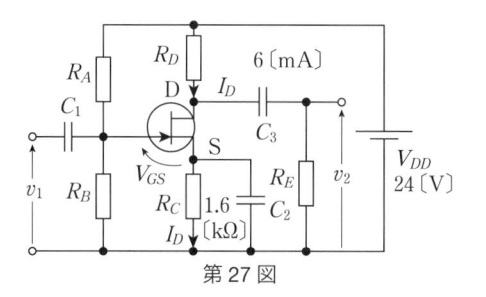

第27図

②式より,
$$V_G(R_A+R_B) = R_B V_{DD}$$
とおいて，整理すると，
$$R_A V_G = R_B(V_{DD} - V_G)$$
$$\frac{R_A}{R_B} = \frac{V_{DD} - V_G}{V_G} = \frac{24 - 8.2}{8.2} \fallingdotseq 1.93 \qquad \text{(b)の(答)}$$

【問題4】 (a) 4〔V〕, (b) 2〔V〕

(a) FETの入力インピーダンスは非常に大きく，ゲートには電流が流れないので，単なる抵抗分圧で V_{GS} が決まります．
$$V_{GS} = \frac{R_1}{R_1 + R_2} V_{DD} = \frac{10}{10+20} \times 12 = 4 \text{〔V〕} \qquad \text{(a)の(答)}$$

(b) 第28図の静特性図から負荷線を求め，動作点を見出すことが先決です．
$I_D = 0$ で $V_{DS} = V_{DD} = 12$ 〔V〕, $V_{DS} = 0$ で,
$$I_D = \frac{V_{DD}}{R_L} = \frac{12}{4 \times 10^3} = 3 \text{〔mA〕}$$

となります．これで負荷線が書けます．

総合問題の解答・解説

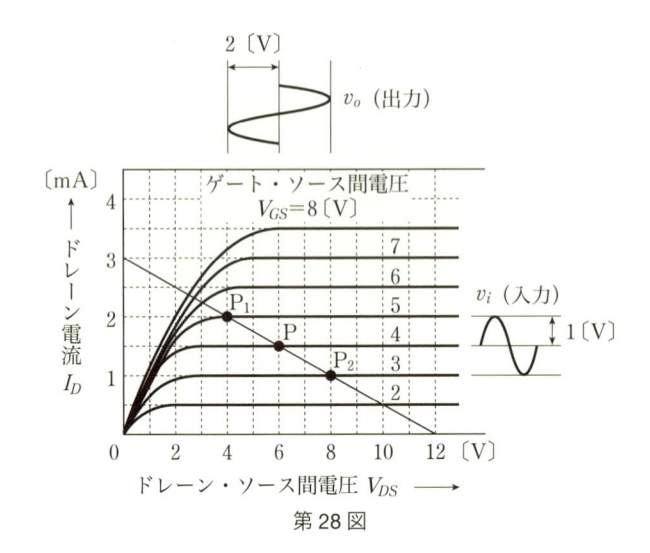

第28図

入力がゼロのときの V_{GS} の値は(a)で求めています．$V_{GS}=4$ [V] と負荷線の交点は図示のP点です．この点が動作点になります．入力に最大値1 [V] の交流電圧が加わると，V_{GS} の変化範囲は，4 ± 1 [V] となります．負荷線上の動作範囲は P_1 点から P_2 点の間です．

V_{DS} の最大振幅の範囲は，6 ± 2 [V] です．

出力電圧 v_o は直流分（6 [V]）がカットされて取り出されるので，その最大値 v_{omax} は，

$$v_{omax} = 2 \text{ [V]}$$

(b)の(答)

【問題5】 (a) $V_{o1}=6.6$ [V], $V_{o2}=-3$ [V], (b) 0.6 [V]

(a) 図1は非反転増幅回路，図2は反転増幅回路です．

$$V_{o1} = \left(1 + \frac{100}{10}\right) \times 0.6 = 6.6 \text{ [V]}$$

$$V_{o2} = -\frac{200}{30} \times 0.45 = -3 \text{ [V]}$$

(a)の(答)

(b) 題意の条件から，

$$V_{o1} = \left(1 + \frac{0}{\infty}\right) \times 0.6 = 0.6 \text{ [V]}$$

(b)の(答)

この場合は，ボルテージ・ホロワになっています．

第9章　電子の運動

【問題1】 (a) $y_1 = \dfrac{2m_1 v_0}{qB}$, (b) $\dfrac{y_2}{y_1}$ 倍

円軌道の半径は次式で表されます．

$$r = \dfrac{mv_0}{eB}$$

題意の記号に置き換えると，

$$y_1 = \dfrac{2m_1 v_0}{qB} \qquad \text{(a)の(答)}$$

となります．同様にして，

$$y_2 = \dfrac{2m_2 v_0}{qB}$$

ですから，

$$\dfrac{y_2}{y_1} = \dfrac{m_2}{m_1}$$

となって，

$$m_2 = \dfrac{y_2}{y_1} m_1$$

です．

(b)の(答)は，$\dfrac{y_2}{y_1}$ 倍です．円軌道の半径が質量に比例することを利用して，同位元素の質量分析に応用されます．

【問題2】 (a) 1.76×10^{11} 〔C/kg〕, (b) 6.39×10^4 〔V〕

電界中の電子が得るエネルギーは次式で表されます．

$$W = \dfrac{1}{2} m v_A{}^2 = Fd = eEd = eV \ \text{〔J〕}$$

これから，

$$v_A{}^2 = \frac{2eV}{m} = 2V\frac{e}{m}$$

となります.

いま, v_A を光速度 (3×10^8 〔m/s〕) の 1/2 とすると,

$$(1.5 \times 10^8)^2 = 2V\frac{e}{m}$$

となります.

1〔V〕の電位差で得るエネルギーが 1〔eV〕です.

電子が得たエネルギーが 6.39×10^4〔eV〕ということは, 加速電圧 (電位差) が 6.39×10^4〔V〕という意味ですから,

$$V = 6.39 \times 10^4 \text{〔V〕} \qquad \text{(b)の(答)}$$

となります. これから,

$$\frac{e}{m} = \frac{(1.5 \times 10^8)^2}{2 \times 6.39 \times 10^4} \fallingdotseq 1.76 \times 10^{11} \text{〔C/kg〕} \qquad \text{(a)の(答)}$$

となります.

電子の比電荷がこのように非常に大きい値であることは, 電子に働く重力加速度は無視できて, 電子に働く力はクーロン力が主になることを意味しています.

なお, 相対性理論では, 光速度に近づくにつれて質量が増加することが示されています. これを無視して計算しています.

索引

あ

- アクセプタ………………………………191
- アクセプタ準位…………………………195
- アドミタンス………………………………85
- アナログ計器……………………………144
- アノード…………………………………200
- アバランシ・ブレークダウン…………201
- アンペアの周回路の法則………………24
- アンペアの右ねじの法則………………23

い

- インピーダンス……………………………85
- インピーダンス角…………………………93
- 移動度……………………………………196

う

- ウィーンブリッジ………………………102

え

- エアギャップ………………………………31
- エネルギーギャップ……………………193
- エネルギーバンド………………………193
- エミッタ…………………………………207
- エミッタホロワ…………………………214
- エレクトロン・ボルト…………………268
- エンハンスメント形 MOSFET…………243
- 演算増幅器………………………………252
- 遠心力……………………………………192

お

- オームの法則………………………………52
- オシロスコープ…………………………178
- オペアンプ………………………………252

か

- ガウスの定理………………………………7
- カソード…………………………………200
- 回転力………………………………………34
- 開放…………………………………………55
- 拡散………………………………………198
- 拡散電位…………………………………199
- 角周波数……………………………………72
- 確度………………………………………152
- 重ね合わせの理……………………………55
- 仮想短絡…………………………………254
- 価電子……………………………………188
- 価電子帯…………………………………193
- 可動コイル形……………………………144
- 可動鉄片形………………………………146
- 可変容量ダイオード……………………205
- 過渡現象…………………………………134
- 環状ソレノイド……………………………28

き

- キャパシタンス……………………………11
- キャリヤ……………………………130, 191
- キルヒホッフの法則………………………52
- 基準ベクトル………………………………77
- 基底値……………………………………151
- 基板………………………………………240
- 基本波……………………………………104
- 起磁力………………………………………30
- 逆起電力……………………………………40
- 逆電圧……………………………………200
- 逆バイアス………………………………208
- 逆方向……………………………………200
- 吸引力……………………………………2, 24
- 共振…………………………………………97
- 共振周波数…………………………………98
- 共通帰線…………………………………114
- 共役複素数…………………………………82
- 共有結合…………………………………189
- 極座標……………………………………116
- 虚数単位……………………………………80
- 許容差……………………………………151
- 禁止帯……………………………………193
- 禁制帯……………………………………193

く

- クーロンの法則……………………………2
- 空げき………………………………………31
- 空乏層……………………………………199

け

- ゲイン……………………………………233
- ゲート……………………………………241
- 計器定数…………………………………171

321

索引

計器用変圧器‥‥‥‥‥‥‥‥‥‥‥157
計器用変成器‥‥‥‥‥‥‥‥‥‥‥157
計器用変流器‥‥‥‥‥‥‥‥‥‥‥157
結合係数‥‥‥‥‥‥‥‥‥‥‥‥‥‥45
原子核‥‥‥‥‥‥‥‥‥‥‥‥‥‥188

こ

コレクタ‥‥‥‥‥‥‥‥‥‥‥‥‥207
コンダクタンス‥‥‥‥‥‥‥‥‥‥‥66
コンデンサに蓄えられるエネルギー‥‥14
合成インダクタンス‥‥‥‥‥‥‥‥‥47
合成抵抗‥‥‥‥‥‥‥‥‥‥‥‥‥‥52
合成比‥‥‥‥‥‥‥‥‥‥‥‥‥‥172
高調波‥‥‥‥‥‥‥‥‥‥‥‥‥‥104
光電子放出‥‥‥‥‥‥‥‥‥‥‥‥265
降伏電圧‥‥‥‥‥‥‥‥‥‥‥‥‥201
交流負荷線‥‥‥‥‥‥‥‥‥‥‥‥226
国際単位系‥‥‥‥‥‥‥‥‥‥‥‥175
誤差‥‥‥‥‥‥‥‥‥‥‥‥‥‥‥151
固定バイアス回路‥‥‥‥‥‥‥‥‥216

さ

サブストレート‥‥‥‥‥‥‥‥‥‥240
最外殻電子‥‥‥‥‥‥‥‥‥‥‥‥188
最小定理‥‥‥‥‥‥‥‥‥‥‥‥‥‥57
最大需要電力計‥‥‥‥‥‥‥‥‥‥172
最大値‥‥‥‥‥‥‥‥‥‥‥‥‥‥‥73
最大電力の定理‥‥‥‥‥‥‥‥‥‥‥57
再結合‥‥‥‥‥‥‥‥‥‥‥‥‥‥198
鎖交数‥‥‥‥‥‥‥‥‥‥‥‥‥‥‥38
差動接続‥‥‥‥‥‥‥‥‥‥‥‥‥‥47
差動増幅器‥‥‥‥‥‥‥‥‥‥‥‥252
三相交流‥‥‥‥‥‥‥‥‥‥‥‥‥112
三相電力‥‥‥‥‥‥‥‥‥‥‥‥‥124
三電圧計法‥‥‥‥‥‥‥‥‥‥‥‥163
三電流計法‥‥‥‥‥‥‥‥‥‥‥‥164
残留磁気‥‥‥‥‥‥‥‥‥‥‥‥‥276

し

しきい電圧‥‥‥‥‥‥‥‥‥‥‥‥244
シェーリングブリッジ‥‥‥‥‥‥‥100
磁界の強さ‥‥‥‥‥‥‥‥‥‥‥‥‥23
磁気抵抗‥‥‥‥‥‥‥‥‥‥‥‥‥‥30
磁気抵抗率‥‥‥‥‥‥‥‥‥‥‥‥‥30
磁気ヒステリシス現象‥‥‥‥‥‥‥276
磁極の強さ‥‥‥‥‥‥‥‥‥‥‥‥‥22
自己インダクタンス‥‥‥‥‥‥‥‥‥40
自己バイアス回路‥‥‥‥‥‥‥‥‥217
自己誘導起電力‥‥‥‥‥‥‥‥‥‥‥40

指示計器‥‥‥‥‥‥‥‥‥‥‥‥‥144
指示計器の誤差‥‥‥‥‥‥‥‥‥‥151
指示電力計法‥‥‥‥‥‥‥‥‥‥‥173
自然対数の底‥‥‥‥‥‥‥‥‥‥‥134
磁束‥‥‥‥‥‥‥‥‥‥‥‥‥‥‥‥23
磁束鎖交数‥‥‥‥‥‥‥‥‥‥‥‥‥38
磁束密度‥‥‥‥‥‥‥‥‥‥‥‥‥‥24
磁力線‥‥‥‥‥‥‥‥‥‥‥‥‥‥‥23
実効値‥‥‥‥‥‥‥‥‥‥‥‥‥‥‥74
時定数‥‥‥‥‥‥‥‥‥‥‥‥‥‥136
周波数‥‥‥‥‥‥‥‥‥‥‥‥‥‥‥72
充満帯‥‥‥‥‥‥‥‥‥‥‥‥‥‥193
瞬時値表現‥‥‥‥‥‥‥‥‥‥‥‥‥73
順電圧‥‥‥‥‥‥‥‥‥‥‥‥‥‥200
順バイアス‥‥‥‥‥‥‥‥‥‥‥‥208
順方向‥‥‥‥‥‥‥‥‥‥‥‥‥‥199
消費電力‥‥‥‥‥‥‥‥‥‥‥‥‥‥54
常用対数‥‥‥‥‥‥‥‥‥‥‥‥‥233
真空の透磁率‥‥‥‥‥‥‥‥‥‥‥‥23
真空の誘電率‥‥‥‥‥‥‥‥‥‥‥‥2
真性半導体‥‥‥‥‥‥‥‥‥‥‥‥190

せ

ゼーベック効果‥‥‥‥‥‥‥‥‥‥279
正弦波‥‥‥‥‥‥‥‥‥‥‥‥‥‥‥73
正孔‥‥‥‥‥‥‥‥‥‥‥‥‥130, 190
静電形‥‥‥‥‥‥‥‥‥‥‥‥‥‥148
静電偏向‥‥‥‥‥‥‥‥‥‥‥‥‥179
静電容量‥‥‥‥‥‥‥‥‥‥‥‥‥‥11
静電力‥‥‥‥‥‥‥‥‥‥‥‥‥‥‥2
整流形‥‥‥‥‥‥‥‥‥‥‥‥‥‥148
整流作用‥‥‥‥‥‥‥‥‥‥‥‥‥199
絶縁ゲート形FET‥‥‥‥‥‥‥‥‥242
絶縁物‥‥‥‥‥‥‥‥‥‥‥‥‥‥189
絶対誤差‥‥‥‥‥‥‥‥‥‥‥‥‥151
絶対値‥‥‥‥‥‥‥‥‥‥‥‥‥‥‥86
接合形FET‥‥‥‥‥‥‥‥‥‥‥‥240
全波整流回路‥‥‥‥‥‥‥‥‥‥‥201
全波ブリッジ‥‥‥‥‥‥‥‥‥‥‥202

そ

ソース‥‥‥‥‥‥‥‥‥‥‥‥‥‥241
掃引信号‥‥‥‥‥‥‥‥‥‥‥‥‥179
相互インダクタンス‥‥‥‥‥‥‥‥‥44
相互コンダクタンス‥‥‥‥‥‥‥‥249
相互誘導‥‥‥‥‥‥‥‥‥‥‥‥‥‥44
相互誘導起電力‥‥‥‥‥‥‥‥‥‥‥44
相互誘導作用‥‥‥‥‥‥‥‥‥‥‥‥44
相電圧‥‥‥‥‥‥‥‥‥‥‥‥‥‥115

相電流	117
増幅作用	209
増幅度	231
増幅率	231

た

ダイオード	200
対称回路	60
対称三相起電力	115
対称三相電流	115
帯電体	3
単エネルギー回路	134
単エネルギー過渡現象	134
単相整流回路	201
短絡	55

ち

チャネル	241
チョークコイル	202
中性線	117
中性点	117
超伝導現象	278
直流成分	104
直流電圧負帰還	218
直流負荷線	225
直列共振	97
直列コンデンサ	13

つ

ツェナー効果	204
ツェナーダイオード	204

て

ディジタル計器	144
ディプリーション形	242
テブナンの定理	55
抵抗温度係数	280
抵抗率	30
定常状態	132
定電圧源	66
定電圧ダイオード	203
定電流源	66
電圧帰還率	236
電圧制御素子	240
電圧増幅度	232
電圧・電流計法	160
電圧利得	212
電位	8
電位の障壁	199

電荷	130
電界	6
電界効果トランジスタ	240
電界の強さ	6
電気計器	144
電気伝導	189, 262
電気力線	6
電気力線密度	7
電子	130
電子価	188
電子軌道	188
電子雪崩降伏	201
電子の移動	262
電子の運動	266
電磁偏向	179
電磁誘導	44
電磁力	24, 35
電束密度	8
電流	130
電流帰還バイアス回路	218
電流制御素子	210
電流増幅度	231
電流増幅率	232
電流力計形	146
電流利得	212
電力計	165
電力増幅度	232
電力量計の誤差試験	173
点電荷	3
伝導帯	193
伝導電子	194

と

ドナー	191
ドナー準位	195
トランジスタ	207
トランジスタの動作点	223
トランジスタの特性曲線	222
ドリフト速度	262
トルク	34
ドレーン	241
トンネル効果	204
等アンペア・ターンの法則	158
等価電圧源	55
等電位面	7
同期	179
透磁率	22
導体	188
導電率	30

323

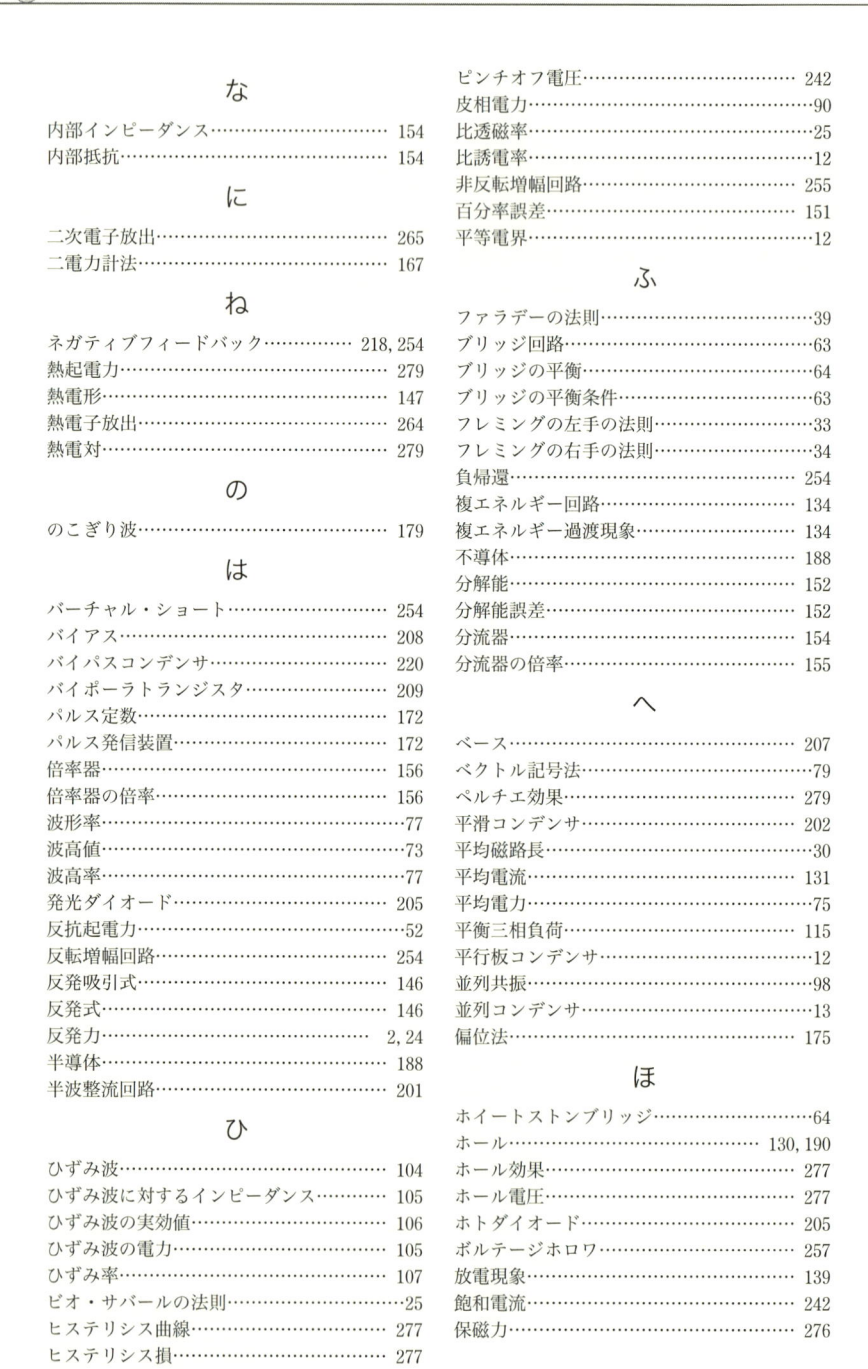

索引

な
内部インピーダンス……………………… 154
内部抵抗……………………………………… 154

に
二次電子放出……………………………… 265
二電力計法………………………………… 167

ね
ネガティブフィードバック………… 218, 254
熱起電力…………………………………… 279
熱形………………………………………… 147
熱電子放出………………………………… 264
熱電対……………………………………… 279

の
のこぎり波………………………………… 179

は
バーチャル・ショート…………………… 254
バイアス…………………………………… 208
バイパスコンデンサ……………………… 220
バイポーラトランジスタ………………… 209
パルス定数………………………………… 172
パルス発信装置…………………………… 172
倍率器……………………………………… 156
倍率器の倍率……………………………… 156
波形率……………………………………… 77
波高値……………………………………… 73
波高率……………………………………… 77
発光ダイオード…………………………… 205
反抗起電力………………………………… 52
反転増幅回路……………………………… 254
反発吸引式………………………………… 146
反発式……………………………………… 146
反発力…………………………………… 2, 24
半導体……………………………………… 188
半波整流回路……………………………… 201

ひ
ひずみ波…………………………………… 104
ひずみ波に対するインピーダンス……… 105
ひずみ波の実効値………………………… 106
ひずみ波の電力…………………………… 105
ひずみ率…………………………………… 107
ビオ・サバールの法則…………………… 25
ヒステリシス曲線………………………… 277
ヒステリシス損…………………………… 277

ピンチオフ電圧…………………………… 242
皮相電力…………………………………… 90
比透磁率…………………………………… 25
比誘電率…………………………………… 12
非反転増幅回路…………………………… 255
百分率誤差………………………………… 151
平等電界…………………………………… 12

ふ
ファラデーの法則………………………… 39
ブリッジ回路……………………………… 63
ブリッジの平衡…………………………… 64
ブリッジの平衡条件……………………… 63
フレミングの左手の法則………………… 33
フレミングの右手の法則………………… 34
負帰還……………………………………… 254
複エネルギー回路………………………… 134
複エネルギー過渡現象…………………… 134
不導体……………………………………… 188
分解能……………………………………… 152
分解能誤差………………………………… 152
分流器……………………………………… 154
分流器の倍率……………………………… 155

へ
ベース……………………………………… 207
ベクトル記号法…………………………… 79
ペルチエ効果……………………………… 279
平滑コンデンサ…………………………… 202
平均磁路長………………………………… 30
平均電流…………………………………… 131
平均電力…………………………………… 75
平衡三相負荷……………………………… 115
平行板コンデンサ………………………… 12
並列共振…………………………………… 98
並列コンデンサ…………………………… 13
偏位法……………………………………… 175

ほ
ホイートストンブリッジ………………… 64
ホール………………………………… 130, 190
ホール効果………………………………… 277
ホール電圧………………………………… 277
ホトダイオード…………………………… 205
ボルテージホロワ………………………… 257
放電現象…………………………………… 139
飽和電流…………………………………… 242
保磁力……………………………………… 276

ま

マクスウェルブリッジ ·············· 101

み

ミルマンの定理 ······················· 56
脈動 ································· 202

む

無限遠点 ····························· 5
無効電力 ···························· 90
無効率 ······························ 93

も

漏れ磁束 ···························· 46

ゆ

ユニポーラトランジスタ ············ 240
有効電力 ···························· 89
誘導形 ····························· 148
誘導起電力 ················· 33, 36, 38
誘導起電力の公式 ············ 34, 37, 39
誘導リアクタンス ···················· 84
有理化 ······························ 83

よ

容量リアクタンス ···················· 84

り

リサジューの図形 ··················· 181
リプル ······························ 202
力率 ································ 93
力率角 ······························ 93
利得 ······························· 233

れ

レンツの法則 ························ 39
零位法 ····························· 175
冷陰極放出 ························· 265

わ

和動接続 ···························· 47

A

A－D変換回路 ····················· 152

C

CT ································ 157

F

FET ······························· 240

H

hパラメータ ························ 236

M

MOSFET ·························· 243

N

npn形トランジスタ ················· 207
n形半導体 ························· 191

P

pn接合 ···························· 200
p形半導体 ························· 191

S

SI単位系 ··························· 175

V

VT ································ 157

Y

Y－Y結線 ························· 116
Y結線の線間電圧 ··················· 118

記号

△－△結線 ························ 119
△－Y換算 ·························· 61
△結線の線電流 ···················· 121

山村 征二
● 著者略歴
1961年　県立高知工業高等学校電気科卒
　　　　大阪セメント㈱(現　住友大阪セメント㈱)入社
1962年　第三種電気主任技術者試験合格
1983年　第二種電気主任技術者試験合格
1980年　電気保安管理技術者
1985年，1987年
　　　　通信教育　電気学会大学講座
　　　　電気理論課程，電気機器課程修了
　　　　通信教育　電気学会技術講座自動制御課程修了
1994年　第一種電気主任技術者試験合格
現在　　㈲新電気技術取締役

● 著書
電験第三種アタックシリーズ　理論，機械　(電気書院)
電験第3種予想問題集(共著)多数　(電気書院)

© Seiji Yamamura　2013

電験3種合格への道123　理論
2013年9月2日　第1版第1刷発行
2013年10月1日　第1版第2刷発行

著　者　山　村　征　二
発行者　田　中　久米四郎
発　行　所
株式会社　電気書院
www.denkishoin.co.jp
振替口座　00190-5-18837
〒101-0051
東京都千代田区神田神保町1-3 ミヤタビル2F
電話 (03)5259-9160
FAX (03)5259-9162

ISBN978-4-485-11921-1　C3354　　日経印刷株式会社
Printed in Japan

◆万一，落丁・乱丁の際は，送料当社負担にてお取り替えいたします．
◆正誤のお問合せにつきましては，書名を明記の上，編集部宛に郵送・FAX (03-5259-9162) いただくか，当社ホームページの「お問い合わせ」をご利用ください．電話での質問はお受けできません．正誤以外の詳細な解説・受験指導は行っておりません．

JCOPY〈㈳出版者著作権管理機構　委託出版物〉
本書の無断複写(電子化含む)は著作権法上での例外を除き禁じられています．複写される場合は，そのつど事前に，㈳出版者著作権管理機構(電話：03-3513-6969，FAX：03-3513-6979，e-mail：info@jcopy.or.jp)の許諾を得てください．
また本書を代行業者等の第三者に依頼してスキャンやデジタル化することは，たとえ個人や家庭内での利用であっても一切認められません．

合格したい人のための月刊誌

B5判・毎月12日発売・送料100円
通常号 定価1,550円（税込）
特大号 定価1,850円（税込）

電気計算

● 電験第3種／電験第2種／エネ管（電気）など
資格試験の情報が満載

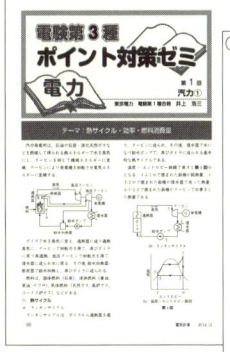

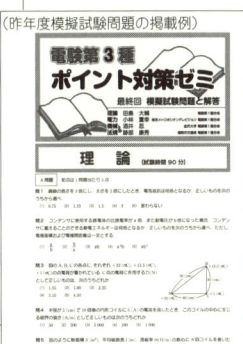

● 平成26年度電験第3種
ポイント対策ゼミ掲載スケジュール

月号	理論	電力	機械	法規
12	静電気	汽力①	照明,電気化学	事業法
1	磁気	汽力②,原子力	自動制御	工事士法・用安法
2	直流回路	その他発電	情報	技術基準・解釈①
3	単相交流	水力	パワエレ	技術基準・解釈②
4	三相交流	電気材料,変電①	直流機	技術基準・解釈③
5	電子理論・その他	変電②	誘導機	技術基準・解釈④,施設・管理①
6	電子回路①	送電	同期機	施設・管理②
7	電子回路②	地中送電	変圧器	施設・管理③
8	電気計測	配電	電動機応用,電熱	施設・管理④
9	模擬試験			

編集の都合により，内容変更の場合があります．

● 専門外の方でも読める実務記事やニュースも！
学校でも教えてくれない技術者としての常識，一般の書籍では解説されていない盲点，先端技術などを初級技術者，専門外の方が読んでもわかるように解説．電気に関する常識を身に付けるため，話題に乗り遅れないためにも必見の記事を掲載します．

少しでも安く，少しでもお得に購読してほしい！
特別価格の年間購読をご用意しております

お買い忘れることもなく，発売日には，ご自宅・ご勤務先などご指定の場所へお届けする，便利でお得な定期購読をおすすめします．

電気計算を弊社より直接定期購読された方限定の優待ポイント

Point 1 購読料金がダンゼン割り引き
3年購読の場合，定価合計との比較で，8,100円もお得です

Point 2 送料をサービス
購読期間中の送料はすべてサービスします

Point 3 追加料金は一切不要
購読期間中に定価や税率の改正等があっても追加の請求はしません

電気計算を弊社より直接定期購読された方限定の優待ポイント

1年（12冊） 18,900円（送料・税込）（定価合計 18,900円）
1冊当たり 1,575円　定価合計と同じですが，送料がお得

2年（24冊） 35,000円（送料・税込）（定価合計 37,800円）
1冊当たり 1,458円　およそ 7.5%OFF とチョットお得

3年（36冊） 48,600円（送料・税込）（定価合計 56,700円）
1冊当たり 1,350円　およそ 14.3%OFF とダンゼンお得

定期購読のお申込みは，小社に直接ご注文ください

○電　　話　　03-5259-9160
○ファクス　　03-5259-9162
○インターネット　http://www.denkishoin.co.jp/

本誌は全国の大型書店にて発売されています．また，ご予約いただければどこの書店でもお取り寄せできます．
書店にてお買い求めが不便な方は，小社に電話・ファクシミリ・インターネット等で直接ご注文ください．

電験第3種 過去問マスタ

テーマ別でがっつり学べる
平成24年～10年の15年分を収録

平成25年版 テーマ別・見開き構成 だから学習しやすい！

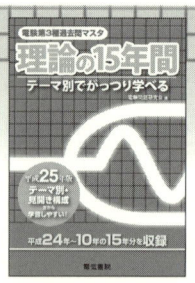

理論の15年間
ISBN978-4-485-11841-2
A5判／428ページ
定価2,520円

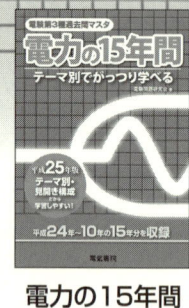

電力の15年間
ISBN978-4-485-11842-9
A5判／344ページ
定価2,310円

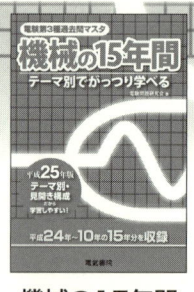

機械の15年間
ISBN978-4-485-11843-6
A5判／456ページ
定価2,520円

法規の15年間
ISBN978-4-485-11844-3
A5判／357ページ
定価2,310円

表記の定価は，5％税込価格です．

電験第3種の問題において，平成24年より平成10年までの過去15年間の問題を，各テーマごとに分類し編集したものです．

各科目ごとに問題をいくつかのテーマ，いくつかの章にわけ，さらに問題の内容を系統ごとに並べて収録しています．

各章ごとにどれだけの問題が出題されているか一目瞭然で把握でき，また出題傾向や出題範囲の把握にも役立ちます．

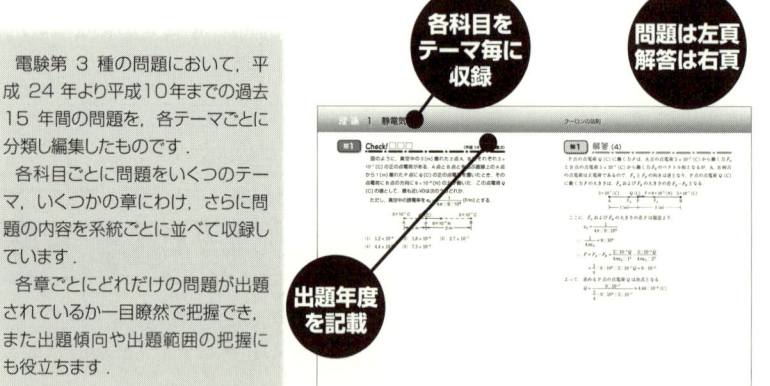

- 各科目をテーマ毎に収録
- 問題は左頁 解答は右頁
- 出題年度を記載

この書籍は，毎年，当年の試験問題を収録した翌年の試験対応版が発行されます．
過去問題の征服は合格への第一歩，新しい問題集で学習されることをお勧めします．
（表示しているコード，ページ数は毎年変わります．価格は予告なしに変更することがあります）

全国の書店でお求めいただけます．電話・FAX・ホームページにてもお申し込みいただけます．
ご注文1回につき送料が300円かかります．
電気書院　営業部　TEL：03-5259-9160　FAX：03-5259-9162　ホームページ：http://www.denkishoin.co.jp/

多くの受験者に大好評の書籍

平成25年版 電験第3種 過去問題集

電験問題研究会 編
B5判／1109ページ　定価2,520円(5%税込)
ISBN978-4-485-12123-8

平成24年から平成15年まで

10年間の全問題・解説と解答

科目ごとに新しい年度の順に編集．

各科目ごとの出題傾向や出題範囲の把握に役立ちます．また，各々の問題に詳しい解説と，できるだけイメージが理解できるよう図表をつけることにより，解答の参考になるようにしました．

学習時にはページをめくることなく本を置いたまま学習できるよう，問題は左ページに，解説・解答は右ページにまとめてあります．
本を開いたままじっくり問題を分析することも，右ページを付録のブラインドシートで隠すことにより，本番の試験に近い形で学習できます．

過去問徹底攻略
- 学習しやすい見開き構成
- 解説・解答部を隠せるブラインドシート付き
- 多くの図表でイメージがつかめる

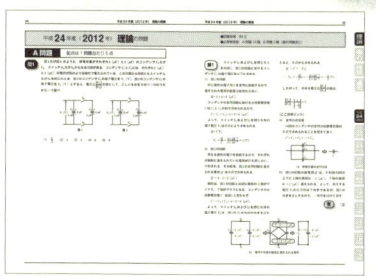

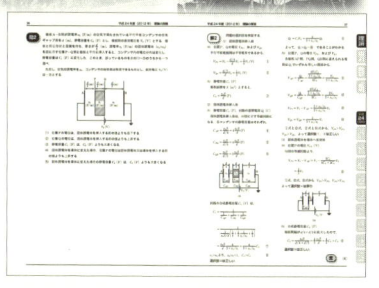

この書籍は，毎年，当年の試験問題を収録した翌年の試験対応版が発行されます．過去問題の征服は合格への第一歩．新しい問題集で学習されることをお勧めします．
（表示しているコード，ページ数は毎年変わります．価格は予告なしに変更することがあります）

全国の書店でお求めいただけます．電話・FAX・ホームページにてもお申し込みいただけます．
ご注文1回につき送料が300円かかります．
電気書院　営業部　TEL：03-5259-9160　FAX：03-5259-9162　ホームページ：http://www.denkishoin.co.jp/

はじめての受験者・計算問題が苦手な受験者に最適
電験3種計算問題早わかり
図形化解法マスタ

計算問題を征服するには，電気の公式や数学の公式をマスタしなければなりません．

本書では，電気の公式や数学の公式を覚えていても，なかなか解けない計算問題を，ほかの参考書・問題集などにある解答・解法とは全く異なるユニークな【図形化解法】を使い，4科目で出題される計算問題の考え方・解き方を取り上げて解説しています．

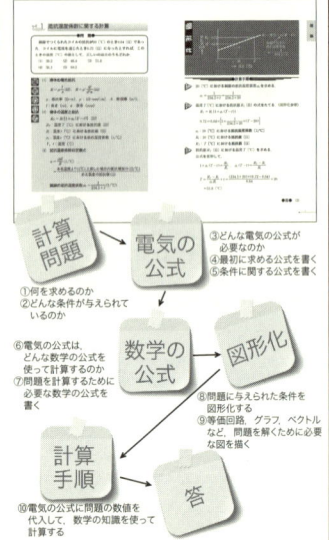

電気計算編集部 著
A5判／230ページ
定価2,100円（5%税込）
ISBN978-4-485-12019-4

公式と重要事項を覚えて得点UP！
電験第3種
よくでる公式と重要事項

井手三男／松葉泰央 著
A5判 472ページ 定価2,730円（5%税込）
ISBN978-4-485-12015-6

本書は，中学・高校の基礎レベルの数学が理解でき，基本的な学習が一通り終わっている受験者，的を絞りきれずに学習に行き詰まってしまった受験者，公式を何処まで覚えていいかわからない受験者を対象としいます．出題テーマごとによくでる公式や重要事項がまとめられているので，効率のよい学習ができます．公式・重要事項はひと目でわかるようになっており，公式や重要事項から例題の学習ができるように構成されています．

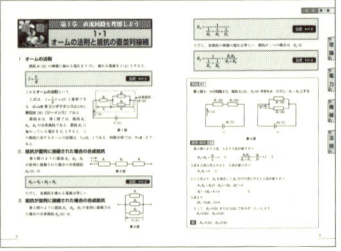

全国の書店でお求めいただけます．電話・FAX・ホームページにてもお申し込みいただけます．
ご注文1回につき送料が300円かかります．
電気書院 営業部 TEL：03-5259-9160 FAX：03-5259-9162 ホームページ：http://www.denkishoin.co.jp/

本当の基礎知識が身につく 基礎マスターシリーズ

- ●図やイラストを豊富に用いたわかりやすい解説
- ●ユニークなキャラクターとともに楽しく学べる
- ●わかったつもりではなく，本当の基礎力が身に付く

初学者がつまずきやすいのは，難しい事柄よりやさしい事柄のほうが多いのです．このことは，知っている人なら誰もが当然と思うような基礎をきちんと解説した書があれば，苦労や時間の無駄を大きく減らすことができるということです．本シリーズは，こうしたことから，初学者の立場に立った分かりやすい解説を心がけています．

オペアンプの基礎マスター
堀 桂太郎 著
- A5判
- 212ページ
- 定価2,520円（税込）
- コード61001

多くの電子回路に応用されているオペアンプ．そのオペアンプの応用を学ぶことは，同時に，電子回路についても学ぶことになります．

電磁気学の基礎マスター
堀 桂太郎 監修
粉川 昌巳 著
- A5判
- 228ページ
- 定価2,520円（税込）
- コード61002

電気・電子・通信工学を学ぶ方が必ず習得しておかなければならない，電気現象の基本となる電磁気学をわかりやすく解説しています．電磁気の心が分かります．

やさしい電気の基礎マスター
堀 桂太郎 監修
松浦 真人 著
- A5判
- 252ページ
- 定価2,520円（税込）
- コード61003

電気図記号，単位記号，数値の取り扱い方から，直流回路計算，単相・三相交流回路の基礎的な計算方法まで，わかりやすく解説しています．

電気・電子の基礎マスター
堀 桂太郎 監修
飯髙 成男 著
- A5判
- 228ページ
- 定価2,520円（税込）
- コード61004

電気・電子の基本である，直流回路／磁気と静電気／交流回路／半導体素子／トランジスタ＆IC増幅器／電源回路をわかりやすく解説しています．

電子工作の基礎マスター
堀 桂太郎 監修
櫻木 嘉典 著
- A5判
- 242ページ
- 定価2,520円（税込）
- コード61005

実際に物を作ることではじめてつかめる"電気の感覚"．本書は，ロボットの製作を通してこの感覚を養えるよう，電気・電子の基礎技術，製作過程を丁寧に解説しています．

電子回路の基礎マスター
堀 桂太郎 監修
船倉 一郎 著
- A5判
- 244ページ
- 定価2,520円（税込）
- コード61006

エレクトロニクス社会を支える電子回路の技術は，電気・電子・通信工学のみならず，情報・機械・化学工学など様々な分野で重要なものになっています．こうした電子回路の基本を幅広く，わかりやすく解説．

燃料電池の基礎マスター
田辺 茂 著
- A5判
- 142ページ
- 定価2,100円（税込）
- コード61007

電気技術者のために書かれた，目からウロコの1冊．燃料電池を理解するために必要不可欠な電気化学の基礎から，燃料電池の原理・構造まで，わかりやすく解説しています．

シーケンス制御の基礎マスター
堀 桂太郎 監修
田中 伸幸 著
- A5判
- 224ページ
- 定価2,520円（税込）
- コード61008

シーケンス制御は，私たちの暮らしを支える縁の下の力持ちのような存在．普段，意識しないからこそ難しく感じる謎が，読み進むにつれ段々と解けていくよう解説．

半導体レーザの基礎マスター
伊藤 國雄 著
- A5判
- 220ページ
- 定価2,520円（税込）
- コード61009

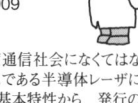

現代の高度通信社会になくてはならないデバイスである半導体レーザについて，光の基本特性から，発行の原理，特性，製造方法・応用に至るまでわかりやすく解説しています．

全国の書店でお買い求めいただけます．書店にてのお買い求めが不便な方は，電気書院営業部までご注文ください．（電話＝03-5259-9160　ホームページ＝http://www.denkishoin.co.jp）
表記の定価は，5%税込価格です．

これならわかる 回路計算に強くなる本

紙田公 著
A5判　284頁　定価3,675円（5％税込）
ISBN978-4-485-11616-6

ディメンション，瞬時値の計算，正方向を決めるなど，回路計算の基礎をまず説明し，交流計算の手法，平衡三相回路，不平衡三相回路，ベクトル軌跡，四端子回路と四端子定数，ひずみ波交流，対称座標法，過渡現象，進行波について図解しています．

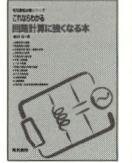

電気の公式ウルトラ記憶法

関根康明 著
B6判　166頁　定価1,470円（5％税込）
ISBN978-4-485-12008-8

楽しみながら理解するため，読み物を読むように覚えることができ，重要なところでは問題もとりあげ，理解度が深まるようになっています．通勤・通学のバスの中，会社・学校での休み時間，家に帰ってからのちょっとした時間に，楽しく公式が覚えられます．

電験第3種かんたん数学

石橋千尋 著
A5判　167頁　定価2,100円（5％税込）
ISBN978-4-485-12010-1

第3種主任技術者試験に出題される，計算問題を解くために必要な数学にまとを絞り，できるだけ要点をおさえ，わかりやすく解説しました．重要な部分，初めて受験する人にとって理解することが難しい個所，よく出題される問題に使われる数学の解法パターンなどを，Q&A方式でとりあげて解説してあります．

電験第3種デルデル用語早わかり

電気計算編集部 編
A5判　338頁　定価2,625円（5％税込）
ISBN978-4-485-12007-1

合格に必要な用語1,400余語を厳選収録．用語の概念，意味，使い方など図をまじえて初学者にもわかるよう解説しました．科目別，かつ系統的に配列されており，用語辞典プラス参考書として活用できます．特にA問題の解答には絶大な威力を発揮します．

電験第3種計算問題ポケットブック

石橋千尋 著
B6判　215頁　定価1,995円（5％税込）
ISBN978-4-485-12011-8

本書は，電験第3種に頻繁に出題される重要な計算問題だけを取り上げ，計算を解くのに必要な知識を『重点』と『ワンポイントアドバイス』で易しく，手軽に学習できるように，コンパクトに整理してあります．導出過程まで学習すべき公式にはその導き方を記載しました．

電験第3種論説・空白ハンドブック

石橋千尋 著
A5判　472頁　本体2,835円（5％税込）
ISBN9978-4-485-12012-5

本書は，新しい試験制度に適した論説・空白問題の要点を短期間につかむことができるよう，過去の問題を整理・分析して重要な出題パターンを抽出し，それを理解するために覚えておきたい要点を集大成してあります．論説・空白問題を徹底的に学習することで得点をプラスできます．